미래의 전쟁
한국군, 변화의 기로에 서다

미래의 전쟁
한국군, 변화의 기로에 서다

2024년 2월 25일 초판 인쇄
2024년 2월 29일 초판 발행

지은이 | 최영찬, 허광환, 배진석, 김진호, 김중희, 박지민, 이종영
펴낸이 | 이찬규
펴낸곳 | 북코리아
등록번호 | 제03-01240호
전화 | 02-704-7840
팩스 | 02-704-7848
이메일 | ibookorea@naver.com
홈페이지 | www.북코리아.kr
주소 | 13209 경기도 성남시 중원구 사기막골로 45번길 14
       우림라이온스밸리2차 A동 1007호
ISBN | 978-89-6324-516-4 (93390)

값 22,000원

FUTURE WARFARE

Decision Centric Warfare

Artificial Intelligence

미래의 전쟁
한국군, 변화의 기로에 서다

최영찬 · 허광환 · 배진석 · 김진호 · 김중희 · 박지민 · 이종영

Cognitive Warfare

Joint All Domain Operation

Joint All Domain Command and Control

Mosaic Warfare

Joint Space Command

북코리아

추천사

    틸리(Charles Tilly)는 1,500년경 서부 유럽에서 약 500개의 정치단위가 존재했으나, 400년이 지난 1,900년 같은 지역에는 500개 정치단위의 5%인 25개 국가만 생존했다고 주장했습니다. 왜 그런 현상이 발생할 수밖에 없었던 것일까요? 이에 대한 해답은 우리가 잘 알고 있는 다윈(Charles R. Darwin)의 학설에서 찾아볼 수 있습니다.

    "강한 종이나 가장 똑똑한 종이 살아남는 것이 아니라, 변화에 잘 적응하는 종이 살아남게 되는 것이다"라는 다윈의 학설은 결국 국가의 운명도 '변화에 대한 적응'에 달렸다는 것을 말해준다고 하겠습니다.

    이 책은 미래를 사유(思惟)하고, 변화하지 않으면 생존할 수 없다는 절박함과 동기를 부여하는 책입니다. 기성(旣成)의 도서들과 같이 대표적인 미래전 양상에 대해 논하고 있지만, 여기에 그치지 않습니다. '미래전 양상 변화에 대비하여 어떻게 준비해야 하는가?'라는 아주 근본적인 질문과 동시에 한국군이 어떻게 적용해 나가야 하는가를 논하고 있다는 점에서 더욱 가치가 있다고 하겠습니다.

    미래전에 대한 얇은 지식과 이를 바탕으로 한 낙관과 비관적인 전망이 교차하는 이 시대에 미래전 변화 양상을 깊이 이해하고, 반드시 변화에 적응해야 한다는 생존론적 시각으로 한국군의 미래를 제시하는 이 책을 강력히 추천합니다.

끝으로 바쁜 일상의 현장에서도 국방만을 생각하는 최고의 군사교육 기관인 합동군사대학교 교관, 교수 및 학생장교들의 열정으로 일궈낸 이 결실이 시의적절하게 출간된 것을 기쁘게 생각하며 일독을 권합니다.

한남대학교 경영·국방전략대학원장 김종하

추천사

급속한 과학기술의 발전은 필연적으로 새로운 군사혁신과 전쟁 양상을 변화시키고 있습니다. 특히, 세계를 하나의 망으로 연결하는 네트워크와 인공지능, 양자 등 다양한 과학기술의 발전은 전쟁의 영역을 지상, 해상, 공중에서 우주, 사이버, 전자기 스펙트럼 및 인지 영역으로 확장시켰고, 다양한 미래전의 양상을 창조하고 있습니다. 경제학자인 요셉 슈페터(Joseph Schumpeter)의 창조적 파괴(creative destruction)가 국방 분야에서도 괄목(刮目)하게 명시되고 있다고 하겠습니다.

이러한 전쟁 영역의 확장과 미래전 양상의 변화는 정치사회 제도의 변화, 병역자원의 공급 제한 및 많은 전사상자를 불필요한 피해로 보고, 이를 최소화하려는 탈영웅 전쟁수행(post-heroic warfare) 등 한 국가의 정치·사회적인 가치관에 영향을 받아왔고, 이는 국방 전 분야에서 첨단과학기술의 확대를 가속화하는 요인으로 작용하고 있습니다.

특히, 병역자원의 공급 제한은 이러한 변화를 촉구하는 중요한 발화제라 할 수 있겠습니다. 우리나라의 경우 2018년 61만 8천 명 수준이던 병력규모는 2022년에 이미 50만 명 미만으로 떨어졌고, 2035년에 다시 46만 5천 명 수준까지 감소할 것으로 보입니다. 이러한 맥락에서, 우리나라에 적합한 첨단 국방과학기술의 발전과 이에 따른 미래전에 대비한 전쟁수행 개념의 개발은 우리 군이 필연(必然)적으로 직면하게 될 미래전 양상에 대비하기 위한 필수(必須) 임무라고 할 수 있습니다.

이러한 시점에 합동군사대학교에서 내놓은 『미래의 전쟁: 한국군, 변화의 기로에 서다』라는 연구 성과물은 우리 군이 고민해야 할 대표적인 미래전 양상과 전쟁수행 개념, 그리고 우리 군이 과학기술의 발전과 미래전 양상에 준비하기 위해 적용해야 할 내용들을 시의적절하고 명확하게 제시하고 있다고 생각합니다.

특히, 이 성과물에서 제시하고 있는 인지전, 합동전영역작전, 합동전영역지휘통제, 모자이크전 등 일곱 개 미래전 양상들과 전쟁수행 개념들은 한·미 동맹의 지속과 발전뿐만 아니라, 미래에 발생할 수 있는 전쟁 양상에 대비하여 한반도 특성에 부합한 전쟁수행 개념을 발전시키기 위해 관심을 집중해야 할 분야라 할 수 있습니다. 따라서 이 책은 그간 수많은 국방과 관련된 기성의 논문들과 도서들이 연구 결과로 제시하고 있는, 미래전에 대비한 한국 국방의 방향성을 더욱 종합적이고 명확하게 해줄 것입니다.

미래전 양상 변화와 이에 대비한 우리 국방의 방향성에 대해 관심 있는 독자들에게 합동군사대학교의 교관, 교수들과 국방혁신 주역인 육·해·공군 장교들이 심혈을 기울여 내놓은 이 책의 일독을 권려(勸勵)합니다.

아산정책연구원 연구위원 겸 한남대학교 겸임교수 양욱

추천사

2위 대 22위! 세계 군사력 2위의 러시아가 22위 우크라이나를 침공했을 때 전쟁 양상이 현 단계에까지 이를 거라고 예상한 사람은 많지 않았을 것입니다. 또한, 이스라엘의 아이언돔이 팔레스타인 무장 정파 하마스의 공격에 흔들릴 수 있을 것이라고 전망한 사람이 얼마나 되겠습니까?

군과 국내 관련 학계에서는 흔히 미래전을 준비해야 한다고 외치지만, 우리에게 앞으로의 전쟁 양상이 어떻게 전개될 것인가에 대한 실마리(clue, 단서)를 제공하는 현대에 벌어지고 있는 전쟁에 대해 얼마나 이해하고 있을지 물음표를 찍게 됩니다.

이러한 맥락에서 이 책은 현재와 과거 전쟁수행 개념의 본질에 대한 깊은 통찰과 이해를 바탕으로, 우리 군이 곧 직면하게 될 수 있는 미래전 양상까지를 들여다 본 매우 의미 있고 가치있는 연구 성과물이라고 생각합니다. 또한, 기존 다수의 미래전 양상에 대한 연구와는 달리, 한국 국방의 현주소에 대한 정확한 성찰과 나가야 할 방향을 일목요연하게 제시한 길잡이로 충분하다고 생각합니다. 특히, 국내에서는 새로운 전쟁의 시작을 알리는 인지전에 대한 정의가 명확하지 않은 시점에서 인지전에 대한 개념을 정의하고, 두뇌에 미치는 효과를 분석하여 군사적으로 활용할 수 있는 방안을 제시한 부분은 새로운 군사적 지평을 열었다고 생각됩니다.

　그뿐만 아니라, 군에서는 인공지능을 적용하기 위해 국방 AI추진단까지 신설했지만, 데이터, 거버넌스, 플랫폼 등의 미약으로 갈 길이 요원한 상황에서 국방 데이터 전략을 명쾌하게 제시한 부분은 군에 인공지능을 적용하기 위한 마중물과 같은 역할을 할 것으로 확신합니다. 현재 우리 군의 인공지능 적용 수준을 냉정히 평가해볼 때, 이 연구 성과물에서 제언하고 있는 정책 및 전략들이 현실화된다면, 미래에는 우리 군이 한 차원 더 높은 수준의 전투력을 발휘할 수 있을 것입니다.

　이 도서는 최고의 군사교육기관인 합동군사대학교의 교관 및 교수들과 합동군사대학교에서 수학한 육·해·공군 차세대 국방 리더들이 합동으로 내놓은 최초의 성과물이기에 더욱 가치가 크다고 하겠습니다. 최근에 논의되고 있는 전략, 작전, 전력 등 다양한 분야에서 우리 군이 나아가야 할 방향에 대해 명료하게 제시하고 있는 이 연구 성과가 국방 전반에 활용되고, 더 나은 국방 연구의 촉매제가 되길 기대합니다.

KBS 기자·앵커 김용준(전 국방부 출입 기자)

프롤로그

전쟁의 복잡성이 누증되고, 지금 이 순간에도 새로운 미래전 양상이 출현하면서, 국방분야는 다양한 전쟁 양상에 대비하기 위해 지속적인 변화와 발전이 요구됩니다. 미래전에 대비한 국방분야 발전은 4차 산업혁명 기술이 반영되어야 하고, 이를 효과적으로 운용하기 위한 술(art)과 과학(science)이 함께 고려되어야만 합니다. 따라서 단기적인 정책만으로는 미래의 전쟁에 대비하는 것은 불가능하며, 장기적인 안목과 준비가 필요합니다.

우리의 국방은 이미 이를 인식하여 장기적 비전과 목표를 세우려는 노력을 진행해왔고, 최근의 『국방비전 2050』과 『국방혁신 4.0』은 이러한 안목과 관점을 가시화한 성과라 할 수 있습니다.

이러한 노력은 전쟁 패러다임의 변화에 대비하기 위한 방향(direction)이며, 궁극적으로는 미래전에 대비한 일관성을 유지해주는 지침(guidance)으로서 가치와 의미를 갖습니다. 하지만 미래전쟁의 복잡성과 양상의 급격한 변화를 감안해볼 때, 이 역시도 끊임없이 변화해야 합니다. 단기적 변화만을 고려할 경우, 국방의 가장 최우선 가치인 국가의 생존과 번영을 보장하는 데 한계에 봉착할 수 있으므로, 미래의 관점에서 발생할 수 있는 전쟁 양상들과 이와 관련된 문제를 수시로 들여다보고, 이를 기획과 계획의 과정에 반영해야 합니다.

지금 한국군은 미래의 전쟁에 대비해야 하는 변화의 기로에 서 있습니다. 그리고 우리 집필진은 이 시기에 다음과 같은 문제를 제기해보았습니다. 향후 한국군이 대비해야 할 대표적인 미래전 양상은 무엇인가? 이러한 미래전 양상에 대비하여 우리는 무엇을 준비해야 하는가? 그리고 국방혁신 방향은 어떻게 설정해야 하는가?

최근 미래전 양상과 대비에 관한 연구들은 개념적 설명과 방향을 제시하기보다 정교하고 조직적인 접근을 통해 구체적인 성과물을 통해 현장에 적용을 확대해나가는 추세로 발전되고 있습니다. 즉, 단순한 전망과 함의를 제시하는 수준을 넘어 질적으로 향상된 수준의 결과가 요구되고 있습니다. 이 책에서는 이러한 시대적 요구에 맞추어 미래전 양상에 대한 폭넓은 연구를 수렴하고, 미래전 대비의 관점에서 구체화하여, 이를 국방 현장에 적용하고자 했습니다.

이 도서는 미래 전장을 주도할 합동군의 고급장교를 육성하는 합동군사대학교 교관, 교수, 학생장교 및 졸업생 중 일곱 명의 군사전문가들이『미래의 전쟁: 한국군, 변화의 기로에 서다』라는 제하로, 국가안보의 관점에서 미래전쟁에 대해 국방의 변화 방향을 고심한 결과이며, "무엇을(what), 어떻게(how) 준비해야 하는가"를 찾고자 했습니다.

이 도서는 크게 두 부분으로 구성되어 있습니다. 1~5장은 대표적인 미래전 양상과 이에 따른 전쟁수행 개념에 대한 논의입니다. 각 양상에 대해 무엇을 준비해야 하는지를 분석했으며, 인지전(Cognitive Warfare), 합동전영역작전(JADO), 합동전영역지휘통제(JADC2), 모자이크전(Mosaic Warfare), 결심중심전(Decision Centric Warfare)을 다루었습니다.

두 번째 부분인 6~7장은 미래의 전쟁에 대비하기 위해 최상위에 우선순위를 두어야 할 분야인, 국방분야 인공지능(AI) 적용 전략, 합동우주부대 발전에 관한 내용을 담았습니다.

1장 인지전은 전쟁의 목적을 표면적인 적의 군사력의 파괴가 아니라, 궁극적인 인지를 파괴하는 것에 중점을 두고 있습니다. 인지전은 미래의 전쟁이 인간의 가슴과 마음을 변화하고 조작하는(battle for heart & mind) 방식으로 진화할 것이라는 것을 말해주는 대표적인 전쟁 양상입니다. 미국과 북대서양조약기구(NATO: North Atlantic Treaty Organization) 등 서방을 중심으로 이에 대한 연구를 활발히 진행하고 있으며, 중국과 러시아 등 권위주의 국가에서는 이를 실제 전장에서 구현하고 있습니다. 인지전은 개념과 방법과 수단 등 군사전략 측면에서 우리가 발전시켜야 할 새로운 미래전 수행 양상입니다.

2장 합동전영역작전은 미국이 발전시키고 있는 개념으로, 미국이 어떠한 관점에서 미래전을 준비하는지를 잘 나타내고 있습니다. 미국은 미·중 패권경쟁이 가시화되고 전략적 경쟁자들의 도전에 직면하여, 과거의 전쟁수행 개념이 중점을 두었던 "어떻게 접근(access)할 것인가"보다는 "어떻게 싸울 것(fighting)인가?"에 보다 중점을 둔 개념을 발전시켰습니다. 이를 위해 미국은 각 군이 발전시켜온 다영역작전(MDO), 분산해양작전(DMO), 원정전진기지작전(EABO), 신속전투전개(ACE)의 개념을 다영역작전을 중심으로 통합한 합동 차원의 전쟁수행 개념을 구상했습니다. 공고한 한미 동맹을 중심으로 한반도 군사대비태세를 유지하고 있는 우리 군에게 합동전영역작전은 한미 공동의 노력선을 제공해주는 중요한 분야입니다.

3장 합동전영역지휘통제는 합동전영역작전을 수행하기 위한 핵심분야입니다. 기존의 정보공유체계를 발전시켜 각 영역에서의 정보를 통합하고 동맹국 군대가 이를 공유하여 지휘통제 함으로써, 전 영역에서 우세를 달성하겠다는 체계입니다. 미국과 한국은 이를 위해 적극적인 노력을 기울이고 있습니다.

4장 모자이크전은 미국이 중국의 시스템 파괴전에 대비하기 위해 인공지능, 빅데이터 등 획기적인 과학기술을 바탕으로 군사분야에서 우위를 유지하겠다는 상쇄전략에 기반을 두고 있습니다. 이 개념은 미군의 아킬레스건이라 할 수 있는 네트워크가 중국에 의해 파괴될 수 있다는 전제하에 이를 극복하기 위해 도출된 개념입니다. 모자이크전은 네트워크의 단순한 순환보다는 복잡성을 강조하고 있으며, 단일 시스템보다는 분산시스템을, 단일결합 시스템보다는 다중결합 시스템을 지향하고 있습니다. 따라서 모자이크전은 각 구성요소를 더욱 간단한 기능의 소규모 단위로 분리하고, 단위 간 융통성 있게 결합할 수 있는 구조를 통해 원하는 장소와 시간에 융통성 있게 전력을 분산 및 재배치하는 개념입니다. 즉, '분산과 집중'의 개념을 무엇보다 강조하고 있습니다. 이는 합동전영역작전 및 합동전영역지휘통제 개념 등 현재의 미국의 미래전 대비 방향 설정에 큰 영향을 주고 있다고 하겠습니다.

5장 결심중심전은 신속한 결심을 통해 적의 결심을 방해 또는 와해함으로써 승리를 추구하는 전쟁 수행방식입니다. 이는 군사적 의사결정 과정에 4차 산업혁명의 혁신적인 기술을 접목하여 상대적 결심 우위를 지향하고 있습니다. 1990년대에 등장한 네트워크 중심전의 발전된 형태인 결심중심전은 네트워크 자체의 존재가 중요한 것이 아니라, 그 네트워크를 구성·운용하는 결심권자의 결심이 강조된 미래전의 새로운 프레임입니다. 앞서 강조한 모자이크전도 결심중심전을 수행하기 위한 전쟁수행 방법입니다. 최근 이러한 전쟁수행 방식이 부각되는 이유는 정보화 기술의 발전으로 인해 정보환경의 중요성이 부각되고 있는 상황에서 결심이라는 인지적 차원까지 영향을 미치게 됨으로써 전쟁 승리에 큰 영향을 미치게 되었기 때문입니다. 미국은 이러한 전쟁수행 개념을 각 군의 작전 개념에 포함시켜 발전시켜왔으며, 합참 수준에서는 각 군의 합동성을 촉진시키는 중요 개념과 수단으로 발전시키고 있습니다.

6장 국방 인공지능은 사회 전 영역에 걸쳐 다양한 변화를 촉발하고 있습니다. 복잡해지는 미래 전쟁의 양상과 감소하는 인구자원을 고려할 때 앞으로 국방분야의 인공지능 도입은 피할 수 없는 과제입니다. 국방분야의 인공지능은 민간에서 활용하는 것보다 높은 수준의 신뢰도가 요구되며, 이는 충분한 학습 데이터를 확보하는 것이 핵심입니다. 이에 따라 이 책에서는 국방분야의 인공지능 도입을 위한 데이터 전략을 다루었습니다.

7장 합동우주부대는 지상, 해상, 공중의 재래식 전장영역이 사이버, 전자기 스펙트럼 및 우주 영역의 연결을 통해 이루어지는 새로운 전쟁 개념입니다. 이러한 연결은 통신위성, ISR위성과 같은 우주 자산을 통해 이루어지며, 우리 군도 이에 따라 군사위성을 확보해나가고 있습니다. 세계 각국은 우주공간에서의 군사적 우세를 확보하기 위해 우주군을 창설하고, 항공우주군을 확대 창설하는 다양한 노력을 기울이고 있습니다. 다만, 우리 군의 국방 우주력 건설은 현재 합동 차원에서 다루어지기보다 각 군의 노력이 분산되어 있는 실정이며, 이로 인해 우주 안보를 지향하기보다 각 군의 활용에만 관심을 두고 있는 상황입니다. 이에 따라 분산된 자원과 노력을 결집하고 효율성을 제고하기 위해 합동 차원의 우주작전 조직을 구성하는 방안에 대해 고찰해보았습니다.

이 결과물은 국방의 미래 구상에 대한 방향과 지침을 보다 구체적으로 풀어내고자 하는 노력으로 추진한 것이지만, 이 책 한 권이 소기의 성과를 모두 달성했다고는 볼 수 없습니다. 다만, 지금 한국군은 변화의 기로에 서 있으며, 변화하지 않으면 안 된다는 문제의식을 공유하는 데 기여할 수 있을 것입니다.

더불어 우리 집필진은 전쟁의 복잡성이 심화되고, 변화가 가속되는 상황에서 미래의 전쟁에 대한 지평을 넓히고, 제기된 문제를 해결하려는 노력이 확산되기를 바라는 마음으로 이 졸고를 세상에 내놓습니다.

"인간의 폭력성은 인간의 본성에 내재"(아자 가트, Azar Gat)되어 있기에 미래에도 전쟁은 지속될 것입니다. 하지만, "과거부터 오늘날까지 미래전쟁 양상을 예측한 경우가 거의 없었다"(로렌스 프리드먼, Lawrence Freedman)라고 말합니다. 그만큼 미래 전쟁에 대해 예측하는 것은 어려운 일이고, 전쟁의 역사를 살펴보면, 많은 군사조직이 이를 예측하는 데 실패했지만, 이 문제는 우리가 직면한 핵심문제임은 분명합니다. 따라서 이 도서가 제시하고 있는 분야에 대해서는 국방분야에 종사하고 있는 사람들뿐만 아니라, 국민 모두의 관심과 참여가 필요한 문제입니다.

2024년 2월
집필진 씀

차례

제1장
인지전
Cognitive Warfare

인간의 가슴과 마음을 변화시키고 조작하라

* 이 글은 『국방정책연구』 제141호, 2023년에 발표한 논문을 수정 및 보완한 것이다.

제1절 서론

디지털 기술의 비약적 발전이 세계를 하나의 망으로 연결하고 있다. 이렇게 형성된 글로벌 디지털 신경망 속에서 인지심리 및 뇌과학, 인지과학 등의 학문의 성장과 인공지능 기술의 발전은 인간의 인지를 중심으로 한 '인지적 과학혁명(cognitive scientific revolution)'[1]을 발생시켰고 이로 인해 역동적 교류와 수렴적 상호작용 현상 등이 자연적 혹은 필연적으로 발생하고 있다(이정모, 2010, p. 1). 권위적인 국가인 중국과 러시아 등은 이러한 환경을 이용하여 정보를 조작·왜곡하거나 내러티브, 프로파간다 등을 통해 인간의 인지를 공략하는 전략을 발전시키고 있다(김정한, 2020, p. 2).

반면, 자유민주주의 국가는 표현의 자유가 중요시되고 인터넷, 소셜미디어 등에 노출될 가능성이 상대적으로 빈번해짐에 따라 인지 공략에 취약한 구조로 변화했다(Sloss, 2020). 이로 인해 과거에는 상상할 수 없었던 시·공간, 의도 및 규모에서 인간의 인지 조작이 발생하고 있으며, 이러한 인지 조작은 인간의 정보 수용 및 해석체계를 바꾸고 실제 행동으로 연결할 수 있도록 메커니즘을 더욱 정교

---

[1] 인간이 개념화하고 구현한 생각과 인공물에 의해 그 이전으로 돌이킬 수 없을 만큼 인간 자신이 달라진 것이다.

하게 구현한 인지전(cognitive warfare)으로 진화하고 있다(윤정현, 2022, p. 2).

최근 인지전은 분쟁 및 전쟁에 적극 활용되면서 예상할 수 없는 결과를 초래하고 있다. 2014년 크림반도 합병 시 러시아는 우크라이나 국민들의 인지를 공격하여 우호적 여론을 조성함으로써 한 차례의 총성도 없이 크림반도를 합병했다(김상현, 2022). 2021년 이스라엘-팔레스타인 간의 분쟁에서는 이스라엘이 국제사회 및 국민, 하마스 등에 치밀한 인지전을 수행함으로써 전쟁의 주도권을 확보하는 데 큰 역할을 했다(조상근, 2022). 2022년 2월부터 시작된 우크라이나 전쟁에서는 물리적 수단이 우세한 러시아가 단시간 내 승리할 것으로 판단했으나, 우크라이나는 내러티브를 활용한 인지전을 적극적으로 수행하여 국제여론이 자신들을 지지하도록 만들었다.

이처럼 분쟁의 전 스펙트럼에서 인지전의 효과가 입증되면서 NATO에서는 뇌영역을 통제 및 관리할 수 있는 인지를 향후 육·해·공·우주·사이버를 잇는 여섯 번째 전장이 될 것으로 전망했다(Claverie & Cluzel, 2022). 미 합동교범 JCOIE[2]과 우리 군의 합동교범 2-1『합동작전환경정보분석』에서는 정보환경을 정보·물리적 차원 이외에도 인지적 차원으로 확장했으며,『국방비전 2050』도 미래전의 전장영역으로 인간의 인지 및 심리영역을 추가한 바 있다.

그러나, 인지전에 대한 연구는 본격적으로 진행되지 못했다. 특히 국내에서는 인지전의 개념에 대해서 다양한 목소리가 제시되고 있을 뿐이다. 그나마 인지전과 관련된 대표적 연구로는 김상현, 강신욱, 조상근을 꼽을 수 있다. 먼저, 김상현(2022)은 "인지전의 공격 양상과 대응에 관한 연구: 2014년 크림반도 합병과 2022년 우크라이나 전쟁을 중심으로"라는 논문에서 인지전의 공격 양상을 유형화하고 인지전이 어떻게 실행되는지 사례 중심으로 연구했다.

강신욱(2023)은 "인지전 개념과 한국 국방에 대한 함의: 러시아-우크라이나

---

2   Joint Concept for Operating in the Information Environment (정보환경 속에서 작전을 위한 합동 개념)

전쟁을 중심으로"라는 논문에서 각 국가별로 인지전에 대한 개념을 분석하고 전쟁 개시 전·후로 우크라이나, 러시아 간 인지전이 어떻게 전개되었는지 분석함으로써 한국 국방에 대한 함의를 도출했다. 조상근(2022)은 "2021년 이스라엘-팔레스타인 분쟁에서의 인지전 사례 연구"라는 논문에서 인지전 개념을 설명하고 인지전이 군사작전의 주요수단으로서 전쟁에 미치는 영향을 분석했다.

기존의 인지전 연구들은 국내에서 인지전에 관한 제반 논의와 컨센서스가 미비한 상황에서 인지전 사례 및 양상을 통해 어떻게 전개되었는지를 분석한 학술적으로 가치 있는 연구성과물로 판단된다. 하지만, 인지전의 기반이 되는 학문과 연계하여 근본적 원인을 진단하고, 인지전에 대한 인간의 취약점과 영향력 등을 제대로 제시하지 못하고 있다. 이로 인해 군사적 대응수단과 교리, 조직, 전문인력 등 군사전략을 수립하기 위한 실체의 부재로 이어지고 있는 실정이다.

이러한 맥락에서 이 글의 목적은 인지전의 과학적 근거 이해, 국가별 인지전 개념 및 유사 개념 검토 등의 논의를 통해 인지전의 개념을 정립하고 주요 권위주의 국가인 중국 및 러시아의 인지전 전략과 전개 양상 분석을 바탕으로 미래전에 대비한 한국군의 인지전 발전 방향을 제시하는 것이다. 이러한 목적을 달성하기 위한 연구문제는 다음과 같다.

첫째, 왜 인간의 뇌영역이 전장이 되었는가? 그 사유가 되는 학제 간 실증적 연구결과는 어떠한 것이 있으며, 인지전과 어떠한 연관성을 갖는가? 둘째, 인지전에 관한 기존 담론들은 어떠한 것들이 있으며, 그 세부내용은 무엇인가? 셋째, 학제 간의 실증연구, 기존 담론 등을 바탕으로 인지전 개념은 어떻게 정립할 수 있는가? 넷째, 기존의 정보전, 심리전 등의 유사 개념들과 인지전은 목표, 방법 및 수단의 측면에서 어떠한 차이점이 있는가? 다섯째, 주요국가들의 인지전 전략과 양상은 어떠한가? 끝으로, 주요국가들의 인지전 전략과 양상에 대비하기 위해 우리는 어떠한 준비를 해나가야 하는가? 그 현주소와 합동전투발전분야(DOTM-LPF-P)별로 발전시켜야 할 실체들은 무엇인가?

제2절
인지전에 관한 이론적 논의

1. 인지전의 과학적 근거와 이해

인지전은 인간의 두뇌에 대한 취약점을 연구한 다양한 학문에 그 기반을 두고 있다. 따라서 이와 관련된 연구결과는 인지전에 대한 과학적 근거를 제공하고, 궁극적으로 인간의 두뇌가 왜 전장의 중심이 되었는지를 이해하게끔 해준다. 다양한 학문들이 인지전의 과학적 근거를 제시해주고 있으나, 그중에서 인지심리학, 뇌과학, 인지 신경과학, 인지과학, 인공지능이 대표적이라 할 수 있다.[3]

1) 인지심리학과 인지전

'인지심리학'은 인간의 뇌에 의해 이루어지는 주의, 지각, 기억, 언어 및 사고

---

3 인지전이 제 학문의 총아라는 주장은 NATO를 중심으로 진행된 논의 중 François du Cluzel (2020), "Cognitive Warfare"; Alonso Bernal & Cameron Carter et al. (2020), "Cognitive Warfare, An Attack an Truth and Thought"; NATO-STO Collaboration Support Office (2020), "Cognitive Warfare: The Future of Cognitive Dominance"를 통해서도 잘 알 수 있다.

등의 정보처리 과정을 탐구하고 그 결과를 응용하는 학문이다. 인간의 취약성과 사고과정을 대표하는 이론으로 인지 조작을 수행하는 인지전과 밀접한 관련이 있다. 이 이론에서는 인지편향과 인지해킹이 인간의 인지과정에 영향을 미친다고 주장한다(하민수, 2016, pp. 935-936). 여기서 '인지편향'은 생득적(生得的)으로 형성된 인간의 사고 습관이고, 교정하지 않으면 평생 유지될 수 있는 편협한 사고이자, 합리적인 의사결정을 방해하는 특성이다(Haselton et al., 2005). 이러한 인지편향의 특성은 복잡한 의사결정 과정보다 경험에 의존하는 경향이 강하며, 정보를 처리함에 있어 합리적인 방법보다 빠른 방법을 선호하는 선천적인 성향을 갖는다(Daniel Kahneman, 2002).

인지편향의 유형은 약 180여 가지가 있고, 〈표 1-1〉에서 보는 바와 같이 선택적 지각과 확증편향, 신념 편향 등이 대표적이다.

이러한 인지편향은 군사적으로 의사결정권자 및 참모가 다양한 정보탐색 및 사고를 할 수 없도록 방해하며, 지각 왜곡 및 부정확한 판단, 비논리적 해석, 인지 오류 등을 초래하게끔 한다(김강무, 2020). 다만, 인지편향은 교정되기는 어려우나, 통제가 가능하며 특별히 고안된 교육 및 훈련을 통해 그 수준을 줄일 수 있다(Gigerenzer, 1996; Haselton et al., 2005).

'인지해킹'은 시스템이나 데이터에 대한 물리적 손상보다는 정보를 무기화하

〈표 1-1〉 인지전에 활용 가능한 대표적 인지편향의 유형

- 선택적 지각: 개인의 선입견에 맞는 정보들만 선택적으로 지각하려는 편향
- 확증편향: 자신이 생각한 적절한 설명을 지지하는 증거 중심으로 수집하는 경향
- 신념 편향: 증거, 논리적 추론과정을 통해 지식을 생성해야 하나 최종적인 지식이 자신의 신념과 일치한다고 논리적 과정을 생략하는 성향
- 단순사고 효과: 인간은 많은 정보가 있더라도 단순하게 사고하는 것을 선호
- 틀 효과: 동일 정보임에도 틀을 다르게 적용하여 정보 제공 시 인식이 달라짐

출처: 김강무(2020), "인지편향이 의사결정과정에 미치는 영향과 탈인지편향을 위한 구조화분석기법의 적용연구(정보분석의 관점을 중심으로)"의 내용을 재구성.

여 상대방에게 영향을 미치는 것이다. 특히, 상대의 정신상태가 두렵거나 불안할 때 더 쉽게 인지가 조작될 수 있으며, 이러한 현상은 인지편향을 가중시킨다(Rand Waltzman, 2017). 인지해킹의 영향력을 억제하는 가장 좋은 방법은 회의적인 태도 및 비판적 사고를 기르는 것으로, 의심스럽거나 놀라운 정보에 반응하거나 공유하기 전에 항상 사실을 확인하는 능력을 구비해야 한다.

'인지과정'은 지각 및 기억하는 정신과정과 정보를 획득하고 계획을 세우며 문제를 해결하는 정보처리 과정으로 지각, 기억, 사고, 추리 및 판단, 문제해결 등의 현상을 일컫는다. 이러한 인지과정에 영향을 미치게 되면 사고하는 방식이 바뀌게 된다. 그 영향요소는 내·외부적 요인으로 구분할 수 있다. 본인이 가지고 있는 '인지편향'을 내부적 요인으로, 정보의 조작 및 왜곡, 내러티브, 프로파간다 등을 외부적 요인으로 볼 수 있다.

2) 뇌과학, 인지 신경과학과 인지전

'뇌과학'은 인간의 모든 행동발생 원인과 이유를 과학적으로 설명하며 인간의 마음을 연구한다. 뇌과학은 학습원리, 인지에 미치는 영향분석, 뇌 시스템 및 구조적 취약점 등을 진단하는 학문으로, 이는 인간의 인지가 왜 새로운 전장이 되었는지 이해하게끔 해준다.

인간의 뇌는 정보를 선택적으로 수용하고, 끊임없이 신체의 감각으로부터 정보를 획득하지만, 수많은 감각 정보들 중에서 약 1% 정도만 뇌로 전달된다(Mc-Tighe & Willis, 2019). 또한, 뇌는 다양한 정보 중에서 공통되는 패턴을 인식하여 정보를 의미 있게 조직하고 범주화하며, 이렇게 패턴화된 정보는 뇌에 공고하게 저장된다. 특히, 본능적으로 의미를 탐색하고 이야기를 좋아하는 구조로, 본인의 경험에 의미를 부여하고 의미를 탐색하는데(이찬승, 2020), 이러한 특성으로 인해 인간의 인지가 전장이 되고 있는 것이다.

인간의 뇌가 인지에 미치는 영향은 2단계로 구분할 수 있다. 1단계는 뇌의 단순한 수준인 감각, 초보적인 기억 등에 영향을 미치는 수준으로 속이기가 쉬우며 자극을 주게 되면 환상, 나쁜 인식, 잘못된 확신 등에 영향을 미친다. 2단계는 뇌가 기억과 정서 프로세스에 의존하여 인지에 영향을 미치는 것으로 기억이나 정서 중 하나가 조작되면, 다른 하나에 영향을 미친다(Bernard Claverie, 2021). 즉, 인간은 기억에만 치중하여 의사결정을 하는 것이 아니라 인간의 마음인 도덕적 의사에 치우쳐서도 의사결정하게 된다.

인간의 뇌는 정보의 전달 용량에 의해 제약을 받고, 자극의 지속시간, 정신적 피로에 따라 논리·객관적으로 사고하는 것에 취약하다. 특히, 두 개 이상의 과제를 동시에 수행할 수 있는 능력이 없고, 수 개의 과제 수행 시에는 반응 경로의 일부를 공유하기 때문에 중복된 지점이 생길 수밖에 없으며, 상호 경쟁이 일어나면서 과제 수행이 어렵게 된다(David badre, 2022). 이러한 두뇌의 취약성으로 인해 이야기의 구조를 갖고 의미를 부여하는 내러티브와 왜곡된 정보라 할지라도 일정한 패턴을 통해 지속적으로 정보를 제공하는 프로파간다 등이 인지전의 전략적 수단으로 활용되는 것은 당연한 결과라 할 수 있다.

'인지 신경과학'은 두뇌의 정보처리 과정이 컴퓨터와 유사할 것이라는 사고를 바탕으로 인간의 인지기능을 연구하는 학문이다(Banich, 2009). 특히, 주의 및 의식, 의사결정, 학습, 기억, 정서 등이 인지과정에서 뇌에 어떻게 작용하는가에 관심을 둔다. 인지기능의 대표적 요소인 인간의 뇌파(EEC: Electro Encephalo Graphy)[4]는 생각이나 감정을 가장 현실적인 방법으로 획득하여 해석하고 분석할 수 있는 정보원으로 주목받고 있다. 초연결 및 초지능, 초실감 사회에서 뇌파신호를 뇌공학적 신경회로 기술과 정확히 연결한다면 인간의 의도와 감정을 정확히 반영할 수 있다. 이를 통해 뇌파는 인간과 사물, 인간과 컴퓨터 간에 자연스러운 접속과 통신을 가능하게 하는 수단이 된다(김도영 외, 2017).

---

4 두뇌를 구성하는 신경세포들의 전기적 활동을 두피에서 전극을 통해 간접적으로 측정 할 수 있는 전기신호

인간의 뇌와 컴퓨터 및 기기를 연결하여 뇌파를 측정하고 이들 간에 정보 교환이 가능하게 하는 기술이 뇌-컴퓨터 인터페이스(BCI: Brain-Computer Interface)[5]다. 이 기술은 뇌와 컴퓨터 및 기기 등을 연결하여 사람의 생각과 감정을 다른 사람이나 사물에게 가장 효과적으로 전달하고 상호 교환할 수 있는 기술이다. 대표적인 연구는 외부 정보를 인간의 뇌에 입력시키고 이를 변조함으로써 인간의 인지능력을 증진시키려는 연구다.[6] 하지만, 뇌가 해킹을 통해 외부의 잘못된 정보를 강제적으로 인간의 뇌에 주입할 경우 인지편향에 영향을 미치게 된다(C. S. Nam, 2015).

3) 인지과학, 인공지능과 인지전

'인지과학'은 인간의 정보처리 과정이 어떻게 이루어지는가에 대해 다양한 분야의 학문들을 통합적으로 연구하는 분야로 인지심리학적 관점을 과학 전 분야로 확장시켜주는 학문이다(이정모, 2010, pp. 53-54). 특히, 인지과학은 인간의 마음과 컴퓨터가 본질적으로 동일한 추상적 원리를 구현하는 정보처리체계(information processing system)라는 관점에서 출발했다.

인지과학이 인공지능과 결합되면 인간의 ① 생체신호 특징점, ② 감정 인지능력, ③ 감정지각 및 행위표현 등을 분석하여 인간의 생각과 선호도 등을 인식할 수 있게 되고, 이를 통해 인지편향 및 인지해킹을 심화하여 인지과정을 조작하게 되는 것이다. 구체적으로 알아보면 첫째, '생체신호 특징점 분석'은 사용자가 감정

---

5   뇌-컴퓨터 인터페이스 기술은 두개골을 열어 장치를 설치해야 하는 침습식 뇌파측정 방식과 사용자의 두피에서 신호를 측정하는 뇌전도 기반방식이 있고 메타, 테슬라 등이 연구하고 있으며, 2019년 페이스북(현 메타)는 말을 하지 않고 텍스트를 입력하는 기술에 상당한 진전이 있다고 발표했다.

6   뇌파를 이용해 뇌파신호를 주 정보원으로 사용해서 사용자의 인지, 지각 및 감정을 측정하는 연구를 진행하고 있다. 대표적 사례로 2008년 호주의 이모티브(Emotiv)사는 뇌파를 이용해서 사용자의 흥분, 지루함, 당혹감 같은 감정상태를 읽어내 게임 속 캐릭터의 표정이나 행동을 바꿔주는 인터페이스 장치를 개발했고, 미국 뉴로포커스(Neurofocus)사는 자체 개발한 휴대용 뇌파 측정장치로 고객의 잠재의식과 제품에 대한 선호도를 읽어 마케팅과 제품 개발에 활용하고 있다.

을 느낄 때 발생하는 생체신호들을 측정하여 감정 간의 생체신호 특징을 분석하는 기술이다. 둘째, '감정 인지능력 분석'은 사용자마다 경험이나 내적 요인들로 인해 감정을 인지하는 능력에 차이가 있는데 이러한 차이가 어떻게 감정을 결정하고 사용자가 인지하는지를 판단하는 것이다. 셋째, '감정지각 및 행위표현 분석'은 인간이 감정을 느꼈다고 자각했을 때 나타나는 지각 및 표현 행위를 분석하는 것이다. 즉, 이러한 인간의 감정과 표현, 행위를 분석할 수 있는 기술의 발전으로 인해 내러티브 및 프로파간다와 같은 편향되고 의도된 정보를 제공하여 인지과정을 조작할 수 있게 된 것이다.

2. 인지전에 관한 담론과 인지전 개념 재논의

1) 기존 담론들

인지전이 전쟁수행(warfare)의 한 종류로 등장하게 된 것은 리비키(Libicki, 2020)에 의하면 인터넷 및 네트워크, 인공지능 등의 활용이 확대되고 사이버 공간에서의 무경계성, 주체의 모호성 등이 증가했으며, 이와 동시에 인간의 인지에 대한 뇌과학, 인지 신경과학, 인지과학, 인공지능 등에서의 발전으로 인해 인간의 인지에 대한 공격이 용이해졌기 때문이다(정혜선, 2020). 하지만, 이러한 과학적 이론은 군사적 분야에서 심도 있게 논의되거나 이론으로 정립되지는 않았으며, 특정 학문에 국한되어 논의되고 있다.

인지전에 관한 기존 논의는 미 합참교범(JCS, 2014, Ⅰ-1)과 NATO, 미국, 프랑스 등에서 진행되고 있다. 우선, 미 합참 교범에서는 작전 · 정보환경이라는 군사적인 틀 속에서 인지적 차원의 영향력에 대해 논의하고 있으며, '정보환경'을 정보를 수집 및 처리, 전파 또는 그에 따라 행동하는 개인, 조직 및 체계를 모두 합친 종합체로 보고, 인지 · 정보 · 물리적 차원으로 구분하고 각각의 차원이 상호작용한다고 분석했다.

이 정보환경을 구성하는 '인지적 차원'은 인간의 사고와 인식, 창의력 발휘 등을 통해 의사결정이 진행되는 사고의 영역이다. 즉, 특정 요망 효과를 달성하기 위해 의사결정권자의 사고와 인식에 어떠한 영향을 주어야 하는가를 이해하는 부분이다. '정보적 차원'은 첩보를 수집하고 처리·분석하여 정보를 생산·전파·저장하는 영역으로 부대를 지휘통제하고 지휘관의 의도를 전달하며, 물리적 차원과 인지적 차원을 연결하며, 궁극적으로 인지적 차원에 정보를 제공한다. 물리적 차원은 물리적 시설과 이들을 연결하는 통신망이 존재하는 영역으로 지휘통제체계와 개인 및 조직이 사용하는 기반시설로 구성되며 지휘통제시설, 각종 통신망, 연산장치, 컴퓨터, 관련 데이터가 포함된다.

미 합참의 개념에 기반하여 정보·물리적 차원이 인지적 차원에 미치는 영향을 인지전과 연계하여 분석해보면 〈그림 1-1〉과 같이 분석할 수 있다.

최초 첩보는 개인 및 단체, 국가에 의해 개인 및 집단의 인식에 영향을 미치도록 사회·문화·종교·역사적 내용에 초점을 맞추어 생산된다. 첩보 생산 시

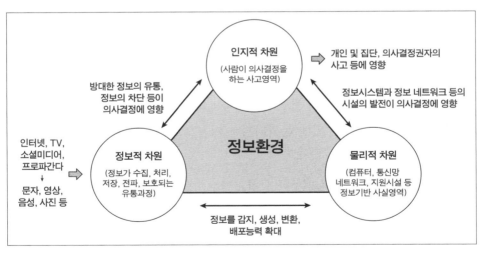

〈그림 1-1〉 정보환경에서 정보·물리·인지적 차원과의 상호관계

출처: Paul J. Selva (2018), "Joint Concept for Operating in the Information Environment (JCOIE)", p. 2. 내용을 바탕으로 정보환경 요소의 상호관계를 재평가.

내·외부적 영향력이 작용할 수 있으며, 이는 문자 및 영상, 음성, 사진 등으로 전파된다. 이렇게 생산된 첩보는 정보적 차원에서 수집·처리 과정을 거쳐 정보로 생산되고 물리적 환경의 컴퓨터, 네트워크, 지원시설 등을 통해 저장 및 전파된다. 생산된 정보는 개인 및 집단, 적대적 의사결정권자의 인지과정에 영향을 미쳐 우군에 유리한 상황을 조성할 수 있게 되는 것이다.

특히, 정보적 차원에서는 정보 생산 시에 상대국의 군사작전과 관련된 뉴스와 여론 등을 형성하여 군이 여론과 외부정보에 관심을 갖도록 할 수 있다. 표면적으로 중요치 않아 보이는 게시물과 뉴스, 영상 등이 조직적으로 편향된 방향으로 작성되어 군사작전에 영향을 미치며, 끊임없이 생산되고 전파될 수 있다. 따라서 이러한 현상으로 인해 인지전은 지리 및 시간적으로 제한이 없이, 군사작전에 영향을 미칠 수 있다(FM 3-61, 2016, pp. 11-16).

둘째, 인지전에 대한 논의는 각 학자 및 국가별로 합의된 컨센서스가 없는 상태에서 다양하게 제시되고 있다. 인지전의 개념은 NATO, 미국을 중심으로 하는 민주주의 국가와 중국과 러시아로 대표되는 권위주의 국가들에 의해 논의되었다.

2001년 미 국방부는 '네트워크 중심전'과 함께 인지영역을 언급하기 시작했다. 2017년에는 '적 또는 그 시민의 인식 매커니즘을 약화, 침투, 영향 또는 심지어 예속·파괴하기 위해 조작하려는 국가 또는 영향력 있는 집단이 이용할 수 있는 행동양식'을 설명하기 위해 인지전이란 용어를 사용했다(Claverie & Cluzel, 2022). 2019년 12월 미 하버드 대학 벨퍼센터의 베키스(Oliver Backes)와 스왑(Andrew Swab)은 인지전을 "대중의 사고와 행동방식을 바꾸는 데 초점을 맞춘 전략"으로 정의했고, 부클러(Norbou Buchler)는 인지전은 정보를 조작 및 왜곡하고 빅데이터, 소셜 미디어, 내러티브 등을 적극 활용한다고 평가했다. 미 국방정보국 국장은 "현대전은 인지전투로 잠재적인 적들이 정보 공간을 사용해 인지 수준에서 전쟁을 벌이고 있다"며 미국이 인지영역에서 위기를 겪고 있다고 주장했다.

NATO(2021)는 인지전을 "정보의 흐름을 제어하고 사람들이 정보에 반응하는 방식을 통제하거나 바꾸는 전쟁수행"으로 정의하며, 외부에서 여론을 무기화하여 공격대상이 스스로를 내부에서 파괴하도록 만드는 것으로 주장했다(Claverie, 2021, p. 3). 또한, 인지전을 정보전과 관련된 사이버 과학기술과 소프트 파워로서 인간적 요소, 심리전의 조작 등의 결합을 의미하는 것으로 보고, 디지털 기술에 의해 변형되고, 편향된 표현을 포함한다고 분석했다.

중국은 자국의 미래 군사혁신 방향인 '지능화군 건설'과 연계하여 인지전을 발전시키고 있다. 중국은 2017년 19차 공산당 대표자 회의에서 미래 대미(對美) 군사력 열세를 극복하기 위해 인공지능에 기반한 중국의 군사혁신 방향으로 '지능화군 건설을 통한 지능화전 수행'을 천명했다. 여기서 '지능화전'은 기존의 정보전에 비해 고도로 발달된 전쟁의 형태로 네트워크 및 정보시스템을 기반으로 지능화 무기체계 등을 이용하여 전 영역 통합전쟁을 수행하는 것이다(중국 국방대, 2019).

중국이 이러한 지능화전을 수행하기 위해 반드시 달성해야 하는 세 가지 개념은 연결력, 계산력과 제지권(制知權, command of intelligence)이다. 그중 제지권은 중국이 원하는 시간과 장소, 영역에서 상대방의 인지(人地)를 통제(統制)하는 절대적인 의미를 갖는 개념이다. 즉, 적의 인지과정을 방해하고, 센서 통제와 데이터 간섭을 통해 적의 인지고리를 파괴하며, 나아가 적의 지혜와 지능을 통제하는 것인데, 이를 위해 컴퓨터화된 인공지능을 활용하는 것이 중국의 지능화전을 구현하는 핵심이라 할 수 있다(이상국, 2020). 러시아의 인지전에 해당되는 '재귀통제'는 세상에 대한 적대세력의 인식을 바꾸어 자국에게 유리하게 하는 통합작전이다. 재귀통제의 목표는 거짓된 정보와 진실된 정보를 혼합하여 목표대상이 자신의 행동변화를 본인이 한 결정이라고 느끼게 하는 것이다. 특히, 표적에 대한 정보를 토대로 논리, 문화, 심리 및 감정에 맞게 조정하고, '인식관리'라는 새로운 정보과학기술이 제공하는 기회를 고려하여 더 넓은 개념으로 진화하고 있으며, 인지심리학에서 논하는 다양한 원리를 철저하게 적용하고 있다(Matt Chessen, 2017, pp. 19-20).

2) 인지전 개념 재논의

기존 담론들을 바탕으로 인지전 개념을 목표, 수단 및 방법에 따라 분석해보면 〈표 1-2〉와 같다.

국가별 인지전의 궁극적인 목표는 상대의 인지과정과 행동을 바꾸는 것이다. 그 목표를 달성하기 위한 방법으로는 사이버 공간에서 정보를 조작·왜곡하거나 역사·심리·사회학 등과 연계하여 내러티브, 프로파간다 등을 다양하게 활용하는 것이다. 수단 측면에서는 정보, 물리적 수단, 디지털 기술에서부터 인공지능, 뇌파 등을 다양하게 활용하는 것으로 분석할 수 있다.

또한, 인지전에 관한 기존의 담론들을 분석해보면 과학적 근거인 제 학문들 중 인지심리학은 공통적으로 적용되고 있으나 뇌과학, 신경과학, 인지과학, 인공지능 등은 국가별로 과학기술 발전 수준의 차이로 인해 적용에는 차이가 있다. 다만, 우려할 만한 부분은 중국 및 러시아가 수단 및 방법 측면에서 뇌과학, 인지 신경과학, 인지과학, 인공지능 등을 활용하는 수준이 고도화되고 있다는 것이다.

〈표 1-2〉 국가별 인지전에 대한 기존 담론들

구분	NATO	미국	중국	러시아
개념	인지전		지능화전의 핵심개념 (제지권 확보)	재귀통제
	정보흐름을 제어하고, 사람들이 정보에 반응하는 방식을 통제	적의 인지과정을 조작하여 유리한 의사결정 유도	인지과정을 방해하고, 센서 통제와 데이터 간섭을 통해 적의 인지고리를 파괴	적대세력의 의사결정자가 세상에 대한 인식을 바꿔 자국에 유리하게 행동
목표	공격대상이 스스로를 파괴하도록 만드는 것	대중의 사고와 행동방식을 변화시킴	적의 지혜와 지능 통제	표적의 의사결정에 영향
수단	디지털 기술	사이버 공간에서의 인공지능(알고리즘), 뇌파 등을 활용		
방법	여론의 무기화, 정보전과 사이버 과학기술, 소프트 파워(인간적 요소, 심리전 조작)	사이버 전투, 허위 정보 전달 등, 정보조작 및 왜곡,내러티브 등	역사, 심리학, 뇌과학, 인공지능 등과 연계한 내러티브	사회학, 역사, 심리학, 인공지능 등과 연계한 프로파간다

인지전이 과학적 이론을 바탕으로 전략-작전-전술이라는 전 용병술에 모두 적용할 수 있는 유용한 전략임에도 불구하고, 지금까지의 인지전은 주로 국가전략적 수준에서 논의되고 있다. 물론 인지전은 국가의 제 국력요소(DIME)를 통합적으로 적용해야만 하는 분야다. 하지만, 주변 국가들의 인지전 적용 노력에 비해 국내에서 인지전의 개념에 대한 혼란, 정책적 관심의 부재 등 난맥 속에서 판단해볼 때, 국력의 제 요소를 통합 및 적용하는 국가전략적 수준의 인지전으로 발전하기 위해서는 각 국력 제 요소별 발전이 선행될 필요성이 있다. 특히, 미래전에 대비하여 군사(M) 분야에서 인지전의 발전은 필수 불가결한 과제가 되고 있으므로, 군사전략적 수준에서 인지전 발전을 선도해야 할 필요성이 있다.

이러한 맥락에서 이 책에서는 인지전을 과학적 근거와 기존 담론들에 기반하여 국가전략적 수준과 군사전략적 수준으로 구분하여 다음과 같이 정의했다. 먼저, 국가 수준의 인지전 정의는 '상대국가, 정부, 사회 및 개인들이 의도된 방향으로 움직이도록 정보를 조작·왜곡 및 선동하고 내러티브, 인공지능, 뇌파 등의 국력의 제 요소를 수단으로 상대방의 인지과정을 조작함으로써 사회적 혼란을 형성하거나 공공 및 정부정책에 영향을 미치는 국가전략적 개념'이라 할 수 있다.

군사전략적 수준의 인지전 정의는 '상대국의 전투원, 부대 및 군사지도자의 인식과 행동, 군사전략을 의도된 방향으로 움직이도록 정보를 조작·왜곡 및 선동하고 내러티브, 인공지능, 뇌파 등의 군사적으로 활용 가능한 수단을 동원하여 군사작전에 표적이 되는 전투원, 부대, 군사지도자의 인식과 사고방식을 변화시키는 개념'이다.

현대 및 미래 전쟁에서 전략-작전-전술이라는 용병술의 범주가 점점 중첩되어가는 현상을 감안해볼 때, 국가 수준과 군사전략 수준의 인지전도 그 목표와 수단, 방법 측면에서 상호 대칭적인 개념이라기보다는 상호 보완 및 중첩되는 개념으로 보는 것이 타당하다.

3. 인지전 유사 개념 검토

인지전은 기존의 정보전, 심리전, 사이버전 등과 유사한 개념으로 인식하기 쉽지만 과학적 이론 적용과 목표, 수단, 방법 측면에서 구별되는 개념이다.

먼저, '정보전'은 "상대적으로 정보 우세를 달성하기 위한 공격 및 방어행위, 정보의 이용과 관리"로 정의할 수 있으며, 온라인 소셜미디어, 오프라인 대인 네트워크 및 미디어 통제를 통해 의사결정권자의 인식 및 감정을 왜곡하는 것이다 (de Buitrago, 2019).

'심리전'은 정보전 수행과정에서 적대세력의 인식이나 여론 등을 자신의 편에 유리하게 만드는 데 중점을 둔 활동이다(Libiki, 2020). 미군의 심리전 교범(FM-33-5)에는 심리전을 "군사적인 승리를 얻기 위한 응용심리학적인 방법으로 국가적인 정책과 전략에 이르기까지 활용하는 종합전법"으로 정의하고 있다.

'사이버전'은 분산서비스거부(DDOS) 공격과 같이 적의 사회 인프라를 공격하거나 실제적인 방법으로 정보를 탈취하기 때문에 인지전과 상이하다(Tzu-Chieh Hung & Tzu-Wei Hung, 2020).

위의 논의를 종합해보면, 정보전은 미디어 통제, 심리전은 사기 및 정보 통제, 사이버전은 네트워크상 컴퓨터를 대상으로 한 정보탈취에 초점을 맞추는 전쟁수행 개념이라 할 수 있다. 반면, 인지전은 적대세력의 두뇌 통제에 중점을 두는 개념으로(dit Avocat, 2021), 개인과 대중이 제시된 정보에 어떻게 반응하는지 그들의 인지과정을 통제하는 것이라 할 수 있다. 따라서 사이버전은 사회 인프라에 대한 실제 공격과 같은 부분으로 인지전과 명확히 구분되지만, 정보전과 심리전은 인지전의 범주에 속하는 전쟁수행 개념으로 볼 수 있다.

인지전이 전략적으로 활용되는 측면을 고려하여 인지전의 개념을 정보전, 심리전과 목표-수단-방법으로 비교하여 정리하면 〈표 1-3〉과 같다.

즉, 정보전과 심리전의 목표가 실제 정보와 허위정보, 조작정보을 이용하여 상대방의 인지를 왜곡, 기만 및 정보 과부하를 유발하여 올바른 의사결정을 방해하거나 군사능력을 감소시키는 것이라면, 인지전은 정보를 인간의 뇌가 수용 및 해석하는 인지과정을 조작하는 것이다. 특히, 인지전은 정보전과 관련된 과학기술과 인간적 요소, 심리전의 조작 측면의 결합을 의미하며, 디지털 기술에 의해 변형되고, 자신의 이익을 위해 의도된 사실과 같은 편향된 표현 등이 포함된다(Claverie & Cluzel, 2020).

〈표 1-3〉 인지전, 심리전, 정보전의 차이점

구분	인지전	정보전	심리전
목표	적의 뇌가 정보를 수용·해석하는 인지과정을 변경	적의 군사능력 감소 및 우리 군의 정보 확보와 이용을 촉진	적의 심리상태, 판단력, 행동에 영향을 주어 의사결정 및 행동에 영향
수단	사이버 공간에서의 인공지능(알고리즘), 뇌파 등을 활용	• 컴퓨터 네트워크를 이용한 공격(피싱, 스푸핑, 쉘코드 등) • 네트워크를 이용한 정보 침해(해킹, 봇넷, 웜, 트로이 등)	정보, 통신, 사회공학, 인간–컴퓨터 상호작용, 인간–인간 상호작용 등
방법	사회학, 역사, 심리학, 인공지능 등과 연계한 정보를 조작, 왜곡, 프로파간다, 내러티브	• 적의 정보수집 및 처리과정 파악 • 전자전, 정보수집 및 처리 • 군부대에 대한 공격 • 정보수집 및 처리과정 방해	정치, 경제, 사회, 미디어, 정보통신 기반시설 등에 대한 인식 조작
대상	국민, 군인 등	정보 수집, 처리 및 전달 체계	적군 지도자, 전문가, 요인 등 특정한 대상
관련 근거	제1장 2절 2. 인지전의 개념을 근거로 작성	미 육군 교범 TC 7-100.2 (2019), "Information Operations"	FM 3-13 Information Operations: Doctrine, Tactics, Techniques, and Procedures (2019)

제3절
주요국가 인지전 전략 및 전개 양상

　　과학기술의 발전과 인터넷 기반의 소셜미디어, 콘텐츠 등 다양한 정보 공유 수단의 증가가 인지에 대한 취약성을 가중시키고, 영향력 작전, 설득, 그리고 대량 조작 등 새로운 미래전 전망을 가능하게 하고 있다(Rand Waltzman, 2017). 인지전은 개인 및 단체 등에 의해 매우 조직적이고 광범위하게 계획 및 시행되므로 시도를 알아차리기 어려우며, 알아차려도 대응이 너무 느리거나 불충분할 수 있다.

　　특히, 권위주의 국가인 중국과 러시아는 자유민주주의 국가를 대상으로 적극적으로 인지전을 수행하고 있고, 크림반도 합병, 우크라이나 전쟁, 대만 양안 갈등 등에서 그 성과를 달성하고 있으며, 제 학문과의 융합을 통해 가속화하고 있다. 이에 반해 민주주의 국가는 권위주의 국가의 인지전에 대해 방어를 수행하는 수준으로 중국, 러시아에 비해 실행력이 부족한 실정이다. 따라서 3절에서는 인지전 전략을 조직적으로 수행하는 중국, 러시아의 인지전 전략 및 전개양상에 대해 그 패턴을 분석하고 수단 및 방법을 구체화했다. 이를 통해 인지전에 적극적으로 대응하고 필요시 인지전을 주도적으로 수행할 수 있도록 4절에서 한국군 미래전에 대비한 인지전 발전방향을 제시했다.

1. 주요국가의 인지전 전략

1) 중국의 인지전 전략

중국은 과거부터 "적과 싸우지 않고 굴복시키는 것이 최상의 전략"이라는 개념하에 인간의 '마음'을 전략의 최종목표로 여기고 있으며, '지능화전'은 현대전에서 인간의 마음과 인지를 공격하는 정보화전이 고도로 발달된 전쟁 형태로서 인공지능 및 빅데이터 등을 적극 활용하여 연구를 심화하고 있다(이상국, 2023).

특히, '지능화전'의 중심목표인 '제지권'은 인간의 지력공간(intellectual space) 상의 투쟁과 대항에 관한 것으로 제해권, 제공권 등 다른 공간의 제권(制權)에 승수효과를 유발할 수 있다. 제지권의 핵심은 인지속도와 인지품질 우위를 둘러싼 투쟁이다. 제지권 투쟁방식들 중 하나는 인간-기계 지능이 그룹을 이루어 전장에서 상대방의 인지과정을 간섭 및 통제하는 것이다. 다른 하나의 방식은 센서 통제와 데이터 간섭을 통해 상대방의 인지고리를 파괴하고 지혜와 지능을 통제해 전장의 제지권을 장악하는 것이다(이상국, 2020, p. 87).

중국은 이러한 제지권 확보를 위해 〈표 1-4〉와 같이 인지공간에서의 경쟁과 뇌를 제어하는 절차를 수립했다.

최근에는 효과적인 지능화전을 위해 인공지능의 알고리즘을 통한 인지공격, 인간-기계지능에 의한 의사결정 및 군사행동 최적화를 추진하고 있으며, 전장영역에 '인지영역'을 추가하여 작전능력을 확대하고 있다. 2019~2020년 중국인민해방군의 '인공지능 기술 군사화' 연구개발 및 획득목록에도 '인지영역 지능안보', '인간-기계 융합체계' 등 다수의 인지전을 수행하기 위한 기술들이 포함되어 있는 것은 인지전이 중국의 '군사 지능화'를 달성하기 위한 방법이며, 인공지능은 수단으로 활용된다는 사실을 신뢰성 있게 뒷받침한다(차정미, 2021, p. 16).

또한, 중국은 알고리즘을 통해 방대한 정보의 신속한 처리와 분석을 실시하고, 전개양상에 대한 정확한 예측을 제공하는 동시에, 상대방의 인지를 공격함으

<표 1-4> 중국의 제지권 확보를 위한 인지공간 경쟁과 뇌 제어 절차

단계	내용
인지조정	상대방의 심리와 정신에 영향을 미쳐 인지조종함으로써 행위를 통제하려는 것이며, 집단 및 국가 혹은 전 세계가 대상이 될 수 있다.
역사기억 조작	인간의 사상과 사회의식적 행태는 역사적 기억과 밀접하게 관련이 있다. 어떤 수단을 통해 개인, 집단의 역사 기억을 '교묘하게' 소멸시킴으로써 정신적 지주를 잃게 할 수 있다.
사고방식 변화	국가 및 민족이 가진 특정한 사고방식의 약점을 분석하여 '바이러스'를 주입한 후 명백한 사실을 오류로 인식하게 하거나 황당한 결론에 이르게 한다.
상징 공격	상대방의 소속감을 통한 공동목표를 달성을 차단하기 위해 역사적 인물, 숭고한 문화를 조롱하여 국가의 민족, 자아정체성을 잃게 한다.

출처: University of Oxford, Global Research Security (2020), *How China's Cognitive Warfare works.*

로써 '인지 우세'를 달성하고자 노력하고 있다. 특히, 2016년에 중국 정부 주도하에 뇌과학과 인공지능 융합의 정점에 있는 두뇌 프로젝트 이니셔티브[7] 연구개발에 착수했으며, 수십 개에 이르는 중국 전역의 대학 및 연구소에서 관련 연구를 추진 중이다(박동·김수원 외, 2020). 향후 인간(두뇌)-기계(AI) 간 협력 전투체계의 개발, 전장기능 통합제어체계 구축 등을 완료할 것으로 예측되며, 이를 인지영역 경쟁에서 우세를 달성하기 위한 핵심 기반체계로 활용할 것으로 판단된다.

중국의 지능화전, 제지권 확보를 위한 인지전 수행 전략을 평가해보면, 중국은 인지심리학, 뇌과학, 인지신경과학, 인공지능 등을 적극적으로 활용하여 군사적으로 실효성을 높이며 그 수준을 점차 고도화하고 있다.

2) 러시아의 인지전 수행 전략

러시아는 재귀통제란 명칭으로 인지전 전략을 수행하고 있다. '재귀통제'란 "적이 상대에게 의사결정을 위한 근거를 제공하는 것"을 뜻하는데, 상대의 의사결

---

7 뇌에서 일어나는 프로세스를 수학적 방식으로 묘사

정을 정보의 전달을 통해 변화시킬 수 있음을 나타내는 개념이다. 즉, 상대가 의사결정을 하게 되는 것은 인지과정에서 발생하는 상황에 대한 이미지에 의한 것이기 때문에 다양한 방법을 통해 이를 조작할 수 있다는 것이다.

이러한 재귀통제는 다양하게 적용되고 있으며, 2014년 러시아의 크림반도 합병 시 〈표 1-5〉와 같이 적국의 군부 및 정치 지도부, 사회 집단들의 감정, 인식을 조작하는 제귀통제 11가지 기법 중 9개의 기법이 적용되었다.

2014년 크림반도 합병 시 적용된 재귀통제를 분석해보면 러시아는 공간에 집착하기보다는 우선 인적 자원에 대한 장악이 우선이라고 보고 접근했다(정상혁, 2020). 이를 위해 유럽 전역에 걸쳐 방송국, 언론사 등에 '정보부대'를 배치하고 음모론이나 역정보를 확산시키고, 내러티브 및 프로파간다 등을 통해 우크라이나

〈표 1-5〉 재귀통제의 11가지 기법을 2014년 크림반도 합병 시 적용한 사례

단계	내용	2014년 크림반도 합병
주의분산	자신의 실제 목표를 감추거나 상대가 전략목표에 집중하지 못하도록 실제 혹은 가상의 위험을 만듦	분리주의 확산
과부하	적에게 상반된 정보 대량 제공, 적 정보시스템 과부하	프로파간다 시행
마비	적이 정치·경제·군사적 이익에 위협을 느끼도록 공황 유도	군사훈련 시행
소진	적에게 불필요한 작전 수행을 유도하여 인·물적 자원 소진	–
각색	일정 기간 허구의 위협을 믿었으나 이것이 기만이었음을 깨달은 적에게 다시 기존 정보를 변형하여 제공	내러티브 활용 (러시아의 봄은 애국심, 반데리트는 파시즘, 유로 마이단 시위는 혼돈)
해체	적이 속한 연합, 동맹의 이익에 반하는 의사결정을 유도	
진정	공격자가 평화적 혹은 중립적이고 적의 인지를 조작	
겁박	사회·정치·군사 등 전 영역에서 공격자가 우세하고 강력하다는 데이터를 담은 조작된 정보를 제공	언론을 통한 보도 및 겁박
도발	적이 공격하도록 유발하여 공격자에게 유리한 상황을 만듦	–
제안	적의 특정 집단이 공격자에게 유리한 행동을 하도록 만듦	지지층은 이분법으로 선·악을 확실히 인식함
압박	적 정부에 대한 여론이 악화되도록 부적절성 정보 노출	선악의 단순한 관점에서 우크라이나를 악으로 정의

출처: 육군 교육사령부(2022), 『월간 작전환경분석』 내용을 재구성.

내부의 분리주의를 더욱 심화시켜 유리한 여건을 조성했다. 그 결과, 인명피해가 거의 없이 크림반도를 한 달도 안 되는 기간에 합병하는 데 성공했다(Remark by Chairman Royce, 2015).

2. 인지전 전개 양상

최근 세계는 인터넷 및 네트워크의 발전과 소셜미디어 등의 플랫폼 확장으로 인지전의 양상인 내러티브, 프로파간다 등의 영향력이 증가하고 있다. 우리나라의 경우에도 인터넷 사용자(10~50대)가 90% 이상으로 매우 높은 수준이고(인터넷 백서, 2021), 스마트폰 보급률은 약 72%로, 이는 우리나라 국민의 상당수가 내러티브, 프로파간다 등에 노출되어 있음을 의미한다(Pew Research, 2020).

권위주의 국가인 중국 및 러시아는 민주주의 국가에서 법으로 보장하고 있는 언론 및 표현의 자유 등이 내러티브 및 프로파간다 등에 취약하다는 점을 공략하여 인지전을 수행하고 있으며, 국가 및 비국가 행위자와 통합하여 수행 주체를 은폐하고 있다.

1) 국가 및 비국가 행위자와의 통합 양상

최근 비국가 행위자들을 국가의 대리(proxy) 수단으로 활용하는 사례들이 빈번해지고 있으며, 이는 국가가 외주를 주는 것으로 국가의 개입을 은폐하고 전쟁 목적을 달성하기 위한 것이다. 이라크전에서 미군이 '블랙워터 USA(Blackwarter USA)' 등과 같은 민간군사기업(PMC: Private Military Company)에 전쟁의 외주를 준 것은 대표적인 사례다. 러시아도 이와 같은 방식으로 민간 사이버 범죄조직인 '러시아 비즈니스 네트워크(RBN: Russian Business Network)'를 2008년 조지아 침공 때 활용했으며 우크라이나 전쟁에 와그너 그룹을 활용했다. 특히, 2016년 미국 대선

개입 때 러시아의 해킹조직인 APT 28과 APT 29가 동원되었다(윤민우, 2018, p. 100). 중국도 해외에 주거하는 중국계 현지 체류자 중 유학생들을 정치문화 전쟁의 첨병으로 동원하고 있다. 중국 국가안전부는 비밀 정치 및 공작활동을 위한 정보작전센터를 설치하고, 중국계 국제조직범죄 네트워크인 죽련방(UBG: United Bamboo Gang)을 해외 군사력 투사와 정치·문화·경제적 영향력 침투 등에 활용하고 있다(윤민우, 2022, p. 4). 또한, 2020년 4월 기준 162개 국가에 545개 공자학원, 1,170개의 공자학당을 설치해 중국 공산당 체제 선전, 정보수집, 중국 유관학자 동태 감시 등을 수행하고 있다(최창근, 2020).

2) 전략적 내러티브(narrative)

조지프 나이(Joseph Nye, 2020)는 "힘은 누구의 군대가 이기느냐에 달려 있기도 하지만, 또한 누구의 스토리가 이기느냐에 달려 있기도 하다"라고 언급하면서 강한 내러티브를 힘의 근원으로 제시했다. 로빈슨과 하우페(Robinson & Hawpe, 1986)에 의하면, 내러티브는 "과거의 사건들을 특정한 형태로 구조화하고 관련지으면서 서로 이질적으로 보이는 사건들을 나름대로 종합하여 현실을 이해하려는 사고과정"이다. 이러한 내러티브에는 오랜 기간 동안 광범위한 행위, 경험 및 사건들의 연속성이 포함되어 있다. 즉, 내러티브는 사건에 대한 정보를 단순히 나열하는 것이 아니라 그 사건을 이해하는 데 적절하다고 생각되는 정보들을 편향적으로 선정하고 현재의 관심과 동기에 따라 과거의 경험을 재해석 및 연결하여 인지과정을 조작하는 수단인 것이다(박민정, 2006, pp. 29-40).

인지전에서의 내러티브 특징은 전략을 구성하여 지지층을 동원시키고, 지지층의 일체감을 지속시켜 이탈자를 통제하며, 의도를 확산시키는 것을 포함한다. 특히, 피해자 의식 및 굴욕, 저항에 관한 내러티브의 서사를 사용하여 사람들을 과거와 유사한 상황으로 현재를 재구성한다. 이로 인해 개인적 좌절과 공공의 소명을 연계시킴으로써 정치사회운동의 한 부분으로 개인에게 권능감 혹은 자기효

능감을 부여한다(윤민우, 2022, p. 10).

내러티브는 이러한 과정을 통해 상대방에게 편향된 정보 및 사건을 수용하도록 강요함으로써 인지 조작을 발생시키고, 이로 인해 이질적인 이해관계와 관심을 가진 개인들을 연대시키는 접착제 역할을 하게끔 조장한다. 궁극적으로 내러티브는 자체적으로 폭동 및 왜곡 등을 만들어 사회 및 군을 불안정하게 만드는 것이다.

우크라이나 전쟁에서 우크라이나는 러시아의 인지전에 대항하여 "진실이 가장 효과적인 프로파간다(The best propaganda is the truth)"라는 슬로건 하에 러시아 내러티브의 기만성을 알리고 우크라이나의 입장을 대변하는 정보를 플랫폼을 통해 국내외로 확산시켰다. 이러한 우크라이나 반격 내러티브는 전세를 역전하는 데 핵심적 역할을 했다(송태은, 2022, p. 17). 특히, 러시아는 서방의 미디어를 차단한 가운데 내부 정보에만 의존하는 폐쇄된 정보시스템을 유지했지만, 우크라이나는 'IT 부대'를 모집하고 러시아의 내러티브에 대항하기 위해 크라우드 소싱[8]을 통해 인지 우세를 달성할 수 있었다.

또한, 페이스북, 인스타그램, 유튜브, 왓츠앱 등을 운영하는 메타와 구글은 러시아의 관영매체인 스푸트니크, 타스와 같은 메시지를 차단하여 러시아의 내러티브가 세계 사이버 공간에 확산되지 못하도록 했고, 그 결과 러시아의 인지전은 이전과 같은 파괴력을 발휘하지 못했다(송태은, 2023, p. 5).

최근에 중국은 〈표 1-6〉과 같이 대만에 대해 고도의 내러티브 등을 병행한 군사적 협박, 양안 교류를 통한 영향력 행사, 종교적 간섭 등과 같은 형태로 인지전을 적극적으로 수행하고 있다.

---

8   대중(crowd)과 아웃소싱(outsourcing)의 합성어로, 대중을 참여시키는 것을 의미한다.

〈표 1-6〉 중국이 대만에 대한 내러티브를 수행하는 방법

단계	내용
군사적 협박	• 중국은 대만이 통일의 궤도에서 벗어났다고 판단될 때 끊임없이 군사력을 동원해 대만을 위협함(① 1999년 리덩후이 총통이 대만과 중국의 관계를 '국가 대 국가' 관계로 재정의하자 중국은 군사 활동을 두 배로 증가시킴 ② 2020년 군용기를 대만 방공식별구역에 진입시킴)
대만해협을 가로지르는 양안 교류를 통한 영향력 행사	• 대만 시민들에게 경제·사회·문화적 이익을 미끼로 하여 더 많은 통제를 행사하기 위한 필요와 의존도를 증가시킴 * 중국은 본토 도착 시 무료 여행 및 리셉션 서비스를 제공하거나 중국 여행 할인
종교적 간섭	• 대만 인구의 약 70%가 믿는 마즈교는 중국에서 시작되었다고 왜곡 • 종교와 문화가 같다는 인식을 목표로 하나의 중국 정책을 강조

출처: Tzu-Chieh Hung & Tzu-Wei Hung (2020), *How China's Cognitive Warfare Works: A Frontline Perspective of Taiwan's Anti-Disinformation Wars* 내용을 재구성.

3) 프로파간다(propaganda)

러시아는 프로파간다의 오랜 전통과 다양한 수단을 보유한 국가로서 미국과 서유럽의 선거철에 소셜미디어 플랫폼을 통해 가짜뉴스를 확산시켜 이들 국가의 선거 결과에 지대한 영향을 끼쳤다. 서방에서는 이러한 러시아의 프로파간다를 '인지적 해킹(cognitive hacking)'으로까지 묘사할 정도로 러시아는 고도의 프로파간다 전략을 발휘한 바 있다(송태은, 2022, p. 2).

2016년 미국 대선과 2017년 서유럽 선거 기간에 수행된 러시아의 가짜뉴스 공격은 인공지능의 알고리즘 기술이 동원된 컴퓨터 프로파간다 활동이었다. 소셜미디어 가짜 계정의 '봇 부대(bot army)'를 이용하여 유럽 및 미국 등의 대중에게 허위정보를 유포할 수 있었다.

특히, 인공지능 알고리즘 기술이 적용되는 사이버 공간에서 가짜뉴스의 대다수 수신자인 일반 대중은 전략적 메시지가 정치적 목적에 의해 의도적으로 생산되고 확산되는 사실을 인지하기가 어렵다. 이러한 특성을 잘 이해한 러시아는 인공지능 기반의 정치봇을 활용하여 민주주의 국가가 수행하는 심리전의 설득 방식

<표 1-7> 러시아 프로파간다 실행의 일반적인 5단계

1단계	2단계	3단계	4단계	5단계
① 선동 취약 대상을 식별 및 분류 ＊근심, 불안, 우울, 낮은 자존감, 권위주의적 태도 등을 보유 ② 성별, 세대, 지역, 교육 수준, 직업 등으로 재분류	의혹, 문제 제기를 통한 짜증, 분노를 유발	짜증, 분노 대상에 대한 구체적 좌표 지정	지정 좌표에 대한 짜증과 분노를 증오로 전환하도록 유도	증오의 집중, 심화로 결집 → 집단행동 유도

출처: 윤민우(2021), "러시아의 사이버 안보", pp. 25-31. 내용을 재구성.

과는 차별되는 프로파간다를 실행했으며, 일반적인 5단계는 〈표 1-7〉과 같다(윤민우, 2021, pp. 25-31).

프로파간다의 대표적 전술은 가짜감옥 전술(fake jail tactics)로, 이는 네 가지 형태로 구분된다. 첫째, 특정 뉴스 및 정보를 제공함으로써 대상자를 인지적 감옥에 감금하는 인지적 착시효과를 이용하는 것이다. 둘째, 인터넷 사용자에게 인공지능 알고리즘의 딥러닝에 의해 사용자가 마치 거품에 가둬진 것 같은 현상을 만들어내는 필터버블 효과가 있다. 이는 추천 알고리즘에 의해 사용자에게 유사한 동영상이나 뉴스, 도서, 논문, 사이트 등을 추천함으로써 사용자들을 특정한 정보나 지식의 감옥에 인지적으로 감금하는 것이다. 셋째, 진실 착각 효과(illusory truth effect)다. 이는 상대방이 동일한 극단적인 메시지에 반복하여 노출될 경우, 그 메시지를 신뢰하고, 처음 접한 정보를 이후에 접한 정보보다 신뢰하는 경향을 갖는 효과를 의미한다. 즉, 사람들은 처음 접한 출처가 불분명한 정보라고 할지라도 시간이 경과하면서 정보 자체만을 기억하여 사실로 착각하는 경향을 보이며, 이러한 진실 착각 효과는 필터버블 효과가 지속되고 축적되면서 만들어지게 된다. 넷째, 봇 효과(bot effect)는 인간 봇(useful idiots)과 기계 봇(좀비 PC)을 통해 이루어지며, 정치적으로 편향된 정보를 대규모로 확산시켜 여론을 특정한 방향으로 유도하는 것이다. 봇 효과는 필터버블 효과와 진실 착각 효과를 다수의 대중을 대상으로 적용 및 확산 시에 만들어지게 된다(윤민우, 2021).

4) 인공지능을 활용한 인지전 양상

대규모 가짜뉴스의 유포와 같은 다양한 형태의 인지전은 인공지능 기술을 탑재한 자율적 공격으로 전환되고 있고, 이러한 종류의 공격이 빈번해지면서 머신러닝의 재료가 되는 데이터를 오염시키는 결과도 초래되고 있다. 특히, 미국은 러시아, 중국과 같은 권위주의 국가가 인공지능을 활용하여 정보생산 및 대량정보 전달 기술을 이용하여 군사적 차원에서 타국의 소셜미디어 플랫폼에 조작·허위 정보를 확산시키는 행위를 시행해오고 있다고 분석했다(송태은, 2021, pp. 6-7).

이러한 인공지능을 활용한 정보의 조작 및 왜곡은 가속화되고 있다. 최근에 급부상한 AI 챗봇 및 챗GPT(ChatGPT) 등과 같은 생성형 인공지능(generative AI)은 문자, 이미지, 음성 또는 동영상을 만들어내는 기술로서, 일상 업무의 절감, 유용한 정보의 용이한 접근 등을 가능하게 하는 반면에 왜곡 및 편향된 정보를 생산 혹은 제공하는 부작용을 초래하고 있다(홍승헌, 2023, p. 10).

이러한 가운데 〈그림 1-2〉와 같이 인공지능의 추천 알고리즘에 의해 정보의

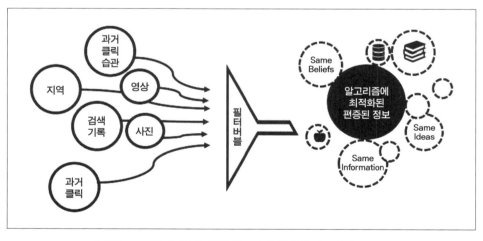

〈그림 1-2〉 필터버블을 통한 알고리즘 형성과 편중된 정보 제공

출처: 전상훈·최서연·신승중(2022), "러시아-우크라이나 전쟁에서 파악된 SNS 추천 알고리즘의 필터버블 강화현상 분석", p. 26.

편중이 발생하는 '필터버블(filter bubble)' 현상이 가속화되고 있다.

이러한 현상은 지역, 선호도, 검색기록 등 개인정보가 필터버블을 통해 알고리즘을 형성하고 편중된 정보를 제공하는 악영향을 잉태하고 있다. 이는 이용자의 데이터를 기반으로 좋아할 만한 정보만을 선택적으로 제공하고 이용자는 자신이 선호하는 정보만을 제공받음으로써 특정 정보영역에 갇히는 현상이다(신유진, 2021). 이러한 필터버블 현상은 표현의 자유와 정보의 자유로운 이동을 제도로써 보장하는 민주주의 이념을 가진 국가 중 초고속 인터넷과 네트워크 등이 발전된 국가에서 적용하기 용이하며, 맞춤형 플랫폼이 확대될수록 가속화된다.

5) 디지털 레닌주의(digital leninism)에 기반한 인지전 양상

디지털 레닌주의는 권력을 독점한 소수가 빅데이터와 인공지능을 이용해 인터넷을 통제하는 체제를 말한다. 2017년 10월 독일의 싱크탱크 메리카토르 중국연구소의 제바스티안 하일만 연구원은 시 주석이 정보기술(IT)을 이용해 집권 2기(2018~2023)에 기반을 다지고, 공산당의 생존을 연장하는 디지털 레닌주의를 구상하고 있다고 주장하면서 널리 사용되었다(오광진, 2019).

현대기술(digital)로 전체주의 국가의 이념(leninism)을 확산하겠다는 것이 시진핑의 구상이며, 중국 공안들의 컴퓨터 검열, 사이버 통제시스템인 만리장성(방화벽) 등이 그 실체로 나타나고 있다.

시 주석의 디지털 레닌주의는 세계로 확산되고 있다. 중국은 공자연구소를 통해 다른 나라의 싱크탱크, 사회조직, 엘리트에 투자하여 해외 영향력을 확대하고 친중 여론을 형성시켰다. 그러던 중 2009년에는 대규모 국제 정치선전 전략을 출범시켰고, 현재 중국 중앙전시대(CCTV)는 다섯 개 언어로 최소 170개국에 방송을 송출하고 있다(빈센트 W. F. 첸, 2020, pp. 35-36).

중국의 디지털 레닌주의에 기반한 인지전은 〈표 1-8〉과 같이 대만을 대상으로 집중적으로 나타나고 있다. 2016년부터 2019년 7월까지 중국은 대만의 국방,

외교, 해외서비스, 의료서비스, 해양을 대상으로 2만 1천여 차례 사이버 공격을 실시했으며, 이 중 다수의 공격이 중계국을 통해 이루어졌다(빈센트 W. F. 첸, 2020, p. 37).

⟨표 1-8⟩ 대만을 상대로 한 디지털 레닌주의를 활용한 인지전

구분	주요 내용	
정치선전	• 중국 국영 미디어 확대 • 해외 미디어 구입	• 친중국 콘텐츠 생산 해외언론 육성 • 허위정보 캠페인
검열	• 비판적 기자 및 언론사 협박 • 자체 검열에 인센티브 부여	• 사이버 공격, 물리적 공격 및 욕설
콘텐츠 전달	• 디지털 TV 분야의 선동세력 추진 • 전 세계 모바일 시장 점유율 확대	• 중국 소셜미디어 플랫폼 확대

출처: 포럼 스태프(2020), "글로벌 내러티브 전복", 『IPD FORUM』, 45-4, p. 30.

제4절
한국군 인지전 발전 방향

인지전과 관련된 제 학문 및 기술들이 급속도로 발전하고 있으며, 미국 및 EU를 비롯하여 권위적 국가인 중국, 러시아 등에서 인지전을 전략으로 수립하고 분쟁 및 전쟁에서 적극적으로 활용하고 있다. 이러한 현상으로 인해 인지전은 향후 5세대 전쟁의 새로운 영역으로 논의되고 있으며, 인지전을 효과적으로 수행시 정치·군사 전략적 의도에 부합한 지지 확보 및 유리한 상황 조성에 기여할 수 있을 것으로 판단된다.

우리 군도 이론적 논의를 넘어 인지전의 역량을 구비하고 필요시 공세적인 인지전을 수행할 수 있어야 한다. 따라서 우리 군이 미래전에서 인지전 수행능력을 구비하기 위해서는 교리부터 조직, 인력 등 합동전투발전분야[9]에서 체계적인 준비와 시행이 필요하다.

---

9 합동전투발전분야는 교리(Doctrine), 구조·편성(Organization), 훈련(Training), 무기·장비·물자(Materiel), 리더십/교육(Leadership/Education), 인적 자원(Personnel), 시설(Facilities), 정책(Policy)을 말하며, 이 책에서는 DOTMP-P 분야에 대해 발전방향을 제시했다.

1. 교리(Doctrine) 분야

　미국, EU를 비롯하여 중국, 러시아 등은 인지전을 전략적으로 활용하기 위해 국가적 차원에서 노력을 집중하고 있다. 하지만 우리 군에는 인지전에 대한 개념 및 대응전략이 부재하다. 특히, 인지전을 정보전, 심리전 등 유사 개념들과 동일시하거나 군사적 수준에 적용할 수 없는 전쟁수행 개념으로 인식하는 경향도 있다.

　상대국가의 인지전에 대응하고, 인지전을 전략적으로 활용하기 위해서는 군사적 수준을 포함한 그 이상 제대의 협력과 교리 정립이 우선되어야 한다. 이를 위해서 다음 세 가지 사항이 고려되어야 한다. 첫째, 인지심리, 뇌과학, 인지과학 및 인공지능 등의 전문가와 협력하여 인지전의 개념 정립과 전략, 작전 및 전술적 활용방안을 수립해야 한다. 정부 부처 및 기관 간 인지전에 대한 공통의 인식 및 이해, 행동의 통일에 대한 협의가 우선시되어야 한다.

　둘째, 우리의 인지과정을 보호하고 정상적 의사결정을 보장받기 위해서는 적의 인지전을 식별, 분석 및 대응할 수 있는 인공지능 알고리즘을 개발하고 대응절차, 인지 보호방법 등을 교리적으로 정립해야만 한다. 인공지능을 기반으로 하는 인지전 체계는 정보를 조작·왜곡하여 내러티브 및 프로파간다를 통해 계획적이고 체계적으로 작동되므로 이를 식별하고 차단하며, 필요시 공세적으로 운용할 수 있는 교리를 발전시켜나가야 한다.

　셋째, 적의 인지전으로 인해 인지편향이 발생하는 것을 방지하고 의사결정에 영향을 미치지 않도록 다양한 '구조화 분석기법'을 적용해야 한다. 미국의 16개 정보기관들은 정보판단 능력을 개선하기 위해 20여 년 전부터 '구조화 분석기법'을 적용하고 있는데, 이는 탈인지편향과 올바른 정보를 수용하고 의사결정의 능력을 개선하는 데 매우 효과적일 것으로 판단된다. 우리 군의 교리인 합동정보 2-0에서는 정보 분석 및 생산 과정에서는 기존 자료의 비교, 평가 및 연계성 등의 특징을 도출하여 정보를 생산하도록 하고는 있으나 구조화 분석기법 등과 같은 학문을 기반으로 한 체계적 기법이 적용되고 있지 않다. 따라서 〈표 1-9〉와 같이

〈표 1-9〉 정보 수용 시 정보 신뢰성 향상을 위한 '구조화 분석 기법' 적용 방안

구분	세부 방법
위기 및 위험 인식의 정확성과 적시성 판단	• 사건을 추적, 추세 및 탐지하여 변화를 경고하고, 발생할 가능성이 높은 행동, 조건, 사실 또는 사건들로 구성된 징후를 사전에 수립, 관찰하여 경보, 대응책을 강구할 수 있도록 해주는 '징후분석 기법'
정보자료 내용, 논증, 변수 관계 타당성 평가	• 특정 주장의 논증을 검증하기 위해 모든 가정과 증거들을 지도에 배열함으로써 타당성을 검증하는 '논증 지도' 적용 • 정보자료 내용의 타당성을 선별하는 '핵심가정분석' 적용 • 변수 간의 타당성 평가에는 '인과고리 분석' 적용
정보 내용과 출처의 신뢰성 평가	• 반대편의 관점에서 출처의 불명확성, 핵심가정, 증거의 진위, 특이 증거, 대안적 결정 등 다양한 질문으로 기존 분석 내용을 검토하여 실시한 분석의 약점을 찾는 데 도움 주는 '구조화 자기 비판' 적용
정보자료의 신뢰성, 상황 요소, 사고 기준 비교의 판단	• 가설과 증거들을 행렬표에 담아 가설 간의 연관성과 증거의 변화를 추적해가며 가설을 검증하는 '경쟁가설분석' 기법 적용 • 인물 및 상황평가의 기준 왜곡을 평가하기 위해 프로젝트와 연결된 내·외부의 비즈니스 요소들을 평가하는 '내외요소분석' 기법 적용
대안 및 상황 객관적 판단	• 아이디어 창출을 통해 모아진 아이디어들 중에서 실행에 옮길 수 있는 좋은 아이디어를 선택하기 위한 '진보적 장애물 기법' 적용 • 변화에 영향을 줄 수 있는 모든 요소를 분석, 임무 및 프로젝트에 대한 이해를 높이고 효과적 해결방안을 찾는 '역장분석 기법' 적용

출처: 김강무(2000), "인지편향이 의사결정과정에 미치는 영향과 탈인지편향을 위한 구조화 분석기법의 적용 연구(정보분석의 관점을 중심으로)", pp. 39-47. 내용을 재구성.

구조화 기법 적용방안에 대해서는 교리적으로 검토할 필요성이 있다.

2. 구조 및 편성(Organization) 분야

중국 및 러시아는 군사적 수준에서 정보를 활용하고 운용하는 데 머무르지 않고 민간을 통제하여 통합된 정보를 활용한다. 이러한 현상은 정보를 활용한 치밀한 인지전을 수행하는 데 매우 용이한 구조다. 통합군제인 중국은 중앙군사위원회 산하 연합참모부 정보국이 국내외 첩보를 수집·분석하여 정보를 생산하고 있으며 당·정·군에 정보를 제공하고 있다(합동 정보 2-0, 2019, pp. 1-2). 러시아의

연방보안국(FSB) 산하 통신정보기술 매스컴 관리국은 인지전 또는 비밀공작 등에 관한 책임 등 광범위한 분야에서 핵심적인 임무를 수행한다. 특히, 인터넷 매체 및 소셜미디어 사이트의 검열을 담당하며, 적대적인 뉴스 매체와 적대자에 대한 접근을 통제한다. 또한, 정보총국(GRU)은 민주주의에 대한 신뢰를 약화시키기 위해 적의 정치·군사 관련 시스템을 해킹하고, 내러티브를 조장하기 위해 노력하고 있다(신범식, 2017, p. 152).

　　미국도 국방부 산하 전 정보조직을 총괄하는 전략정보기관을 두고 있으며, 정보분석기구로 해외정보를 담당하는 지역분석기구와 분야별 분석을 위한 기능분석기구를 두고 있다. 즉, 국가적으로 정보를 통합하여 운용 및 통합하려는 것이다. 일본 방위성도 인지전 대응 능력을 구축하기 위해 '글로벌 전략 정보관' 및 전문담당조직인 '부국 횡단팀'을 신설하여 언론보도, 인터넷망에서 제시된 군사정보의 사실관계를 조사하거나 분석을 실시하고 있다. 즉, 전 세계적으로 각국들은 인지전에 대응할 수 있는 능력을 개발하기 위해 전략적 수준의 기관에서 전담조직을 편성·운용하고 있다.

　　반면, 우리 군은 인지전 수행 조직이 편성되어 있다고 보기 어려우며, 인지전에 관한 계획 및 분석을 실시하고 있지 않다. 따라서 전문성을 확대하기 위해 〈그림 1-3〉과 같이 현재 추진 중인 국방 인공지능센터 및 국방 데이터센터 등과 연계하여 인지전 전담조직인 '인지안보센터'가 설립되어야 한다.

　　인지안보센터의 주요 임무는 2024년 창설되는 국방 AI센터와 연계하여 외부에서 수집되는 데이터(SNS, 방송 등)의 왜곡 및 조작을 검증하고, 주요국의 내러티브 및 프로파간다 등을 분석하여 군 차원에서 적극적 방어와 필요시 공격을 수행하는 것이다. 다만, 공격 수행 시에는 정치적 중립성 및 윤리적 문제가 발생할 수 있으므로 이에 해당되는 법령 및 제도를 개선할 필요가 있다.

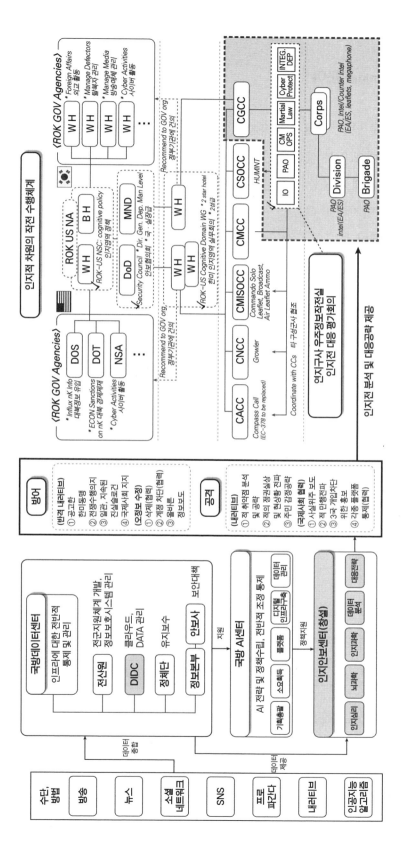

〈그림 1-3〉 인지전보센터의 임무 수행체계

3. 훈련(Training) 분야

우리 군의 양성 및 보수 교육기관 교육과정에서 작전계획 수립 시 군사기만, 심리전 등에 대해 일부 실습을 진행하고 있으나, 인지전은 포함되어 있지 않다. 이로 인해 인지전에 대응할 수 있는 사고와 능력을 체계적으로 양성하는 데 제한이 있다. 따라서 인지전에 대응할 수 있는 사고방식과 능력개발을 위한 교육 및 훈련 체계를 구축해야 한다.

이는 합리적인 법칙을 적용하거나 추론법과 같은 합리적 사고의 틀을 교육하는 탈인지편향의 훈련법이 될 수 있다. 현상을 판단하는 과정에서 자동반사적, 감정적, 고정관념적, 잠재의식적 판단을 하지 않고 합리적이고 계산적인 의사결정을 통하여도 인지편향을 줄일 수 있다(Kahneman, 2013).

또한, 부대에서 계획 수립절차를 수행하거나 학교기관에서 토의 시 비판적 사고[10]를 기르는 것도 중요하다. 비판적 사고방식은 인지해킹에 대해 방어하는 가장 중요한 방법이다. 인간의 뇌는 에너지를 최소한으로 사용하도록 작동하여 자신에게 필요한 최소한의 양만 처리하는 특성이 있고, 환경 및 조건이 변경되었으

〈표 1-10〉 비판적 사고 과정

구분	세부 방법
상대 의도 파악	상대의 추론, 주장, 예측 등은 무엇인가?
근거	상대의 추론, 주장, 예측 등을 뒷받침하는 근거는 무엇인가?
가정	근거가 결론을 '참'이게끔 해주는 가정은 무엇인가?
대안적 가정	결론이 다르게 나올 수 있는 대안적 가정은 무엇인가?
대안적 근거	대안적 가정을 뒷받침하는 대안적 근거는 무엇인가?
대안적 결론	대안적 가정 및 근거 적용 시 도출할 수 있는 결론은 무엇인가?

---

10 비판적 사고는 어떠한 사태에 처했을 때, 그것에 대해 다양한 관점에서 분석 및 평가하는 능동적인 사고다(John Dewey, 1910).

나 과거의 선택이 관성 때문에 쉽게 변화되지 않는 '경로 의존성' 현상이 있다(Lar-rick & Soll, 2008). 이러한 취약성에 대비하기 위해서는 〈표 1-10〉과 같이 비판적 사고 과정을 수행하도록 교육해야 한다.

4. 무기, 장비 및 물자(Materiel) 분야

최근 기술, 인문 및 사회 통합현상으로 미래기술 전망은 인간중심의 기술로 진화되고 있으며, 인간중심 기술은 인간모방, 인간신뢰, 인간이해 및 인간지원 등 네 가지로 구분된다(김정태·정지형·이승민, 2013). 이 중에서 주목할 만한 기술은 인간이해다. 이 기술은 인간의 인지, 감정 및 심리 등을 이해하여 이를 응용하는 기술 분야이고, 이를 위한 필수기술이 빅데이터 기반의 알고리즘, 뇌-컴퓨터 연결 기술이다. 여기에는 인간이 명령을 내리기 전에 미리 필요를 파악하여 도움을 주는 능동 IoT, 웨어러블 디바이스 기술이 미래의 핵심기술이 될 것으로 분석된다(윤장우·허재두, 2018, pp. 8-9). 이러한 기술들은 추후 군 지휘통제체계, 무기체계 등과 연동되어 지휘관에게 올바른 정보를 제공함으로써 효과적으로 작전을 수행하는 데 중요한 역할을 수행할 수 있으므로, 가장 실용성이 높은 기술을 선정하여 일정 기간 동안 시범 적용 후 평가를 거쳐 조기에 도입될 수 있도록 해야 한다.

인지전에 대한 적극적인 대응을 통해서 인지편향에 의한 잘못된 의사결정이 발생하지 않도록 하는 조치는 미래전에 대비하여 한국군이 반드시 구현해야 하는 분야다. 우리 군에서는 〈그림 1-4〉와 같은 세 가지 형태의 인공지능 기반의 알고리즘 개발이 필요할 것으로 판단된다.

우선, 데이터 수집 형태는 기존의 수동형 정보수집 형태에서 능동형 정보수집형태로 발전시켜야 한다. 능동형 정보수집 알고리즘을 통해 군 내부에서 수집되는 정보 외에도 외부의 대용량 데이터를 처리하고 상황 인식 등 실시할 수 있는 능력이 확보되어야 한다. 둘째, 수집된 정보의 진위 여부를 구분하고 의미에 기반

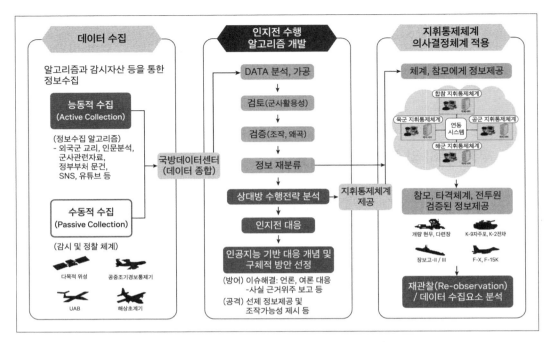

〈그림 1-4〉 인지전 수행을 위한 알고리즘 개발

하여 추론할 수 있는 알고리즘을 개발해야 한다. 이를 통해 참모 능력을 보좌함으로써 편향적 의사결정이 이루어지지 않도록 해야 한다. 셋째, 대응 개념 및 구체적 방안을 제시할 수 있는 알고리즘을 개발하여 의사결정에 대한 적시성을 확보해야 한다. 아울러 이러한 알고리즘 개발과 시스템 구축 간에는 데이터 분석력 및 보안 조치가 병행되어야 한다.

5. 인적 자원(Personnel) 확보 분야

인지전 공격을 식별하고 대응하기 위해서는 정보환경의 인지·물리·정보적 차원의 상호작용을 평가하고, 관련된 내러티브의 정황을 분석하여 이해할 수 있는 전문 능력을 구비해야 한다. 또한, 체계화된 시스템 및 기술을 활용해 관련 행위자의 능력, 의도, 관계, 의지 등을 평가하고 이를 통제 및 차단할 수 있어야 한다. 이를 위해서는 제 학문과 연계된 전문인력을 양성하고 민간의 역량을 적극 활용하기 위해 신뢰할 수 있는 파트너십과 연대를 강화해야 한다.

사고하는 것은 자발적 행동이지만, 전문적인 사고는 신중한 고민 없이는 이루어지지 않는다. 가령 의료진단은 구조화된 엄격한 규칙을 따르며, 제거되어야 할 요소나 반대로 평가되어야 할 요소에 초점을 맞추어 추론, 귀납, 연역을 오가면서 판단된다. 법원에서 적용하는 과학적이고 엄격하며 논리적인 방법인 범죄자 프로파일링 기법도 이와 매우 유사하다. 보편적이며 객관적인 지식을 얻기 위해서는 검증된 정보와 구조화된 정보체계를 구축해야 한다. 이를 위해서는 앞서 제시한 인지안보센터를 구축하고 군 내·외부 다방면에서 활용 가능한 전문가들을 적극 확보해야 한다.

6. 정책(Policy) 분야

우리나라는 인지전과 관련하여 정책, 제도 및 법령을 갖추고 있지 않다. 인지전은 국가의 정책과 전략적 수준에서 전술적 수준에 이르기까지 적용될 수 있는 개념이고, 미국 및 EU를 비롯하여 권위주의 국가인 중국과 러시아의 인지전 양상은 전 용병술 수준에서 수행되고 있다. 따라서 민·관·군·산·학·연이 협력하여 정책적 대안을 마련해야 한다.

이를 위해서는 과학기술 분야 정부출연연구기관의 국방 R&D 참여 활성화를 위해 방사청과 연관된 기관들의 협력이 필요하다. 현재는 국방과 관련된 총 25개 정부출연연구기관 중 인지전과 관련된 대학 및 연구소, 기관은 없다. 즉, 「과학기술분야 정부출연연구기관 등의 설립·운영 및 육성에 관한 법률」 제8조에 포함된 국가 과학기술연구회에 인지전 관련 사항들이 포함되어야 한다. 또한, 「국방전력발전업무훈령」(2022. 3. 18.) 및 방위사업청 예규 제446호 「국방 과학기술 정보

관리 업무지침」(2018. 11. 28.)에 명시된 분류체계와 「국방활용가능 민간보유기술」의 부록에도 인지전 관련 사항을 반영할 필요가 있다.

　최근 인공지능 사용자와 학습 데이터의 급격한 증가로 생성형 인공지능에 공급되는 정보와 이를 통해 생성되는 정보를 모두 모니터링하기에는 한계가 있다. 또한, 현시점에 인공지능은 정치적 자료, 속임수, 멀웨어 콘텐츠[11]를 구별하지 못한다. 따라서 사용자를 기만하거나 조작하려는 행위, 정치에 영향을 미치려는 행위, 거짓을 조장하려는 행위 등에 인공지능 기술이 활용되는 것을 제한하고, 사용자들에게는 생성형 인공지능이 유해하거나 왜곡, 편향된 정보 및 콘텐츠를 생성할 위험이 있음을 고지하는 정책 마련도 필요하다.

　또한, 인지전 공격을 받았을 때 대응할 수 있는 법안 마련이 필요하다. 미국은 2019년 타국의 허위조작 정보의 공격에 반격하여 미국의 국익을 수호하기 위해 미 의회에서 미군의 정보 및 심리작전 수행을 용인해주는, 일명 'Section 1631' 법을 통과시킨 바 있다. 법적 명분을 확보한 미군은 2022년 우크라이나 전쟁에서 미국 중부사령부 주도로 트위터, 페이스북과 같은 소셜미디어의 봇계정을 사용하여 인지전을 수행했다(송태은, 2023, p. 4).

　최근에는 사이버보안 영역에 고도화된 인공지능 기술이 융합되어 위협이 증가하고 있으며, 이에 대응하기 위해 마이크로소프트(Microsoft), IBM 등은 상호 협업하여 인공지능 모델 공격에 사용되는 12개의 공격전술과 39개의 공격기술을 정의한 ATLAS[12] 매트릭스(Matrix)를 발표했다. 이와 같이 국외에서는 인공지능 모델을 대상으로 한 공격에 대비하는 등 인공지능 보안에 대한 중요성을 인식하고 이에 대한 대비를 하고 있다(김민욱, 2022, pp. 73-79). 따라서, 인지전 공격에 대한 보호를 위해 소프트웨어 개발 촉진법, 컴퓨터 프로그램 보호법 등에 대한 검토가

11　바이러스나 트로이 목마와 같이 시스템, 데이터 등에 해를 입히거나 방해하기 위해 제공되는 악성 코드 형태의 콘텐츠

12　인공지능 시스템에 대한 적대적 위협환경(Adversarial Threat Landscape for Artificial-intelligence System)

필요하다.

　미디어 플랫폼 등에 대한 대책도 필요하다. 전 세계적으로 정보의 왜곡 및 조작 등에 피해를 받고 있는 페이스북, 구글, 트위터 등의 소셜미디어 기업들은 제도적으로 허위정보, 인공지능 공격에 적극 대응하고 있다. 페이스북은 선거 개입을 방지하기 위해 정치성을 띠는 광고에 공개적인 대응 정책을 취하고 있으며, 인스타그램은 알고리즘을 활용하여 허위 또는 오해의 소지가 있는 정보가 포함된 게시물에 자주 사용되는 해시태그를 식별 및 추적하고 있다.

　뇌과학, 신경과학, 인공지능이 발전함에 따라 자신의 동의 없이 자신의 뇌 정보가 다른 사람에게 도용되거나 남용되는 것으로부터 자신의 뇌와 인지를 지키는 것이 새로운 인권문제로 부각되고 있다. 현재 우리의 인권과 관련된 법과 제도는 아직 과학기술의 발전 추세를 따라가지 못하고 있다. 이러한 상황하에서 정보를 인지전 수단으로 사용하고자 하는 단체, 국가의 영향력을 판단·차단하는 체계는 현재 마련되어 있지 않은 실정이다. 따라서 우리가 수용하는 정보는 왜곡·조작된 정보일 개연성은 상시 존재한다.

제5절 결론

본 연구는 분쟁의 전 스펙트럼에서 적극적으로 활용되고 있는 인지전의 주 영역인 인간의 뇌 영역이 왜 새로운 전장으로 등장하게 되었는지 과학적 근거를 제시함으로써 인지전에 대한 근본적인 이해가 가능하도록 했다.

또한, 기존에 국가별로 다양하게 제시되고 있던 인지전 개념과 유사 개념인 정보전, 심리전 등의 논의를 통해 국가 및 군사전략적 수준의 인지전 개념을 목표, 방법 및 수단으로 보다 구체화했다.

권위주의 국가인 중국 및 러시아는 인지전을 수행하기 위해 과학적 근거를 기반하에 국가 차원에서의 전략을 수립하고 DIME 요소의 전반에 걸쳐 예산, 조직, 사업 등을 전폭적으로 지원하고 있다. 그 결과, 중국과 러시아는 2014년 크림반도 합병, 대만 양안 갈등 등에서 성과를 달성했으며, 군사 지능화 및 재귀통제를 통해 과학(科學, 인공지능의 알고리즘 등)과 술(術, 내러티브 및 프로파간다 등)을 심화하는 형태로 인지전을 발전시키고 있다.

한편, 미국 및 NATO, 우크라이나는 중국 및 러시아에 대응하기 위해 인지전에 대한 다양한 논의를 통해 개념을 정립하기 위해 노력하고 있으며, 인지전 전담 조직 신설, 미디어 플랫폼 대응, 정보기관의 조직적 대응 등 다양한 인지전 수행능력을 발전시키고 있다. 이를 통해서 2022년 2월부터 진행된 우크라이나 전쟁에서 NATO 및 국제사회가 러시아의 인지전에 적극적으로 대응하여 국제적 지지와 군사적 지원을 이끌어냈다.

반면, 우리 군은 인공지능, 양자 등의 기술에 기반을 둔 국방혁신 4.0을 통해 미래전을 준비하고 있으나, 인지전 개념 정립과 이에 따른 교리, 조직, 인력 등 인지전 대응체계가 미흡하다. 이로 인해 의사결정자와 전투원의 인지를 보호하거나 인지전을 수행할 수 있는 능력이 부재한 실정이다.

인도-태평양 지역에서 중국, 러시아 등 권위주의 국가들의 인지전 수행능력이 증대되고, 그 영향력이 우리에게 미칠 직·간접적인 효과가 예상되는 상황에서 인지전에 대한 연구와 적극적인 대응은 우리 군의 새로운 과제로 부상했다. 따라서 우리는 미래전에 대비하기 위해 새로운 전장영역으로 대두되고 있는 인간의 인지에 대한 활발한 연구활동을 바탕으로 인지전에 효과적으로 대응할 수 있는 체계적인 능력을 갖추어나가야 한다.

또한, 국가안보를 담보하기 위해서는 공세적인 측면에서 어떻게 인지전을 수행해나갈 것인가에 대해서도 가감 없는 평가와 논의가 진행되어야 한다. 한국군이 실질적인 인지전 수행능력을 발전시키기 위한 통합된 노력이 절실히 요구되는 시점이다.

참고문헌

국문 단행본

국방부(2021).『국방비전 2050』. 서울: 국방부.

이상국(2023). "2022년 중국의 국방정책과 시사점".『2022 중국정세보고』. 국립외교원 외교안
　　　보연구소 중국연구센터, pp. 182-420.

합동교범 3-9(2017).『합동정보작전』, p. 2-2.

국문 학술논문

강신욱(2023). "인지전 개념과 한국 국방에 대한 함의: 러시아-우크라이나 전쟁을 중심으로".『국
　　　방정책연구』제39권 제1호, 2023년 봄(통권 제139호), pp. 179-212.

김강무(2020). "인지편향이 의사결정과정에 미치는 영향과 탈인지편향을 위한 구조화분석기법
　　　의 적용연구(정보분석의 관점을 중심으로)".『국가정보연구』제14권 제2호.

김도영·이재호·박문호·최윤호·박윤옥(2017). "뇌파신호 및 응용 기술 동향(Trends in Brain
　　　Wave Signal and Application Technology)".『ETRI 전자통신동향분석』제32권 제2호.

김민욱(2022). "사이버전무기체계 기술의 연구개발 동향 및 발전 방향".『한국산학기술학회논문
　　　지』23(5), pp. 272-278.

김상현(2022). "인지전의 공격 양상과 대응에 관한 연구: 2014년 크림반도 합병과 2022년 우크
　　　라이나 전쟁을 중심으로".『21세기정치학회보』제32집 제4호.

김정태·정지형·이승민(2013). "ECOsight 기반의 미래기술전망-기술·인문·사회통합적 기술
　　　예측".『한국전자통신연구원 Insight Report 13-2』, pp. 1-72.

김정한(2020). "적의 인지영역을 공략하는 정보전쟁에 대한 연구: 러시아의 크림반도 합병과 중
　　　국의 한반도 사드배치 대응사례를 중심으로". 국방대학교 석사학위 논문, pp. 54-55.

박민정(2006). "내러티브란 무엇인가?: 이야기 만들기, 의미구성, 커뮤니케이션의 해석학적 순
　　　환".『아시아교육연구』7(4), pp. 29-40.

박동·김수원·한애리·김철수·이천우(2020)".4차 산업혁명 시대 중국의 신기술 인재양성 정책
　　　연구: 초·중·고 인공지능 교육분야를 중심으로".『중국종합연구』제20권 제7호.

송태은(2019). "사이버 심리전의 프로파간다 전술과 권위주의 레짐의 샤프파워: 러시아의 심리전
　　　과 서구 민주주의의 대응".『국제정치논총』제59집 제2호, pp. 182-183.

신범식(2017). "러시아 안보전략".『슬라브 학보』제32권 1호, p. 152.

신유진(2021). "텍스트 마이닝 기법을 이용한 유튜브 추천 알고리즘의 필터버블 현상 분석".『한
　　　국콘텐츠학회 논문지』21(5), pp. 1-10.

_____(2021). "디지털 시대 하이브리드 위협 수단으로서의 사이버심리전의 목표와 전술 미국과 유럽의 대응을 중심으로". 『세계지역연구논총』 39(1), p. 163.

_____(2022). "러시아-우크라이나 전쟁의 정보·심리전: 평가와 함의". 『IFANS 주요국제 문제 분석』 제12호, p. 1.

_____(2023). "AI 알고리즘의 내러티브 구사능력과 허위조작 정보의 유포 문제: 민주주의 국가의 대응". 『IFANS 주요국제문제분석』 제19호. p. 4.

윤민우(2018). "사이버 공간에서의 심리적 침해행위와 러시아 사이버 전략의 동향". 『한국범죄심리연구』, p. 100.

_____(2022). "미국-서방과 러시아-중국의 글로벌 전략게임: 글로벌 패권충돌의 전쟁과 평화". 『평화학 연구』 23(2), pp. 7-41.

윤장우·허재두(2018). "뇌과학과 인공지능 융합 미래 기술 발전 방향 예측". 한국전자통신연구원, 『전자통신동향분석』 제33권 제1호, pp. 8-9.

윤정현(2022). "러시아-우크라이나 전쟁 장기화와 정보·심리전의 진화 양상". 『이슈 브리프』 제383호, p. 2.

이상국(2020). "중국의 지능화전쟁 논의와 대비 연구". 『국방연구』 제63권 제2호, p. 87.

이정모(2010). "인지과학 학문간 융합과 미래". 『한국인지과학회:학술대회 논문집』, pp. 53-54.

이찬승(2020). "학습과학의 이해와 적용(3)". 『교육저널』 제183호.

정상혁(2020). "러시아 하이브리드 전쟁의 군사적 분석 크림반도 군사작전을 중심으로 군사연구". 『군사연구』 149집.

정혜선(2020). "인공지능과 인지과학: 기회와 도전". 『한국심리학회지』, 39(4), pp. 543-569.

조상근 외(2022). "2021년 이스라엘-팔레스타인 분쟁에서의 인지전 사례 연구". 『문화기술의 융합』 8(6), pp. 537-542.

중국 국방대(2019). "在变与不变中探寻智能 化战争制胜之道(미래 지능화 전쟁에서 승리하기 위한 가변적인 것과 불변인 것들에 대한 분석)". 『解放军报』 10월호.

차정미(2021). "시진핑 시대 중국의 군사혁신 연구: 육군의 군사혁신 전략을 중심으로". 『국제정치논총』 61(1), pp. 75-109.

하민수(2016). "합리적 문제해결을 저해하는 인지편향과 과학 고등교육을 통한 탈인지편향 방법 탐색". 『한국교육과학학회지』 제36권 제6호, pp. 935-936.

홍승헌(2023). "ChatGPT, 어떻게 규제할 것인가?". 『이슈페이퍼』.

Badre, David (2022). "생각은 어떻게 행동이 되는가". 『목표를 세우고 성취하는 인지조절의 뇌과학』.

许春雷·杨文哲·胡剑文(2020). "智能化战争, 变化在哪里". 『中国军网 国防部网』.

영어 학술논문

Backes, Oliver & Swab, Andrew (2019). "Cognitive Warfare: The Russian Threat to ElectionIntegrity in the Baltic States". Havard Kennedy School Belfer Center, p. 8.

Banich (2009). "Cognitive control mechanisms, emotion and memory: a neural perspective with implications for psychopathology". *Neuroscience & Biobehavioral Reviews*, 33(5), pp. 613-630.

Claverie Bernard (2021). "Ethical Standpoints in Relation to New Technologies (Neo-Technologies): Classification Plan, Miscommunication, and Perspectives". *Journal of Leadership. Accountability & Ethics*, 18.6.

Daniel Kahneman (2002). "Maps of bounded rationality: A perspective on intuitive judgement and choice".

de Buitrago, Sybille Reinke (2019). "Visualisation and Knowledge Production in International Relations: The Role of Emotions and Identity". *Journal of International Political Theory*, 15 (2), pp. 246-60.

dit Avocat (2021). "Cognitive Warfare: The Battlefield of Tomorrow?". *In New Technologies, Future Conflicts, and Arms Control*, edited by dit Avocat Alexandra Borgeaud, Haxhixhemajli Arta, Andruch Michael, pp. 60-64

Kahneman (2013). "A perspective on judgment and choice: Mapping bounded rationality". *Progress in Psychological Science around the World, Volume 1 Neural, Cognitive and Developmental Issues*. pp. 1-47.

Larrick & Soll (2008). "The MPG Illusion". Sciencemag AAS, Vol 320, pp. 1593-1594.

Libicki (2020). "The convergence of information warfare". *Information Warfare in the Age of Cyber Conflict*, p. 12.

Gigerenzer, G. (1996). "On narrow norms and vague heuristics: A reply to Kahneman and Tversky". *Psychological Review*, 103(3), pp. 592-596.

Haselton, M. G., Nettle, D. & Andrews, P. W. (2005). "The evolution of cognitive bias". In D. M. Buss (Ed.). *Handbook of Evolutionary Psychology*. Hoboken: Wiley, pp. 724-746.

Hung, Tzu-Chieh & Hung, Tzu-Wei (2020). "How China's Cognitive Warfare Works". *Journal of Global Security Studies*, 7(4), pp. 1-18.

JCS (Joint Chiefs of Staff) (2011). "Military information Support Operations". *Joint Publication* 3-13.2. United States Joint Chiefs of Staff.

John dewey (1910). "Science as Subject-Matter and as Method". Science, Vol 31, pp. 121-127.

McTjghe, J. & Willis (2019). "Upgrade your teaching: UbD meets Neuroscience. Alexanderia, Virginia: ASCD".

Nam, C. S. et al. (2015). "뇌-컴퓨터 인터페이스(Brain-Computer Interfaces) 기술에 대한 국내·외 연구개발 동향조사". *Korean-American Scientists and Engineers Association (KSEA)*, Dec.

Robinson, John A., and Linda Hawpe. (1986). "Narrative thinking as a heuristic process". *Narrative psychology: The storied nature of human conduct*, pp. 111-125.

Selva, Paul J. (2018). "정보환경 속에서 작전을 위한 합동 개념(JCOIE)", pp. 3-4.

Sloss, David L. (2020). "Information Warfare and Democratic Decay. Tyrants on Twitter: Protecting Democracies from Chinese and Russian Information Warfare". *Santa Clara University Legal Studies Research Paper*. Stanford, CA: Stanford University Press.

Waltzman, Rand (2017). *The Weaponization of Information: The Need for Cognitive Security*, p. 8-1.

인터넷 자료

빈센트 W. F. 첸(2020). "중국의 영향력 작전에 대응하기". 『IPD FORUM』 8월. (검색일: 2023. 6. 25.)

오광진(2019. 6. 11.). "中의 두얼굴 … 5G와 디지털레닌주의". 『조선일보』. (검색일: 2023. 6. 22.)

윤민우(2021). "러시아의 사이버 안보". 『육군대학 발표자료』, pp. 25-31.

최창근(2020. 5. 2.). "한국내 공자학원 中 공산당 선전, 선동 활동중". 『동앙일보』. (검색일: 2023. 6. 20.)

Chessen, Matt (2017). "Understanding the Psychology Behind Computational Propaganda", pp. 19-20. (검색일: 2023. 6. 18.)

Cao, Kathy, et al. (2021). "Countering Cognitive Warfare: Awareness and Resilience", https://www.nato.int/docu/review/articles/2021/05/20/countering-cognitive-warfareawareness-and-resilience/index.html. (검색일: 2023. 8. 25.)

Claverie, Bernard, & du Cluzel, François (2022). "The Cognitive Warfare Concept".

Chairman Royce (2015) "Confronting Russia's Weaponization of Information". (검색일: 2023. 4. 12.)

FM 3-13 (2015). "Information Operations", https://atiam.train.army.mil/catalog/dashboard. (검색일: 2023. 4. 12.)

FM 3-61 (2016). "Fublic affairs operations", https://armypubs.us.army.mil/doctrine/index.html. (검색일: 2023. 8. 12.)

Nye, J. S. (2020). "Do Morals matter?: Presidents and foreign policy from FDR to Trump". Oxford University Press, USA. (검색일: 2023. 8. 4.)

Solon, Olivia and Siddiqui, Sabrina (2017. 10. 31.) "Russia-backed Facebook posts 'reached 126m Americans' during US election". *The Guardian*, https://www.theguardian.com/technology/2017/oct/30/facebook-russia-fake-accounts-126-million. (검색일: 2023. 8. 7.)

제2장
합동전영역작전
JADO

미래의 전쟁에서 승리하기 위해
전 영역의 합동성 구현에 집중하라

제1절 서론

1. 문제제기 및 연구목적

국가적 차원에서 국민의 생존과 번영에 관련된 문제는 가장 중요하다. 국가의 존재 목적이 바로 여기에 있기 때문이다. 국민의 생존과 번영에 가장 치명적인 영향을 미치는 요인은 전쟁이다. 전쟁은 문명의 파괴와 인명 살상을 토대로 요망하는 상태를 달성하는 폭력 활동이다. 전쟁으로 인한 국가의 황폐화와 국민의 손실은 그 무엇으로도 회복하기 힘든 가치를 박탈해버리기 때문이다.

국제적 무정부 상태인 현실 국가들 사이에는 언제나 두려움과 불신감이 존재한다. 국제관계학자들은 이러한 갈등을 안보 딜레마라고 정의한다. 자국의 안보를 튼튼히 하기 위해 국가안보역량을 강화했는데 이것이 잠재적 적대국을 불안하게 만드는 안보위협으로 작용하여 오히려 분쟁의 가능성을 높이게 되는 현상을 일컫는 말이다.

세계질서를 주도하고 있는 미국은 2010년대 중국의 강대국 부상을 목격하면서 구소련의 해체로 대등한 수준의 적대국이 사라짐으로써 전 영역에서 우세를 누려왔던 미국의 지위가 위태로워지고 있음에 주목했다. 군사과학기술의 평준화로 지상·해상·공중, 우주, 사이버, 전자기 스펙트럼 영역에서의 첨단무기 운용이

거의 대등해지고, 지금까지 미국의 전쟁 수행방식에 대한 분석과 대응책 발전으로 모든 영역에서 교착상태를 조성할 수 있는 중국의 군사적 역량이 21세기 새로운 위협으로 심각하게 두드러졌기 때문이다.

특히 중국이 인도·태평양 해상에서 미국의 군사력 투사와 지역점령을 거부하기 위한 제1·2 도련선 중심의 공세적 종심 방어전략인 반접근/지역거부(A2/AD) 체계를 구축하자 미국은 새로운 전쟁 수행방식을 모색하기 시작했다. 미 육군이 중심이 된 다영역작전(MDO)을 시작으로 모자이크전, 그리고 합동전영역작전(JADO) 개념이 탄생했는데 이것이 미래전의 양상을 결정하게 될 것이다.

한국은 한·미 연합방위체제를 근간으로 전쟁 수행체계를 유지하고 있다. 따라서 미국의 전쟁 수행방식의 변화는 한국의 군사력 운용과 건설에 민감한 영향을 줄 수밖에 없다. 한미 연합군의 합동성과 통합성이 발휘되기 위해서는 양국 간에 개념의 공유와 군사력의 상호운용성이 보장되어야 하기 때문이다. 미국의 전쟁 수행방식이 혁신적으로 달라져서 동맹국과의 연합작전이 효율적이지 못하게 된다면, 비대칭 동맹에서 약소국은 방기될 가능성이 커질 수밖에 없다. 동맹의 역할이 원활하게 유지되기 위해서는 전쟁방식을 공유하고 요구능력에 대한 공동의 구축 노력이 필요하다. 한·미 동맹은 세계 최강대국인 미국과의 동맹이라는 점에서 비대칭적이라고 볼 수 있다. 전시 미국의 증원을 받아 결정적 작전을 펼칠 수밖에 없는 한국군으로서는 동맹국 전쟁 수행방식의 변화를 이해하고, 연합작전을 효율적으로 수행할 수 있는 준비를 해나가야 한다. 물론 한국군의 독자적인 노력도 중요하지만, 동맹국의 상호 신뢰하에 동맹의 역할이 극대화될 수 있는 방향으로 준비되어야 한다.

한국은 미국의 핵 확장 억제전략과 수세적 방어전략을 근간으로 한반도 전면전에 대비하는 군사력 운용과 건설에 중점을 두어왔다. 그러다 보니 본질에서 변화하고 있는 선진국들의 전쟁 수행방식에 둔감하며, 위협의 변화와 동맹국의 능력 변화에 소홀한 면이 크다. 6·25전쟁 73주기가 지난 지금에도 북한군의 선제공격 후 반격이라는 수세적 방어전략을 고수하고 있는 상황이 이를 잘 대변해준다. 더군다나 국내에서 한반도 미래전 양상과 전쟁 수행방식의 변화를 논하는 연구는 찾아보기 힘들다. 미국은 국방부 장관 주관 각 군의 주요 사령관들이 직접 참여하여 심포지엄이나 강연회를 개최하고, 다양한 계층의 참석자들과 격의 없는 토론을 통해 새로운 전쟁방식에 대한 공감대를 형성해가는 모습이 인터넷을 통해 전국 및 전 세계로 퍼져나가게 한다. 그래서 강대국이구나 하는 마음이 절로 나게 만든다.

이 글의 목적은 미국이 발전시키고 있는 합동전영역작전을 이해함으로써 한국군의 적용 방향을 검토하는 데 있다. 미국의 합동전영역작전을 분석함으로써 미래전의 양상과 전쟁 수행방식을 전망해보고, 한국의 군사력 운용과 건설 방향을 결정할 수 있는 통찰력을 얻기 위함이다. 한국은 한미연합방위체제를 중심으로 전면전을 대비하는 군사전략을 기본으로 하고 있다. 그래서 미국 전쟁방식의 변화는 한반도의 미래전과 군사 대비태세를 근본적으로 변경시키는 요인이 될 수 있다.

이러한 맥락에서 한·미 동맹의 역할과 연합작전의 효율성을 극대화하기 위한 한국군의 대비와 군사력 구축 방향의 정립은 시급하고 필수적인 과제일 수밖에 없다.

2. 연구방법

전쟁은 본질에서 국가정책을 시행하는 하나의 수단이며 정치적 목적을 갖는다(미 합참, 2022, p. 1-1). 정치적 목적을 달성하기 위해 국가는 외교적·비군사적 수단을 우선 고려하지만, 국가적 문제가 해결되지 않을 때는 군사력 사용을 결정하게 된다. 군사력은 국가의 안전보장을 위한 직접적이며 실질적인 국력의 요소로서 군사작전을 수행할 수 있는 능력과 역량이기 때문이다. 군사력의 핵심 역할은 전쟁을 억제하고, 억제 실패 시 전쟁에서 승리하며, 유리한 조건에서 상황을 종결

짓는 것이다(미 합참, 2022, 1-9).

군사력의 사용은 군사작전의 형태로 표출된다. 군사작전은 평화 시기부터 전쟁 시기에 이르기까지 작전의 목적과 군사력 운용 규모, 분쟁의 강도에 따라 수많은 형태의 작전 및 활동들로 구성된다. 이러한 활동의 스펙트럼을 군사교리에서는 '경쟁의 연속체'라고 묘사하고 있다. 경쟁의 연속체에서 최고 수준의 군사적 충돌이 전쟁인 셈이다. 즉 전쟁은 국가정책 수단의 하나로서 정치적 목적을 달성하기 위해 자국의 의지를 상대국에 강요하는 조직적인 폭력행위 또는 지속적인 일련의 전투라고 정의할 수 있다.

정치적 수단으로서의 전쟁은 국가안보목표를 달성하기 위한 수많은 군사활동으로 구성된다. 군사교리는 군사적 역할과 활동을 토대로 전략적·작전적·전술적 활동으로 구분하고, 이들을 전쟁의 수준(the level of warfare)이라고 정의한다(합참, 2022, p. 1-9). 전쟁의 수준을 구분하는 이유는 국가통치권자로부터 최전선의 부대에 이르기까지, 각자의 역할과 활동이 연계될 수 있도록 과업을 부여하고 자원을 할당함으로써 최적의 작전을 성공적으로 수행하기 위해서다. 전쟁의 수준은 목표, 임무 또는 과업의 성격에 의한 구분으로 각 수준 간에 일부 중첩되거나 상호 밀접하게 연계되어 있어 배타적으로 구분되지는 않는다.

전략적 수준은 국가적 차원에서 전쟁을 기획하고 지도하며, 국가자원의 사용과 군사력 운용에 관한 지침을 수립하여 하달하는 활동에 중점을 둔다. 국가안보전략, 국방정책, 군사전략 수립이 이러한 활동의 주요 산물이라고 할 수 있다. 국방기획가들은 국가안보목표와 전쟁목적을 설정하고 전쟁수행 개념을 구상하며, 정부 각 부처와 기관에 필요한 과업을 할당한다. 과업의 할당은 정부 각 부처와 기관의 노력을 통합하고, 동맹국 및 우방국과 긴밀한 협조체제를 구축하며 모든 국력 요소가 적시 적절하게 통합 운용되도록 보장하는 역할과 관련이 있다. 특히 군사전략은 전략환경을 평가하여 안보위협을 도출하고, 국방목표를 달성하기 위한 전략목표를 설정하며, 전략 개념을 구상함으로써 군사력 운용과 요구능력 건설에 대한 지침이 된다.

작전적 수준의 군사활동은 전역 또는 주요 작전 수행과 관련이 있다. 전역은 군사전략 목표 또는 작전목표 달성을 위해 수행하는 일련의 연관된 주요 작전을 의미한다. 작전계획을 수립할 때는 군사전략 목표 달성에 이바지할 수 있도록 작전목표를 선정하고, 일련의 전술적 활동을 조직하고 배열함으로써 전략적 수준의 활동과 연계되도록 하는 게 중요하다. 이것은 정부 부처 및 기관과 협조체제를 유지하여 군사와 비군사 요소가 통합된 작전이 수행되도록 하는 활동이 핵심이기 때문이다.

전술적 수준의 활동은 제대별 작전목표 달성을 위해 전투, 교전 또는 소부대 활동을 계획하고 수행하는 것과 관련된다. 전술적 수준에서는 아군과 적의 상황에 따라 전투력을 배치하고 기동하는 것에 중점을 둔다. 교전은 소규모 부대 간에 이루어지는 적대행위로 비교적 단기간에 수행된다. 전투는 일련의 교전으로 구성되는데 교전보다 장기간에 걸쳐 큰 부대 간에 수행되며 통상 전역이나 주요 작전에 영향을 미친다. 지휘관은 전역이나 주요 작전에 이바지할 수 있도록 교전과 전투를 상호 연계성 있게 조직해야 한다.

군사작전은 전략적·작전적·전술적 목표를 달성하기 위해 군사력을 사용하는 제반 군사활동을 의미한다. 국가가 국가방위 수단으로 군사력을 운용할 때는 전투작전 위주가 되며, 국가정책이나 민간 등에 대한 지원 수단으로 운용할 때는 비전투 작전 위주가 된다. 국가안보 목표를 달성하기 위해서는 군사작전과 군사작전을 지원하는 비군사 작전을 통합하는 것이 중요하다(합참, 2022, p. 2-23). 통합활동은 다른 국력 요소들이 군사작전을 지원하거나 군사력이 다른 국력 요소들을 지원할 수 있도록 하는 것이다. 통합활동을 효율적으로 수행하기 위해서는 관련 정부 부처 및 관계기관들과 긴밀한 협조와 상호 이해가 필요하다. 서로 다른 기관들이 긴밀한 협조하에 임무를 수행하기 위해서는 전쟁 억제 또는 전쟁 승리와 같은 공동의 목적을 명확하게 인식해야 한다. 공동의 목적을 인식함으로써 각자가 수행해야 할 과업을 도출하고, 과업 완수를 위해 노력의 통합을 기할 수 있기 때문이다.

국가의 전쟁 수행방식은 군사전략에 의해 결정된다고 할 수 있다. 국가는 국민의 생존과 번영을 위해 국방목표를 수립하고 이를 달성하기 위한 군사전략을 수립하기 때문이다. 국가는 군사전략을 합동전략기획이라는 일련의 절차를 따라 수립하도록 교리로 규정하고 있다(합참, 2022, p. 3-1).

〈그림 2-1〉은 합동전략기획 절차를 도식화한 것이다. 합동전략 기획은 미래의 불확실한 상황에 대비하고, 국방목표 달성을 추구하며, 군사력 건설과 운용을 위한 기본방향을 제시하는 역할을 한다.

1단계 전략환경 평가, 2단계 군사전략 목표 설정과 군사전략 개념 구상, 3단계 군사력 건설 방향 제시, 4단계 군사력 건설 소요 판단, 5단계 작전기획지침 수립 순이다. 단계별 또는 전체적으로 통합된 사고는 국가가 어떻게 위협에 대처하여 국가이익을 보호할 것인지에 대한 논리적인 산물을 만들 수 있게 해준다.

1단계 전략환경 평가는 국가이익 또는 국방목표를 저해하는 안보위협을 도출하고, 이러한 위협이 군사적 충돌로 발전한다면 어떤 미래전 양상이 될 것인지를 전망하는 과정이다. 미래전 양상은 무기체계의 발전, 군사전략·작전술·전술

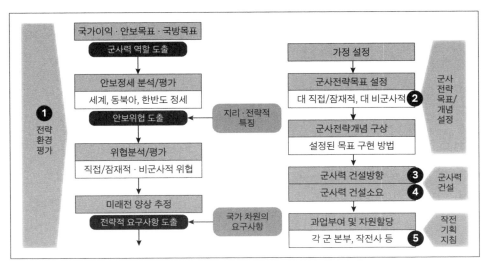

〈그림 2-1〉 합동전략 기획절차 도식화

의 변화를 고려하여 전 세계적 발전추세를 반영한다. 미래전 양상을 전망한 후에 전략적 요구사항을 도출하는데, 국가 차원의 요구사항은 안보위협이 장차 현실화할 때 군사적 대응을 통해 해결할 수 있는 군사력의 역할과 요구능력을 규정한다.

2단계 군사전략 목표 설정 및 군사전략 개념 구상은 전략환경 평가를 기초로 국방목표를 달성하기 위해 군사전략 목표를 설정하고, 이 목표를 완수하기 위한 최선의 군사행동 방안을 구상하는 과정이다. 군사전략 목표는 국방목표를 달성하기 위해 군사능력을 투입하여 달성해야 할 지향점이다. 제반 위협의 양상을 분석하고 안보에 미칠 영향을 고려하여 최적의 요망 상태를 달성할 수 있도록 군사전략 목표를 설정한다. 군사전략 개념은 설정된 군사전략 목표를 달성할 수 있는 군사적 행동방안을 의미한다. 군사적 행동방안을 구상할 때는 군사전략 목표 달성 가능성, 가용능력, 미래전 양상을 고려한다.

3단계 군사력 건설 방향 제시는 군사전략 목표와 군사전략 개념을 구현하기 위한 군사적 수단을 확보하기 위한 방향을 설정하는 단계다. 군사력 건설 방향을 설정할 때는 군사전략 목표 및 개념을 구현하는 것도 중요하지만 국가자원의 효율적인 사용, 국방재원의 한계성, 무기체계 발전추세 등을 종합적으로 고려해야 한다.

4단계 군사력 건설 소요 결정은 군사력 건설 방향에 따라 구체적인 군사력 건설 소요를 판단하여 제기하고, 이를 조정하여 결정하는 단계다. 군사력 건설 소요를 판단할 시에는 미래전 양상, 적대국의 능력과 의도, 국가자원의 배분, 전시 동원능력, 군사동맹 및 협력관계를 종합적으로 고려해야 한다.

5단계 작전기획지침 수립은 군사전략 개념을 구현하여 군사전략 목표를 달성하고자 목표연도에 갖춰진 군사능력을 기초로 제반 위협에 대응하기 위한 작전기획지침을 수립하는 과정이다.

합동전략기획 절차를 통한 체계적인 사고는 미래전을 대비하기 위한 국가의 전쟁 대비 및 준비계획이 된다.

미국이 발전시키고 있는 '합동전영역작전'이 합동전략기획절차를 통한 최종

산물이라고 가정한다면, 미국이 판단하는 미래전의 양상과 전쟁방식에 관한 결정 과정을 역으로 추론해봄으로써 미국의 군사전략 목표, 개념, 수단을 추정해볼 수 있다. 미국의 의도와 능력을 예측해볼 수 있다면, 한반도에서의 미래전 양상과 전쟁 수행방식의 전망도 가능하다. 한국은 미국과의 연합작전을 토대로 전쟁을 수행해야 하므로 합동전영역작전의 핵심요소를 적용할 수밖에 없기 때문이다.

이 연구는 합동전략기획절차의 최종 산물인 미국의 합동전영역작전의 결정 과정을 분석해봄으로써 핵심요소를 도출하고, 도출된 핵심요소를 기준으로 한반도에서의 미래전 양상과 전쟁 수행방식을 진단해볼 것이다. 진단을 통해 식별된 문제점을 해결할 수 있는 방책을 모색해봄으로써 한반도에서의 합동전영역작전 적용방안을 제시하고자 한다.

제2절
합동전영역작전에 대한 이해

1. 미국 전쟁 수행방식의 변화

미국은 전 세계를 대상으로 군사전략을 수립하고 국가이익의 우선순위에 따라 핵심지역을 선정하여 주요 전역을 구상하여 관리하는 국가다. 미국은 핵심지역으로 선정한 유럽, 동북아시아, 동아시아 연안, 중동, 서남아시아 지역에서 패권국가가 등장하는 것을 방지하는 것을 안보 정책의 핵심으로 삼는다.

러시아-우크라이나 전쟁에서 미국이 직접적인 군사개입보다 우크라이나에 대한 전폭적인 군사지원으로 대응하는 것은 핵심지역인 유럽에서의 패권 국가의 등장 방지와 관련이 있다. 미국은 제2차 세계대전과 같은 대규모의 국제전이 발발하는 것은 지구의 공멸로 이어질 수 있다고 보고 이를 방지하는 데 최우선의 관심을 경주한다. 이것은 국제질서의 선도국으로서 미국의 역할이라고 자부해왔기 때문이다.

1) 전략환경 평가

미국은 9·11 테러 이후 미국 본토의 방위에 최우선순위를 부여했다. 미국의 주권과 영토 보존, 국내 및 해외에 거주하는 미 국민의 안전보장, 미국의 핵심기반시설 보호 등 미국의 안보와 행동의 자유를 보장하는 데 군사전략의 초점을 맞추고 있다(한용섭 외, 2018, p. 39).

미국은 미 본토 방위를 비롯하여 핵심지역별 안전보장, 적대세력 억제 및 격퇴, 동맹국과 우방국의 군사능력 지원 등 전 지구적 세력투사 능력을 유지함으로써 국제평화 유지의 주역임을 고려하여 전략환경을 평가한다.

(1) 국가이익 및 국방목표

미국의 국가이익은 미국의 안보와 행동의 자유 보장, 국제공약의 준수, 경제적 복지 증진에 대한 기여 등으로 구분해볼 수 있다(The White House, 2022). 미국의 안보와 행동의 자유 보장에는 ① 미국의 주권, 영토 보존 및 자유 보호, ② 국내 및 해외 거주 미 국민의 안전보장, ③ 미국의 핵심기반시설 보호 등과 관련된다. 국제공약의 준수에는 ① 동맹국과 우방국의 안보 및 복지 지원, ② 유럽·동북아시아·동아시아 연안·중동·서남아시아 등 핵심지역 지배 거부, ③ 서반구의 평화와 안정 보장 등이 포함된다. 경제적 복지증진에 대한 기여에는 ① 세계 경제의 역동성과 생산성 유지, ② 국제 해로·공로·우주 및 정보 교통로의 안전 확보, ③ 주요 시장 및 전략 물자에 대한 접근 보장 등과 관련된다.

국가이익에 기초한 미국의 국방목표는 첫째, 동맹국 및 우방국에 대한 확신 제공으로 세계적 핵심지역에서 침략과 강압을 억제하고, 군사력의 균형을 유지하여 지역의 안정을 보장하는 것이다. 둘째, 잠재적 적대세력이 미국과의 군사적 경쟁을 포기하도록 유도하는 것이다. 안보 딜레마 상황에서 지나친 군비경쟁은 정치·경제적으로 커다란 손실을 초래할 수 있기 때문이다. 셋째, 미국의 이익에 대한 위협과 강압의 억제다. 세계적 차원에서 미국은 지역 패권의 등장으로 미국의 영향력이 감소하는 것을 허용하지 않는다. 넷째, 억제 실패 시, 어떤 적이라도 결정적으로 격퇴하는 것이다. 미국과 동맹국 및 우방국에 강요하려는 적의 모든 노력을 격퇴할 능력을 보유한다는 의미다.

이를 종합해보면, 미국은 핵심지역에 대한 전진 배치와 선택적 개입을 통해 침략을 억제하고, 억제 실패 시에는 신속히 격퇴하여 지역별 동맹국들의 방위를 확실히 보장함으로써 평화로운 국제질서 체제를 유지하려고 한다. 이를 위한 핵심 수단이 바로 군사력이다. 군사력은 억제와 방위, 그리고 국가의 위신 또는 영향력 확대를 달성하는 데 주요 역할이 있다.

(2) 위협 인식

미국은 위협의 범주를 세 가지로 규정하고 있다(U.S. Joint Chiefs of Staff, 2017). 첫째는 국가적 수준의 분쟁으로 미국에 위협이 되는 국가들이 분쟁을 일으킬 가능성이다. 이러한 분쟁은 발생할 확률이 낮지만, 발생 시 그 영향이 크다. 그 예로는 러시아의 주변국에 대한 공격, 중국의 미국에 대한 반접근 및 지역거부 분쟁, 북한의 핵미사일 위협의 증가 등이다.

둘째는 혼합적인 분쟁으로 국가 수준과 비국가 수준의 분쟁이 혼합되어 발생할 가능성이다. 전통적 군사력과 비대칭 군사력을 모두 사용하게 된다. 예를 들어 테러조직과 테러 네트워크에 의해 노정된 위협, 비정규적 위협에 대응하기 위한 전쟁, 분란전 등이다.

셋째는 비국가적 수준의 분쟁으로 소규모 집단과 네트워크 조직이 정부와 사회를 교란하기 위해 급조폭발물, 소형무기, 선전·선동, 테러 등 공격을 일으킬 가능성이다.

미국은 공개적으로 중국과 러시아를 주된 위협국가로 지정하고 있다. 잠재적 위협은 미국이 현재의 군사력으로 대응하지 못하는 도전이라고 볼 수 있다. 비군사적 위협은 이상 기후나 감염병과 같이 국경을 초월한 도전을 의미한다.

이러한 위협 분석결과를 종합하여 미래전 양상을 판단해보면, 미국은 비군사적 경쟁으로부터 강대국 간의 패권 경쟁까지 전 영역에서의 분쟁 양상을 상정하고 있다. 그러다 보니 미래전 양상에 대비한 전략적 요구사항은 현존하는 위협과 미래의 도전에 동시 대비할 수 있는 위험관리 능력이다. 소련이 해체된 이후 특정한 적이 사라진 미국은 누구와 싸울 것인가보다는 어떤 적이 어떻게 공격하더라도 격퇴할 수 있는 능력이 필요하다. 미국이 능력에 기초한 전략기획제도를 적용하고 있는 이유이기도 하다.

2) 군사전략 목표 및 개념 설정

모든 전략은 목표(ends), 개념(ways), 수단(means)이라는 근본적으로 같은 논리에 기반을 둔다(육군대학, 2011, p. 5). 전략 수립의 핵심은 전략 상황에 도움이 되고, 요망하는 최종상태에 도달하기 위한 목표-개념-수단-위험(risks)/비용(costs)의 관계를 균형이 있게 고안하는 것이다.

군사교리에 따르면, 효과적인 전략은 다음의 네 가지 질문에 답할 수 있어야 한다. '첫째, 요망 목표(desired ends)는 무엇인가? 둘째, 요망 목표를 어떻게 달성(ways)할 것인가? 셋째, 그 수단은 무엇인가? 넷째, 그 전략과 연계된 위험과 비용은 무엇인가?'이다. 여기에서 비용은 전략목표를 달성하는 데 필요한 자원과 기타 자산을 뜻하고, 위험은 전략이 잘못된 방향으로 나아갈 수 있게 만드는 요소를 의미한다. 이러한 네 가지 질문에 답을 구하는 과정에서 전쟁의 정치적 목적과 군사전략 목표, 개념을 설정하고 국가자원을 배분하는 논리가 만들어진다.

미국의 군사전략 목표는 미국의 본토 방호, 분쟁과 기습공격 예방, 적을 압도적으로 격파 등으로 정리해볼 수 있다. 미국 본토방어를 위한 전략 개념은 위협의 근원에 근접하여 대응하며, 전략적 접근로 방호와 미국 영역 내에서 방호를 중첩되게 실시하고, 범지구적 대테러환경을 조성하는 것이다. 즉 주 방어선을 전방으로 추진하여 구축하고, 핵심지역에 미군을 사전 배치하여 운용하며, 범지구적 전력투사가 가능하도록 군사대비태세를 유지하여 공중·해상·지상 및 우주로의 접근로를 통합적으로 방호한다는 개념이다.

분쟁과 기습공격 예방을 위한 전략 개념은 전방추진 주둔군을 중심으로 억제와 기습공격 예방, 작전공간 전체에서 작전 지속능력을 구축하고 동맹국과 통합된 군사작전을 시행한다. 또한, 위협의 유형에 따라 억제를 위한 다양한 군사적 대안을 제공하며 예방적 임무 수행을 강화한다는 개념이다.

적을 압도적으로 격파하는 전략 개념은 신속히 주도권을 장악하여 분쟁의 확대를 차단하고, 핵심전역에서 결정적 승리를 달성하며, 전과 확대를 통해 미국에 유리한 안보환경을 조성한다는 것이다.

〈그림 2-2〉는 미국의 군사전략 조정 과정을 설명하기 위해 전략의 우선순위를 규정해본 것이다. 냉전 시대에 미국은 소련을 견제하기 위한 전통적 위협 대응 전략에 우선순위를 부여했다. 그러다 2001년 9·11 테러 이후에는 미 본토 방어 최우선 전략과 대테러전·비정규전 승리 전략에 우선순위를 부여했다. 2010년도에 접어들어서는 중국의 급부상에 따른 조치로 아태 재균형 전략에 우선순위를 두고 있다.

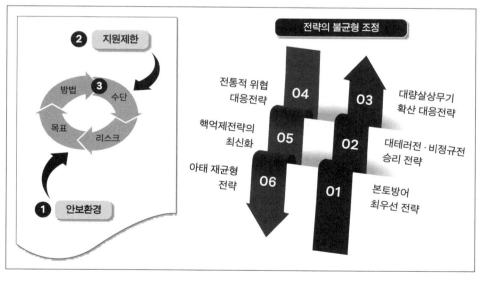

〈그림 2-2〉 미국의 군사전략 조정: 전략의 불균형 해소

3) 군사력 건설

미국은 위협의 우선순위를 ① 현상타파(revisionist) 국가로서의 중국, ② 회생한 해로운 국가로서의 러시아, ③ 불량국가로서의 북한, ④ 초국가적 위협의 확산이라고 규정했다(U.S. Department of Defense, 2022).

미국은 공세적 전진 억제전략 개념을 구현하기 위해 불확실성을 효과적으로 극복할 수 있는 합동군의 능력이 필요하다. 미래전은 핵무기를 보유한 강대국 간의 전면전의 가능성보다는 전시와 평시를 구분하기 힘든 회색지대(gray zone)에서 불특정의 다양한 분쟁이 발생할 가능성이 크기 때문이다.

(1) 군사력 건설 방향

미국은 미래 안보 불확실성을 효과적으로 극복할 수 있는 합동군 능력의 완성에 군사력 건설의 중점을 두고 있다. 이것은 첫째, 특정한 적을 가상한 위협중심의 맞춤형 군사력 건설이 아니라 어떤 적과도 싸워 이길 수 있는 요구능력을 건설해야 한다는 의미다.

둘째, 임무별 최적의 전투력을 조합할 수 있는 완전한 통합성을 갖춘 합동작전 수행능력을 보유하겠다는 의미다. 셋째, 범지구적 전장에 신속하게 군사력을 전개하고 운용할 수 있는 작전 지속능력을 갖춘 합동군을 만들겠다는 것이다. 넷째, 네트워크화 기반의 분권화 작전이 가능하고 어떤 환경에서도 적응성과 치명성을 발휘할 수 있는 능력이 필요하다는 것이다. 다섯째, 미국의 합동군은 적보다 빠르고, 정확한 정보 우세에 기반을 둔 결심중심전(decision centric warfare)을 수행할 수 있어야 한다는 의미다.

(2) 군사력 건설 소요

미국은 유럽에 탄도미사일 초기 요격기지를 구축하는 '단계별 탄력적 접근전략(EPAA: European Phased Adaptive Approach)'을 추진하고 있다. 이것은 유럽 동맹국에 대한 러시아의 탄도미사일 공격 위협에 대응하기 위한 것으로 육상배치 이지스 요격체계(이지스 어쇼어)를 일본과 공동개발하여 폴란드와 루마니아에 미사일 기지를 설치했다.

미국은 핵무기를 보유한 강대국끼리는 전면전을 하지 않는다고 가정한다. 전면전은 상호 공멸이라는 위험을 내포하고 있으므로 무력 분쟁 발발 이전에 군사적 우세를 달성하여 미국에 유리한 여건에서 갈등을 해소할 수 있는 능력 소요를 판단한다. 또한, 재래식 전력의 우위 달성과 함께 날로 고도화되는 세계 핵보유국들의 위협에도 효과적으로 대응할 수 있는 핵전력의 현대화 추진계획도 발전시키고 있다.

4) 작전기획지침

미국은 세계전략을 구사하는 유일한 강대국이다 보니, 국제질서를 주도하기 위한 핵심지역별 과업과 자원의 할당을 통해 전쟁방식을 결정했다. 〈그림 2-3〉은 냉전 시대로부터 현재에 이르기까지 전쟁 수행방식의 변천 과정을 도식화한 것이다.

1960년대 미국은 세계질서의 핵심지역인 유럽과 아시아 두 개 지역에서 대규모 전쟁이 발발하더라도 효과적으로 대처할 수 있는 과업과 자원의 할당을 구상했다. 두 개의 대규모 전역 수행에 필요한 군사력 건설에 추가하여 중동이나 한반도 등 지역분쟁에 대비해야 한다는 2와 1/2 전쟁 수행방식을 채택했다.

1970년대에 들어서는 두 개의 대규모 전역 수행에 필요한 군사력 건설의 소요가 과다하다는 여론에 의해, 유럽과 아시아 두 지역에서 대규모 전역이 발생한다면, 우선 유럽지역 전역에서 성공을 보장하고, 아시아 지역에서의 대규모 전역은 확산을 방지하는 선에서 대비하는 전쟁방식으로 과업과 자원의 할당을 축소했다.

냉전 시기라고 불리는 1980년대까지는 소련을 주된 위협으로 하여, 그들과 다면전쟁에 대비하는 군사력 투사능력 구축에 과업과 자원을 할당했다. 그러다

소련이 해체되어 미국과의 직접적인 적이 없어진 상황에서는 대규모 전쟁 대신 중동과 한반도 동시 분쟁 발생 상황에 대비할 수 있도록 군사력 운용을 조정했다. 9·11 테러 이후에는 미 본토 방어를 우선하여 대비하고, 네 개의 핵심지역 분쟁을 억제하며, 중동과 한반도 지역 동시 분쟁 발생 시 한쪽은 견제하고 한쪽은 결정적으로 승리한다는 전쟁 수행방식을 발전시켰다.

2010년도 들어서는 중국의 급부상에 따른 강대국 간의 대규모 분쟁 가능성이 증대됨으로써 유럽 지역보다는 아시아 지역에서 중국의 도전에 집중적으로 대비하는 과업과 자원할당으로 변경되었다. 중국을 주요 적대국으로 상정함으로써 미 군사력 운용의 과업과 자원할당이 중국 봉쇄를 위한 임무와 능력으로 조정되었다고 할 수 있다.

지금까지 미국의 전쟁 수행방식은 전 지구적 차원에서 '공세적 방위 전략'과 핵심지역별 전진 배치 주둔군을 운용하는 '전진 억제전략' 개념을 구현하기 위한 '공세적 원정작전 수행' 모형이라고 할 수 있겠다.

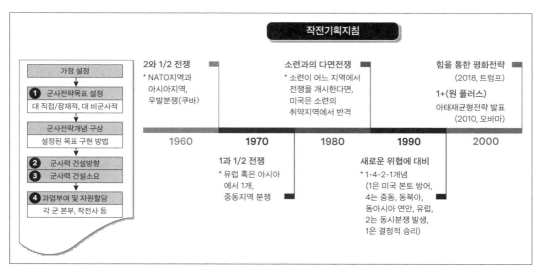

〈그림 2-3〉 미국의 전쟁 수행방식 변화: 전략 불균형 해소 관점

2. 합동전영역작전의 이해

합동전영역작전(JADO: Joint All Domain Operations)은 미 육군의 다영역작전 (MDO: Multi-Domain Operations) 개념을 미 합참이 합동군 차원에서 진화시킨 개념 이라고 할 수 있다. 미국은 경제 강국으로 급부상한 중국이 인도·태평양 해상에 제1·2도련선이라는 전진방어선을 설정하고, 이 지역으로 미국의 군사력 투사와 지역점령을 거부할 수 있는 중·장거리 무기체계를 집중적으로 배치하여 운용하 고 있는 점을 심각한 위협으로 인식했다. 구소련 붕괴 이후 미국에 필적할 만한 강대국이 없는 상태에서 미국은 강대국 간의 대규모 전면전 대비태세에서 '테러 와의 전쟁'이라는 소규모 비정규전 수행으로 작전의 중점을 변경했다. 그런데, 중 국의 적극적 해양진출 전략은 미국의 군사적 행동의 자유를 제한할 수 있게 됨으 로써 미국은 새로운 대응 개념을 모색할 수밖에 없게 된 것이다.

1) 합동전영역작전의 개념

합동전영역작전은 미 육군이 새롭게 제기한 다영역작전을 합동군 차원으로 승화시킨 개념이다(U.S. Air Force·Space Force, 2021, p. 1). 그렇다면, 미국은 왜 21세 기 전략환경을 평가하여 다영역작전과 합동전영역작전 개념을 군사교리로 발전 시키고 있으며, 그 배경과 개념은 무엇인지 살펴볼 가치가 있다. 세계 최강대국인 미국의 전쟁 수행방식은 미래전 양상의 기본 틀을 형성하기 때문이다. 합동전영 역작전의 개념을 이해하기 위해서는 다영역작전의 등장배경과 작전수행 개념을 이해할 필요가 있다.

미 육군 교육사령관 퍼킨스(David G. Perkins) 대장은 2016년 '러시아 신세대 전쟁(Russia new generation warfare)'[1] 연구팀을 만들어 러시아군과 그 대리인들이 수행

---

1   러시아의 2014년 크림반도 합병과 우크라이나 침공, 2015년 시리아 원정작전에 대한 새로운 전쟁

한 현대전을 분석하고 러시아의 향상된 능력과 미 육군에 미치는 영향을 평가했다. 연구결과 현재 미 육군의 장비, 능력, 교리로써는 러시아와의 대규모 전투 시 재부상하고 있는 러시아를 격퇴하기에 불충분하다는 것이었다. '육군이 현대 전장의 새로운 변화에 적응하지 못한다면 미 합동군은 미래 전쟁에서 작전적·전술적 패배를 당할 수 있다고 평가한다(U.S. Army Training and Doctrine Command, 2018, p. 9-2). 이러한 연구들은 미래 작전환경 변화에 대한 명확한 설명을 제시함으로써 군사지도자들이 새로운 전쟁 방식에 대한 필요성을 인식하게 했으며 그 결과 다영역작전이라는 새로운 개념을 발전시키는 출발점이 되었다.

미국은 다영역작전 개념을 발전시키면서 현존 위협으로서의 러시아와 신흥 위협으로서의 중국을 미래 안보환경에서 미국과 대등한 수준의 적대국으로 선정하고 있다. 이 두 나라는 지상, 해양, 항공, 우주, 사이버 공간 등 모든 영역에서 미국과 동맹국에 도전할 수 있고, 미국의 군사력 투사와 전개, 주도권 확보, 군사력 운용에 대해 효과적으로 대응할 수 있는 능력과 체계를 구축할 수 있게 된 데 비해 미국은 이들이 구사하는 반접근/지역거부(A2/AD: Anti-Access/Area Denial) 능력[2]을 억제하거나 격퇴할 수 있는 충분한 훈련, 조직, 장비, 전투태세를 갖추지 못함으로써 다중의 교착상태를 형성할 수밖에 없을 것으로 평가된다(U.S. Army Training and Doctrine Command, 2018, p. 44). 러시아와 중국의 지역 패권 추구 경향과 급속한 기술발전, 그리고 점점 더 증대되고 있는 이란·북한과 같은 악의적인 행위자들이 개발하게 될 정밀타격 능력과 테러의 가능성 증대 등은 미국에 심각한 위협으로 대두되었다.

수행방식을 지칭함. 러시아는 주요 전투공간으로 정신 영역에 집중하여 정보와 심리전에 의해 병력과 무기 통제에서 우위를 확보했으며, 도덕적·심리적으로 적국의 병력과 국민을 압박함으로써 전쟁의 목표를 달성할 수 있었다.

2　합동군이 작전지역으로 진입하는 것을 방지하기 위해 구축된 가상 적국의 장거리 타격 및 대응능력과 작전지역 내에서 우군부대 행동의 자유를 제한하기 위해 구비된 단거리 타격 및 대응능력을 통칭함. A2/AD 전략이라고 칭하기도 한다.

1980년대 미국은 '공지전투(air-land battle)' 개념을 기반으로 '빅5'³ 무기체계를 개발하고 통합함으로써 교리, 조직, 훈련, 물자 등 기존의 싸우는 방식을 혁신적으로 변화시켰다. 이러한 군사혁신을 '개념기반 소요기획'으로 제도화했는데, 미래 작전환경에서 미 육군이 어떻게 싸워 이길 것인가를 개념화하고 이 개념을 구현하기 위해 요구되는 능력들이 무엇인가를 분석하여 체계적으로 발전시킴으로써 미래군의 모습을 완성해가는 미 육군의 현대화 전략(modernization strategy)이라고 할 수 있다.

21세기 들어 미국은 미래의 잠재적 적국이 다층의 물리·정치적 교착상태(stand-off)를 조성하고 무력분쟁에 못 미치는 수준에서 미국과 경쟁함으로써 미국의 억제력을 약화하고 세계적 영향력을 감소시켜 국제질서와 세계안정에 변화를 초래할 수 있다고 판단한다. 이러한 문제를 해결하기 위해 미 육군은 2014년 10월 '복잡한 세계에서 승리하기(win in a complex world)'라는 미래 작전 개념을 제시했다 (U.S. Army Training and Doctrine Command, 2014b, p. 6). 미 육군은 다양한 계층의 세미나와 포럼, 기고문 등을 통해 폭넓은 의견을 수렴함으로써 2016년 12월 현행 공지전투 개념을 대체할 미래 전투수행 개념으로 『다영역 전투(Multi-Domain Battle): 21세기 합동 및 제병협동 개념』이라는 백서를 발간함으로써 군사 교리 화를 시도했다. 이후 미 육군과 해병대의 공동연구 결과로 2017년 12월 「다영역전투: 21세기 제병협동의 진화」라는 '팸플릿'을 발간하고, 미 합참에서는 이를 토대로 각 군과 관계기관의 검토 의견을 수렴하여, 2018년 12월 「다영역작전⁴에서의 미 육군 2028」이라는 '팸플릿'을 발간함으로써 합동군 차원의 교리 발전을 촉발했다 (U.S. Army Training and Doctrine Command, 2018, pp. 5-48).

---

3 아파치 공격헬기(AH-64), 블랙호크(UH-60), 아브라함 전차(M1A1), 브래들리 장갑차(M2), 패트리엇 미사일(MIM-104)을 일컬으며, 이들의 통합운용으로 입체고속기동전을 탄생시켰다.

4 기존 명칭에 '전투'라는 단어가 포함되어 있어 다영역 전투가 전술적 수준인가 아니면 작전적 수준인가에 대한 논쟁이 발생하여 합참 차원에서 '전투'를 '작전'적 수준으로 확대하여 2018년 5월부터 '다영역작전'을 공식 명칭으로 사용하고 있다.

다영역작전의 기본전제는 전문 직업군인, 즉 자발적 지원을 통한 사명감 있는 전투원으로 구성된 정예부대 보유, 2020~2040년 중장기 국가방위전략의 요구를 충족시킬 수 있는 균형 잡힌 군사대비태세 유지, 군사력 구조, 군의 현대화를 달성하는 데 필요한 충분한 국방예산의 지원, 그리고 국가 위기 시 즉각적인 대응과 합동군·통합군·다국적군의 연합 및 합동작전 수행능력의 보유다(미 육군 교육사령부, 2018, p. A-1).

다영역작전의 가정을 살펴보면, 첫째, 적대국은 무력분쟁에 못 미치는 정도의 수단과 방법을 사용하여 미국의 국가이익에 도전할 것이다. 둘째, 적대국은 미국과의 전면전을 기도하기보다는 지역적 전역에서 기습적으로 제한된 전략목표를 확보하기 위해 수일 또는 몇 주간의 무력분쟁을 감행한다. 셋째, 잠재적 적대국들은 정밀유도무기의 확산, 통합된 방공체계, 사이버 무기, 대우주 무기, 기타 기술들을 활용함으로써 모든 영역에서 미국과 경쟁하거나 미국을 위협할 수 있다. 넷째, 미국과 협력국의 정치지도자들은 억제가 실패할 경우 적대국들을 격퇴하기 위한 충분한 군사력 태세와 자원을 승인하고 지원한다. 다섯째, 미국과 협력국 정부는 우군이 적을 억제하고 격퇴하도록 작전준비 여건을 보장하고 공세적 전자전, 사이버전, 우주전, 비대칭전, 그리고 정보환경작전 등을 수행할 권한을 합동군에 위임한다. 여섯째, 미국과 협력국 정부기관, 각 군 본부, 야전군은 적을 억제하고 격퇴하기 위한 연합 및 합동작전을 수행할 수 있는 국가·군종·정부기관·동맹국 간 상호운용성을 유지한다. 일곱째, 미국과 적대국은 양측 모두 핵무기를 사용하지 않는다.

이와 같은 전제와 가정을 통해 본 다영역작전은 미국이 국가안보목표를 달성하기 위해 중국과 러시아를 경쟁과 무력분쟁의 상황 모두에서 억제 또는 격퇴하기 위한 전쟁 수행방식이다. 즉 미국이 세계적인 패권을 지속 유지하기 위해, 지역의 패권국(중국과 러시아)이 지역 안보를 위협하거나 기존 질서를 깨뜨리려고 할 때, 미국이 적극적으로 개입하여 이를 해결하고, 미국의 국익에 유리한 여건을 조성한 후에 다시 경쟁의 상태로 회귀하는 제한전쟁 수행 개념이라고 할 수 있다. 미국은 전면전보다는 지역 내 국지적 분쟁 정도의 수준에서 국제적 확산 없이 동맹국이나 협력국과 연합 및 합동작전을 통해 무력분쟁 수준의 아래에서 모든 갈등을 해결하는 방법을 추구하고 있다.

다영역작전의 작전환경은 잠재적 적대국들이 모든 영역(지상, 해양, 공중, 우주, 사이버)과 전자기 스펙트럼(electromagnetic spectrum)[5], 정보환경작전(information environment operations)[6]에서 미군에 도전할 수 있는 능력을 갖추게 됨으로써 미국의 우위가 불확실한 상황이다. 다시 말해 미국은 정치적, 문화적, 기술적, 그리고 전략적으로 복잡한 상황에서 자신의 의지를 강압하기 어렵다는 사실을 인정한다. 특히 러시아와 중국처럼 미국과 거의 대등한 능력을 갖춘 경쟁국들은 무력분쟁을 수행할 준비가 잘되어 있어서 억제가 곤란한 상황이며, 미국과 대등한 수준의 적대국들은 도발의 강도 면에서 평화와 전쟁을 구분하기 모호한 경계에서, 영역적으로는 사이버와 우주를 포함하여, 지리적으로는 미국의 본토까지 영향을 미칠 수 있도록 전술적 · 작전적 · 전략적 '교착상태(stand-off)[7]'를 만들어낼 수 있다. 그러므로 감축된 규모의 미 육군은 치명성이 증대되고, '과잉경쟁(hyper competition)[8]'이 이루어지고 있는 확장된 전장 환경에서 전투를 수행해야 한다.

중국과 러시아는 시간, 영역 · 지리적 공간, 다양한 행위자 등 세 가지의 관점에서 전장을 확대할 수 있다. 시간적 관점에서 보면, 전통적 전쟁 상황이라고 보기 어려운 낮은 수준의 도발로 무력분쟁이 본격화되기 이전의 짧은 시간에 그들의

---

5 '전자기적 방사선이 영향을 미치는 0~무한대까지의 주파수 범위'를 말한다.

6 "적대국의 정보자산들로부터 보호받으면서, 다른 작전선과 협력하여 적대국의 지휘 결심을 기만 · 방해 · 훼손 · 침해하거나, 부대 및 국민들의 전투의지를 감소시키고, 우방국 또는 중립국들로부터 작전에 대한 지지를 얻을 수 있도록 정보와 관련된 능력들(IRC)을 통합적으로 운용'하는 것이다. U.S. TRADOC Pamphlet 525-3-1 (2018. 12. 6.), p. GL-5.

7 '항시 또는 필요시, 모든 영역 및 전자기 스펙트럼, 정보환경 내에서 적대국이 적절히 반응하기 이전에 전략 및 작전목표를 달성할 수 있도록 행동의 자유를 보장해주는 물리적 · 인지적 · 정보적으로 분리된 상태'를 의미하며, 이것은 정치적 · 군사적 능력들로 달성된다.

8 '경쟁의 단계에서 통상적이거나 합리적 · 바람직한 수준의 행동을 뛰어넘는 조처를 하거나, 무력분쟁에서 극단적인 군사력을 운용하는 것'을 문의한다.

전략목표를 달성할 수 있도록 경쟁의 우위를 추구한다. 전·평시의 구분을 모호하게 함으로써 분쟁 발생 가능성의 영역이 확대되는 것이다. 영역·지리적 공간 관점에서는 우주·사이버·전자기 스펙트럼 및 정보작전환경 등 물리적·심리적·인지적 영역 등 전 영역으로 영향력을 투사함으로써 전장 공간을 확대한다. 지리적으로는 국제적 규범이 통용되는 다중 영역에서 전투력 운용이 가능할 수 있게 됨으로써 미국의 자산들과 직접적인 접촉을 하지 않고도 자산운용 효과를 발휘할 수 있어서 평상시 영역까지 전장이 확대될 수 있다. 행위자의 관점에서는 정규 군인이 아닌 용병·대리부대·반동세력과 같은 단체들을 활용할 수 있게 됨으로써 비전통적 행위자들이 무력분쟁에 동원되는 등 '대중 사이에서의 전쟁'이라고 불릴 정도로 민간영역까지도 전장 공간에 포함될 수 있다.

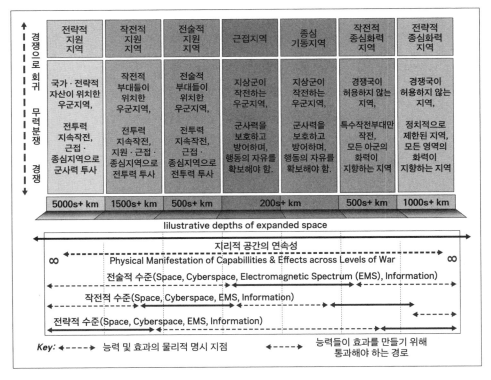

〈그림 2-4〉 다영역작전의 기본 틀(MDO framework)

출처: U.S. TRADOC Pamphlet 525-3-1 (2018), *The U.S. Army in Multi-Domain Operations 2028*, p. 8.

〈그림 2-4〉는 다영역작전을 고려해야 하는 군사활동의 범위, 공간, 거리, 이들의 상호관계를 묘사해주는 기본 틀(framework)이다.

그림에서는 전장 공간이 선형의 영역으로 구분되는 것처럼 보이지만, 고정된 지리적 영역 관계나 차원을 의미하는 것이 아니라 작전 상황이나 우군과의 관계, 적의 능력, 그리고 지형에 따라 다양하게 설정될 수 있다. 즉 확장된 전장 공간의 전체적인 구조를 지휘관 또는 참모들이 쉽게 이해할 수 있도록 개념화한 것이다.

교리적 설명에 의하면, 종심화력지역은 재래식 전력의 이동 범위를 벗어나는 영역이지만, 합동화력, 특수전부대, 정보, 그리고 가상의 능력들이 운용될 수 있는 영역으로 정의된다. 작전 및 전략적 종심화력지역은 각 지역에서 작전할 수 있는 능력이나 인가된 능력의 유형에 따라 구분된다. 이 영역에서의 작전은 적대국의 방어 중심부를 타격하는 것으로 법적·정치적 측면에서 승인이 필요하다. 승인과정의 복잡성과 적 영토 내에서 작전을 수행해야 하는 어려움 때문에 모든 영역의 활동들을 통합하여 정밀하게 운용할 수 있는 능력이 요구된다.

종심기동지역은 재래식 기동(지상이나 해상)이 가능한 지역으로 치열한 경쟁이 이루어지기 때문에 타 영역으로부터 충분한 지원이 필요하다. 종심화력지역에 비해 많은 우군의 부대가 운영되고, 화력과 기동을 결합할 수 있는 이점이 있으며, 군사력 전개를 위한 다양한 선택이 가능하다. 또한, 종심화력지역에 비해 더 장기적인 작전을 시행할 수 있으므로 대부분 작전목표를 종심기동지역에 선정한다.

근접지역은 피아의 전투부대, 군사력, 전력체계 간의 물리적 접촉이 임박한 지역으로 전역의 목표를 달성하는 데 필요한 물리적 공간을 확보하기 위해 경쟁을 벌이는 지역이다. 근접지역 작전에서는 결정적 시간과 장소에 충분한 전투력을 집중할 수 있는 템포(tempo)와 기동성이 요구된다. 적을 격퇴하기 위한 기동, 적 저항능력의 파괴, 전투공간의 물리적 확보, 주민들에 대한 영향력 행사 등의 활동이 이루어진다.

전략적 지원지역은 미국 지역별 전투사령부 간의 협조, 전략적 해상 및 공중 병참선, 그리고 미국 본토를 포함하는 지역이다. 합동군수와 작전지속지원을 통해 전략적 수준에서 경쟁과 무력분쟁으로 전역 수행을 지원한다.

작전적 지원지역은 주요 합동작전부대 사령부, 지속지원 부대, 그리고 장거리 화력 및 타격능력들이 위치한 지역으로 육지나 해상기지를 포함한다. 이 지역은 수많은 국가가 포함되기 때문에 우군의 정치와 군사적 통합을 위해 중요한 지역이다. 합동군은 무력분쟁 동안에 상당한 전력을 투입하여 '우세의 창(window of superiority)'[9]을 조성함으로써 연속되는 결정적 작전이 가능하도록 해야 한다.

전술적 지원지역은 근접·종심기동·종심화력지역에서 성공적인 작전 수행이 이루어질 수 있도록 이들을 직접 지원하기 위한 지역이다. 우군의 지속지원 부대, 화력·기동지원 부대, 임무형 지휘 부대들이 이 지역에 위치한다. 전술적 지원지역의 우군부대는 적의 화력 위협으로 생존해야 하며 근접지역에 대한 적 지상군의 침투 및 돌파를 격퇴할 준비가 되어 있어야 한다. 기동과 생존성 보장이 이 지역 부대들의 핵심 요건이다.

다영역작전을 통해 해결하고자 하는 군사적 문제는 경쟁 단계에서 중국과 러시아의 도전을 억제하는 것이다. 이것이 실패했을 때는 그들의 A2/AD 체계를 돌파 및 와해시켜 전면전의 수준에 못 미치는 무력분쟁의 단계에서 그들을 궁극적으로 격퇴하며, 달성된 성과를 공고히 함으로써 경쟁의 단계로 회귀하여 미국에 유리한 환경을 조성하는 것과 관계된다. 〈그림 2-5〉는 다영역작전이 해결하고자 하는 군사적 문제들을 전장 공간별로 표시해본 것이다.

중국과 러시아는 지속적인 경쟁의 상태에서 미국과 그들의 동맹국들을 분리함으로써 무력충돌 아래 단계에서 그들의 전략목표를 달성하려고 시도한다. 이를 위해 외교·경제적 수단, 비재래전과 정보전(사회적 매체, 가짜뉴스, 사이버 공격), 재래식 무기와 핵무기 등의 조합을 통해 미국과 정치·군사적 교착상태를 조성한다.

---

9 '선택된 시간과 공간·영역 및 환경에 능력들을 집중함으로써 지휘관이 국지적인 통제권을 확보할 수 있게 하거나, 적이 통제권을 사용할 수 없도록 방지하며, 작전의 성공에 필요한 조건들을 만들어내기 위해 지정된 지역에서 물리·가상·인지적 영향력을 발휘할 수 있도록 하는 것'을 의미한다. 기회의 창(window of advantage)이라고도 한다.

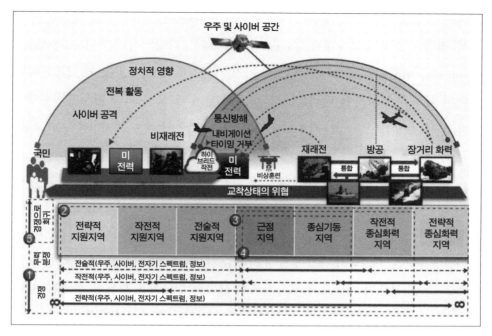

<그림 2-5> 다영역작전에서 해결하고자 하는 군사적 문제

출처: U.S. TRADOC Pamphlet 525-3-1 (2018), *The U.S. Army in Multi-Domain Operations 2028*, p. 16.

교착상태가 유지되는 상황에서 미국과 그 동맹국 내에 불안정성을 유발하여 동맹의 신뢰성이나 신속한 의사결정, 적시적 대응 등을 방해하고 사회적 분열을 조장한다. 이러한 조치를 통해 중국과 러시아는 무력분쟁의 임계점에 도달하지 않는 수준에서 미국의 개입을 방지한 상태에서 전략목표를 달성할 수 있다.

한편, 무력분쟁 시 중국과 러시아는 미국이 효과적으로 대응할 수 있는 시간보다 빠르게 전역 목표를 달성하고, 미국과 동맹국의 군사력에 심대한 손해를 입힐 수 있도록 구축된 다층의 A2/AD 체계를 운용하여 물리적 교착상태가 유지된 상태에서 '기정사실화(a fait accompli)' 전략을 구사할 수 있다.

다영역작전의 중심사상을 정리해본다면, 미 육군이 합동군의 구성원으로서 평시 경쟁 상황에서부터 우세를 달성하고, 필요하면 적의 A2/AD 체계를 돌파 및 와해시킴으로써 획득된 기동의 자유를 확대하여 전략목표를 달성하며, 유리한 조건에서 갈등을 해소하고, 경쟁의 상태로 회귀한다는 개념이다. 이를 구현하기 위해서 '정밀히 조정된 부대태세(calibrated force posture)', '다영역작전 부대(multi-domain formations)', '융합(convergency)'이라는 세 가지 기본원리를 강조한다. 이 기본원리는 제대와 특정 작전상황에 따라 다양하게 적용할 수 있으며 모든 다영역작전에서 상호 보완적이며 공통으로 작용할 수 있다고 설명한다(미 육군교육사령부, 2018, pp. 17-22).

첫째, '정밀하게 조정된 부대태세' 원리는 전략적 거리를 횡단하여 기동할 수 있는 역량의 조합, 전진 배치, 운용능력을 의미한다. 경쟁의 상황에서 미 육군이 합동군의 목표달성을 지원하고 무력분쟁을 억제할 수 있도록 지원하는 원칙인 셈이다. 미 육군은 적대국이 그들에게 유리한 조건에서 '기정사실화' 전략 수행을 방지하고, 우군 부대가 대규모 전투작전에서 신속히 주도권을 확보할 수 있도록 역할을 해야 한다. 이러한 과업을 달성하기 위해 다양한 유형의 부대들이 역동적으로 조합되어 운용되어야 한다. 전진배치군(미군과 동맹군, 재래전과 특수전 부대), 원정군(육군, 합동부대 및 기능), 국가 수준의 사이버 공간 통제능력, 우주기반 플랫폼과 타격능력 등 총체적 군사력의 범주에서 다양한 능력들의 적절한 균형은 전진배치군이 응집력과 완전한 능력을 갖추고 전략적으로 적시에 전개할 수 있는 원정작전을 가능하게 해준다고 판단하기 때문이다. 경쟁상황에서는 작전부대에 전자기 스펙트럼, 정보작전환경 등 모든 영역에서 작전할 수 있도록 적절한 권한이 부여되어야 한다. 합동군이 보유한 신속성과 예측 불가능성, 다양한 기능의 조합과 현시는 필요한 경쟁공간을 확장해주며, 적대세력들이 국지적 우세를 달성하지 못하게 억제력을 발휘할 수 있다. 무력분쟁의 경우 적절히 혼합된 준비된 부대와 능력을 갖춘 합동군은 신속히 전투작전으로 전환함으로써 적국의 A2/AD 체계를 수일 내에 돌파 및 와해시키며, 몇 주 이내에 적을 격퇴할 수 있어야 한다는 것이다.

둘째, 다영역작전부대(MDTF)[10]는 회복탄력성(resilience)을 보유함으로써 다양

---

10 https://www.armyupress.army.mil/Portals/7/military-review/Archives/English/MJ-19/Borne-

한 영역들을 가로지르며 작전을 수행할 수 있는 조합된 역량, 능력, 그리고 지구력을 보유한 부대여야 한다는 것이다. 다영역부대는 독립적 기동과 교차영역 화력 운용이 가능하고 인간의 잠재력을 극대화할 수 있다. 회복탄력성의 핵심 원천은 첨단 방호시스템, 감소된 통신 노출, 적의 전파 방해를 극복할 수 안전한 통신 채널, 다중의 작전지속지원 네트워크, 강력한 기동지원 능력과 역량, 다중의 방공망과 정찰능력, 다영역 위장능력 등에 있다. 반면에 비물질적 원천은 적의 행동을 고려한 유연한 계획, 분쟁상태에서 부대를 재편성하는 능력, 상급지휘관의 의도에 맞게 작전을 수행할 수 있는 지휘관과 참모, 소규모 또는 분산된 상황에 동시에 잘 훈련된 지휘부 요원 등이다. 회복탄력성을 갖춘 다영역부대는 미국과 동급의 적대세력과 경쟁하는 공간에서 수·공세적 작전을 모두 수행할 수 있다고 평가한다. 즉 다영역부대는 미국과 거의 동급의 적대세력과의 경쟁공간에서 다양한 영역들에 걸쳐 작전을 수행할 수 있는 능력과 역량, 지속성을 겸비한 육군의 조직체인 셈이다. 이들은 결정적 공간에서 전투력을 신속하게 집중할 수 있는 능력을 보유함과 동시에 상위 제대로부터 지속적인 지원 없이 확장된 기간 분산작전을 수행할 수 있다.

셋째, 융합의 원리다. 융합은 지상·해양·공중·우주, 전자기 스펙트럼, 정보작전환경 전 영역에서 적에 대해 압도적 우세를 달성할 수 있도록 신속하고 연속적으로 능력을 통합하는 원리다. 압도적 우세는 교차영역 시너지(cross-domain synergy)[11]와 임무형 지휘, 주도권 확보를 통해 가능한 다양한 형태의 공격으로 달성될 수 있다. 현재의 합동군이 영역 연합 형태의 일시적 동기화를 통해 능력을 통합하

Targeting-Multi-domain.pdf (검색일: 2020. 10. 21)

11 합동작전 접근 개념에서 제시된 생각으로 미국의 합동작전 개념에서 핵심 개념으로 유지되고 있다. 교차영역 시너지는 단순히 다른 영역으로부터 추가적인 능력의 운용을 보완함으로써 각각의 효과를 증대시키고 상호 간 취약성을 보완하게 하여 결합된 영역 내에서 우세를 달성할 수 있도록 하는 것으로 정의된다. 이것은 임무수행에 요구되는 행동의 자유를 제공할 것이다. U.S. Army Training and Doctrine Command, TRADOC Pamphlet 525-3-1 (2018). *The U.S. Army in Multi-Domain Operations 2028*, p. 20.

는 수준이라면, 미래의 합동군은 결정적 공간에서 교차영역의 우세를 달성할 수 있도록 다중영역의 능력들을 신속히 연속적으로 통합할 수 있다. 결정적 공간이란 교차영역에서 운용되는 능력들이 완전히 최적화됨으로써 적보다 현저한 이익을 얻게 되고, 작전결과에 중대한 영향을 끼치는 시·공간상의 물리·가상·인지적 장소를 뜻한다. 합동군은 융합을 통해 결정적 공간에서 적의 취약성을 공격할 수 있는 다양한 옵션을 소유하게 된다. 각 제대의 다영역부대는 경쟁과 분쟁 시 적대국이나 적 시스템 내부의 취약점에 아군의 능력을 집중할 수 있도록 융합의 원리를 적용한다. 융합은 단일 영역에 비해 두 가지의 이점을 제공해주는데 하나는 교차영역 시너지의 창출이고, 다른 하나는 아군의 작전능력 증진에 따른 적국의 복잡성 증대다. 적에게 복잡성을 부여함으로써 아군은 다양한 선택방안을 활용할 수 있게 된다.

다영역작전을 수행하기 위해 요구되는 핵심능력은 다음과 같다(미 육군교육사령부, 2018, pp. B-1~B-2).

첫째, 대중국·러시아를 억제하기 위한 지역별 전 육군의 정밀하게 조정된 부대태세(공격대형) 유지다. 부대태세 조정의 중점은 장거리 정밀화력의 우선적 현대화 달성이다.

둘째, 지역별 동맹국과 상호운용성 구축, 군사기지 설립 및 접근 권한 확보, 장비·물자의 사전 배치, 예비적 정보활동, 전자기 스펙트럼과 컴퓨터 네트워크 연동 등 전구 내의 작전환경을 분석하고 대비하는 능력이다. 이를 위해 육군 네트워크 구축이 우선시되어야 한다.

셋째, 중국과 러시아가 정교하게 지원하는 비정규전 및 정보전을 격퇴할 수 있는 동맹국의 역량과 능력을 구축해야 한다.

넷째, 작전·전략적 측면에서 중요하다고 선정한 도시지역에 대한 작전환경을 분석하고 대비하는 능력이다.

다섯째, 전략적 지원지역으로부터 종심 기동지역까지 작전을 지원하기 위한 정밀군수지원 능력이다. 정밀군수지원은 다중성, 민첩성, 즉응성을 갖추고 지속지원 능력을 제공하는 것이다. 정확한 분석 도구를 갖춘 '지속지원계획 및 결심지원시스템'과 요청이나 보급 우선순위 재조정 없이 자동으로 재보급할 수 있는 능력, 각 제대의 지휘관과 군수 담당자가 볼 수 있는 실시간 공통 작전상황도 등이다. 이러한 체계는 전 부대에 50% 이상 수송 요구의 감소와 작전시간 및 작전 범위를 확장할 수 있게 한다.

여섯째, 경쟁 또는 분쟁 단계로 신속하고 효과적으로 전환하는 데 필요한 권한과 승인의 원활한 조정능력이 요구된다.

일곱째, 인구밀도가 높은 도시지역에서의 작전수행 능력이다. 도시지역 작전은 정확성, 속도, 살상 및 비살상 효과를 동시에 발휘할 수 있는 부대의 전술과 능력을 요구한다. 장거리 정밀화력, 차세대 전투차량, 육군 네트워크, 전사 치명성 증대 등이 우선으로 현대화되어야 한다.

여덟째, 중국과 러시아의 고도화된 정찰, 타격, 제병협동, 비정규전 수행능력에 대응하고, 교차영역 활동을 통해 신뢰성 높은 정보작전 수행능력이 필요하다.

아홉째, 각 제대의 지휘관과 참모는 영역과 조직 간 신속한 능력의 전환을 자유롭게 함으로써 중국과 러시아의 취약점에 압도적인 전투력을 집중할 수 있어야 한다. 이를 위해 합동군 전체의 능력들을 융합할 수 있는 새로운 도구 개발과 훈련 패러다임의 전환, 인재관리 제도의 변화가 요구된다. 또한, 육군 부대가 국가와 합동군, 민간 및 군별 연구소, 도서관 등으로부터 가용한 모든 정보를 활용할 수 있도록 훈련되고 이를 위한 인원과 장비가 편성되어야 한다.

열째, 중국과 러시아의 다층·상호보완적인 군사력 및 시스템의 특정 취약점을 공격할 수 있는 수단으로서 다영역 부대와 운용시스템을 합동군 사령관에게 제공할 수 있어야 한다. 합동군사령관은 모든 합동능력에 대해 숙고하고 평가하며 운용할 수 있는 부대들과 리더를 육성해야 한다.

열한째, 회복탄력적인 다영역작전부대와 시스템, 리더, 그리고 전투원들이 요구된다. 다영역작전부대원은 인내심이 강하고, 혹독한 작전환경을 견뎌낼 수 있어야 하며, 합동군이나 협력국의 부대들로부터 고립되지 않고 독립적인 기동과 교차영역 화력을 운용할 수 있어야 한다. 이를 위해 확장된 작전지속지원 체계와 부대, 리더와 전투원, 장거리 정밀화력, 차세대 전투차량, 수직 이착륙기, 육군 네트워크 체계, 방공망, 치명성 높은 전투원 등이 우선으로 현대화되어야 한다.

열두째, 미국은 연합연습과 훈련, 그리고 다양한 군사활동을 통해 다영역작전부대의 능력을 현시함으로써 협력국들이 미국의 안보공약을 신뢰할 수 있도록 명확한 성과를 달성할 수 있어야 한다.

열셋째, '우세의 창(windows of superiority)'을 개방하고 확대할 수 있도록 우주, 사이버, 전자기 스펙트럼 영역 내에서 지상·해상·공중의 능력들을 증원하거나 보완할 수 있는 능력이 요구된다. 이것은 우군의 작전 수행능력을 보호하면서 적의 능력을 약화하고, 방해하며, 거부할 수 있는 작전환경을 조성함으로써 적이 다중의 딜레마에 빠지게 할 수 있는 능력이다.

마지막으로, 필요한 기술과 전문성을 갖추고 정신적으로 우수하며, 육체적으로 강인한 전사들을 획득하고 양성할 수 있는 능력이 요구된다.

위와 같이 제시된 요구능력을 보면, 미국이 도달하려고 하는 미래의 합동군 모습과 전쟁 수행방식을 예측해볼 수 있다. 즉 다영역작전은 미국이 2025~2040년대의 미래 작전환경에서 그들과 대등한 수준의 군사능력을 갖추게 될 중국과 러시아와 같은 잠재적 적대국을 상대로 경쟁 단계에서부터 그들의 도전을 억제하고, 억제 실패 시에는 전면전에 못 미치는 수준에서 무력분쟁을 해결함으로써 미국에 유리한 안보환경을 조성하며, 이후에 유리한 조건에서 경쟁의 상태로 회귀하는 새로운 전쟁 수행방식이다. 미국은 다영역작전을 통해 미래에도 현재와 같은 미국의 세계적 패권 국가의 위상을 지속해서 유지하고 싶어 한다.

합동전영역작전은 미 육군이 구상한 다영역작전을 합동군 차원으로 승화시킨 개념이다. 미 육군이 새롭게 제시한 '지상·해상·공중, 우주, 사이버, 전자기 스펙트럼 영역까지를 망라하여 교차영역 승수효과를 극대화해야 미래전에서 승리할 수 있다'라는 다영역작전 논리를 수용한 것이다. 미래전에서는 육·해·공군 중 어느 특정 군 중심의 한정된 작전으로는 원하는 최종상태를 달성하기 어렵다는 합리적인 판단을 한 셈이다. 즉 합동군이 각 군의 강점을 극대화하고, 각 군의 취약점을 해소하기 위한 통합된 작전을 수행함으로써 확장된 전장 공간과 영역에서 상대적 우세를 달성하여 전쟁의 승리를 달성하는 전쟁 수행방식을 채택한 것이다. 미국 합참과 국방부는 육군이 제시한 요구능력을 검토하면서 육군의 능력 개발에 한정하기보다는 합동군 차원에서 합동능력을 통합적으로 개발하는 쪽으로 방향을 설정했다.

　　미국은 합동전영역작전이라는 미래 새로운 전쟁방식을 제시함으로써 미 합동군의 요구능력을 구축할 수 있는 국민의 지지를 끌어내고자 여러 가지 공개토론 및 세미나, 발표회 등을 활발히 전개하고 있다. 특히 인터넷을 통한 전 세계에 공개하는 행위는 미국의 자신감과 결의를 느끼게 해준다. 그렇다면, 합동전영역작전의 수행 개념은 무엇이고, 어떻게 작동되는지를 구체적으로 살펴볼 필요가 있다.

2) 합동전영역작전의 수행 모형

　　합동전영역작전이 어떻게 수행되는지 설명한 자료는 찾지 못했다. 그렇지만, 다영역작전의 논리를 분석해보면 전체적인 윤곽을 추론해볼 수 있다. 미국은 공개적으로 다영역작전 수행모델을 제시하고 있기 때문이다.

　　다영역작전은 '경쟁-돌파-와해-전과 확대-경쟁으로 회귀'라는 순환경로 모형을 적용한다. 〈그림 2-6〉은 다영역작전의 순환경로 모델을 보여준다.

　　미 합동군은 다영역작전 수행능력을 갖추고 세 가지 다른 방법으로 우군의 전략목표를 달성하고 적을 격퇴함으로써 승리를 만들어낸다(미 육군교육사령부, 2018, p. 24). 제일 선호하는 방법은 '효과적인 경쟁'으로 분쟁의 확산을 억제하고, 적대국의 불안정화 시도를 격퇴하여 전략목표를 달성하는 것이다. 두 번째 방법은 억제가 실패했을 경우로, 수일 이내에 적의 작전목표를 거부하기 위해 전진배치군과 원정군을 통합하여 운용하는 방법이다. 합동군이 몇 주 이내에 상대적으

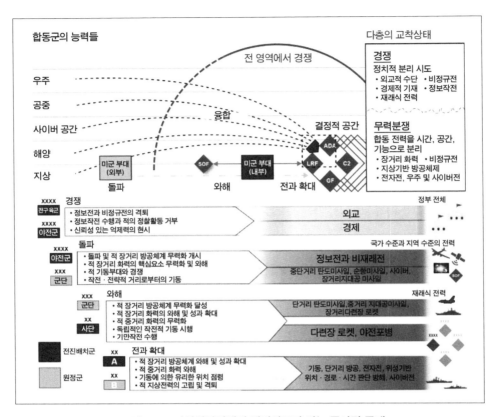

〈그림 2-5〉 다영역작전에서 해결하고자 하는 군사적 문제

출처: U.S. TRADOC Pamphlet 525-3-1 (2018), *The U.S. Army in Multi-Domain Operations 2028*, p. 26.

로 유리한 작전적 위치를 선점함으로써 적대국이 수용할 만한 정치적 협상 조건을 만들어내는 것이다. 세 번째 방법은 두 가지 방법으로 단기간의 분쟁에서 전략목표를 달성하지 못한 경우로, 장기전을 통해 적을 격퇴하는 것이다.

이 세 가지 방법은 장기전에서 승리하기 위한 의지와 능력의 측면에서 상호연계되어 있다. 적대국이 기정사실화 전략목표를 달성하지 못한다는 확신을 무력분쟁에 못 미치는 수준에서 확신시키는 데에 중점을 둔다. 이를 위해 합동군이 적국의 기정사실화 공격을 거부할 수 있는 현시된 능력과 준비태세가 갖추어져 있음을 믿게 하는 것이 중요하다.

경쟁 단계에서 작전의 중점은 미국에 유리한 방향으로 분쟁을 억제하고, 무력분쟁의 임계점 아래에서 경쟁적 공간(contested spaces)[12]을 확장하기 위한 적대국의 시도에 대응하며, 필요시 무력분쟁 단계로의 신속한 전환을 보장하는 데 있다. 과거 미군은 문화·법·정치적 이유를 들어 국제적 분쟁에 개입하는 데 수동적인 자세를 취해왔다. 그런데 다영역작전에서는 경쟁 단계에서 미국의 국익을 보호하고 분쟁을 억제하며, 필요시에는 무력분쟁으로 합동군이 신속히 전환할 수 있는 유리한 조건을 조성하기 위해 미군의 적극적인 개입을 강조한다.

야전군은 전방배치부대 및 원정군이 적의 기습적인 공격을 즉각적으로 격퇴할 수 있도록 전술·작전적 전장정보 분석을 세부적으로 수행한다. 육군은 협력국 및 합동군과 함께 적의 정찰활동에 대항하며 적국의 의사결정 과정에 불확실성을 증대시킬 수 있도록 기만작전을 수행한다. 전진배치군은 협력국에 군사고문단과 능력을 지원하고 그들의 능력과 역량을 지속해서 건설함으로써 적대국의 비정규전 수행을 격퇴하는 데 직·간접적으로 기여한다. 또한, 권한을 부여받은 부대들은 다양한 수단들을 통해 사이버 공간과 전자기 스펙트럼의 능력들이 포함된 정보공간에 적극적으로 개입한다. 최종적으로 전구 육군과 야전군은 억제력을 현시할 수 있을 정도로 강도 높은 재래전 수행을 준비한다. 전구 육군은 합동군과 협력국이 경쟁에서 분쟁으로 신속히 전환될 수 있도록 전역계획을 수립한다. 야전군은 작전환경과 민간 네트워크뿐만 아니라 적대국의 전술·작전적 시스템 분석에 대한 정보수집을 협조한다. 적대국의 지휘통제와 장거리(통합방공시스템, 잠수함발사탄도미사일, 장사정 다련장 로켓) 및 중거리(중거리 지대공미사일, 다련장 로켓, 야전포병) 시스템에 대한 상세한 분석을 위해 주로 전구 및 국가 수준의 능력들을 운용한다. 적대국의 부대들이 미국 또는 협력국의 주변에서 기동 또는 비상훈련(snap exercise)을 시행한다면 야전군은 이와 관련된 기술적 정보를 더 구체화하고 적대국의 작

---

12 미국, 동맹국, 협력국이 적대국의 거부수단들에 도전할 수 있고 우군 행동의 자유를 유지하며, 잠재적으로 적국에 대한 행동의 자유를 거부할 수 있는 지역을 의미한다.

전형태를 파악하며, 특정 부대와 능력의 전개 방법을 이해하기 위해 감시정찰자산(공중 ISR, 고고도 ISR, 열기구, 전자정보 능력 등)을 할당하고 배치한다. 또한, 적의 ISR 능력을 자극하고 분석하기 위해 적대국에 인접한 협력국의 영토에서 훈련 또는 안전보장 작전(reassurance operation)들을 수행함으로써 정보수집 기회를 창출한다.

전진배치군의 전 제대는 적으로부터 위협받고 있는 우군 영토에 대한 지형을 분석하고 지형에 익숙해지기 위해 노력한다. 이러한 노력을 통해 합동군사령관은 전술적 수준에서의 실행과 작전적 수준에서의 계획수립에 필요한 정보를 획득할 수 있고 3차원 및 다영역 관점에서 작전환경을 가시화할 수 있다. 인구 밀집의 도시지형에서는 인간, 사회, 기간시설에 대한 세부사항을 파악하는 데 추가적인 정보활동이 요구된다. 야전군은 분쟁에 있어서 전략·작전적으로 중요한 도시지역의 전장정보 분석에 노력을 기울인다.

미 육군은 적대국의 정보전과 비정규전을 격퇴하기 위해 능력의 제공과 확장된 권한 행사, 그리고 지원작전 수행을 통해 합동군 또는 협력국의 전역을 지원한다. 정보환경작전(IEO)과 비정규전(irregular warfare)[13] 수행이 대표적인 지원작전에 해당한다. 합동군은 경쟁 단계에서 사이버 공간을 포함한 영역들과 전자기 스펙트럼에 걸쳐 정보공간에 적극적으로 개입하여 주도권을 장악한다. 전구 육군은 국가정책과 지휘관의 의도 구현을 위해 전 제대가 정보공간에 개입함으로써 육군의 활동과 합동군사령관의 정보환경작전을 지원한다. 정보환경작전을 지원하기 위해 예하부대는 정보, 사이버, 전자기 스펙트럼의 능력에 접근할 수 있어야 하며, 적절한 권한과 승인을 요구한다. 이렇게 함으로써 전진배치군은 공세적으로 맞춤식 조치들을 시행할 수 있다. 육군은 주로 전략적 서사(strategic narrative)에 관여하지만, 협력국에 미국의 결의와 공헌을 강조하고 신뢰성 있는 능력들을 현시해야 한다. 신뢰감 있는 억제력의 현시는 적대국의 기정사실화 공격을 즉각적으로 거

---

13 다섯 가지의 핵심 군사활동으로 구성되는데 대분란전, 대테러전, 비재래전, 외국 내부 방어, 안정화작전을 일컫는다. U.S. TRADOC Pamphlet 525-3-1 (2018. 12. 6.), p. 29.

부할 수 있는 능력, 적대국의 A2/AD 체계를 돌파할 수 있는 능력, 전략 및 작전적 기동을 수행할 수 있는 능력, 다영역작전을 지원할 수 있는 능력을 의미한다. 다영역작전을 지원하기 위해서는 지휘통제 메커니즘 정립, 상호운용성의 보장, 전진배치군의 지속지원과 방호력 제공 등의 문제가 해결되어야 한다.

무력분쟁 단계에서의 다영역작전은 전략·작전적 교착상태를 돌파하는 데서부터 개시된다. 돌파는 육군의 장거리 정밀화력 운용을 통해 '결정적 공간(decisive space)'[14]에서 적대국의 장거리 시스템을 무력화시키는 것이 핵심이다. 적 장거리 시스템의 무력화는 경쟁 단계에서 획득한 이점을 활용, 전진배치군의 화력과 방공전력을 운용하여 적대국의 장거리 A2/AD 시스템(탄도 및 크루즈 미사일, 장거리통합방공망)을 무력화하는 것이다. 군단 및 야전군급 제대의 화력부대는 합동군사령관에게 근접·종심기동지역 및 작전적 종심화력지역에 교차영역 화력을 제공한다. 타격 우선순위가 높은 적 장거리 시스템에 대한 표적 정보는 우주 및 고고도 정찰전력 또는 저고도 항공 전력으로부터 획득할 수 있다. 또한, 합동군은 지상기반 장거리 화력을 다양하게 운용함으로써 적에게 다중의 딜레마를 조성할 수 있다. 장거리 지상화력은 적에게 다양한 형태의 공격에 대응하도록 강요함과 동시에 효과적인 대응능력을 보유하고 있지 못한 수많은 다른 시스템에 대항하게 함으로써 적의 방어를 복잡하게 만든다. 합동군은 육군의 장거리 화력과 다른 다영역 능력들을 결합함으로써 적대국의 장거리 시스템을 무력화할 수 있는 속도와 노력을 증대시킬 수 있다.

전방에 배치된 부대들은 즉각적으로 적 기동부대의 공격을 차단한다. 근접지역의 전진배치군은 협력국의 부대들과 함께 적들에게 손실을 강요함으로써 전역목표달성을 지연시켜야 한다. 동시에 합동군사령관은 합동 화력과 국가 수준의 능력들을 운용하여 전방배치 부대가 근접지역에서 적의 목표달성을 거부하도록

---

14 '교차영역 능력들이 완전하게 최적화됨으로써 적으로부터 현저한 이익을 얻게 하거나 작전의 결과에 심대한 영향을 미치는, 개념상의 지리·일시적 위치'를 의미한다.

지원하며, 야전군은 정보작전환경에서 주도권을 확보하기 위해 계층적 ISR 네트워크를 활용하여 적을 탐지하고 정보의 처리와 전파를 신속히 하며, 근접지역에서 적의 정보·감시·정찰 능력과 효과를 약화한다.

전방배치 기동부대와 협력국의 재래식 부대는 적대국이 목표를 달성하지 못하도록 방어의 이점을 활용하여 전력을 소모하게 하고, 진출속도를 저하해 우군 원정군의 도착을 보장한다. 사단과 여단은 지원지역에서부터 합동군과 육군의 다영역 능력들을 통합하여 약화한 통신 상태에도 불구하고, 조직적인 교차영역 기동을 시행한다. 야전군은 지원지역으로부터 합동 화력과 국가 수준 능력들의 융합, 근접지역에서의 기만활동, 정보환경에서 주도권 확보 경쟁 등을 통해 사단과 여단의 근접지역 전투여건을 조성한다. 작전·전략적 거리의 기동을 시행하는 목적은 우군 전투력을 보강하고 적대국의 A2/AD 체계를 와해시킴으로써 확보된 기동의 자유를 활용할 수 있는 여건을 조성하는 데 있다.

육군 원정군은 합동전략수송과 사전에 전개된 장비들을 이용하여 적의 공격 개시일로부터 수일 혹은 수 주 이내에 다수의 지점에서 전구에 진입할 수 있어야 한다. 합동 강제진입작전으로 추가적인 작전선을 개설하거나 최초 진입지점을 개방해야 한다. 작전지역에서 전구 육군과 야전군은 기만작전을 수행하여 적의 ISR 수집을 복잡하게 만들며, 육군 사전비축물자(APS)의 방호를 강화하고, 다양한 경로를 따라 분산된 부대들을 전개하며, 이들에 대한 작전지속지원을 제공함으로써 지원지역 전반에 걸쳐 적의 공격 효과를 경감시킨다.

돌파 단계의 목표는 결정적 공간에서 적의 장거리 시스템을 무력화시킴으로써 우군 부대가 근접지역에서 적의 공격에 대응할 수 있는 여건을 만들고, 원정군이 전구 내로 전략적 기동을 가능하게 하는 데 있다. 돌파를 통해 적의 목표달성을 거부하고 우군의 전투력을 증강하며 군단들이 결정적 공간에서 적의 장거리 시스템(고고도 통합방공망, 단거리 탄도미사일, 장거리 다련장로켓)과 중거리 시스템(중고도 통합방공망, 다련장로켓, 자주포병)을 와해시킬 수 있는 여건을 조성한다.

와해(dis-integrate)는 적대국의 A2/AD 체계의 장거리 시스템 격퇴, 적 중거리 시스템의 무력화, 적의 중거리 시스템을 와해하기 위한 작전적 기동의 수행으로 이루어진다. 이러한 활동은 별개의 단계로 구성되는 것이 아니라 돌파와 전과 확대 활동과 중첩되어 시행된다. 합동군은 운용되고 있는 적의 A2/AD 체계를 다영역을 통해 탐지 또는 자극하고 타격할 수 있도록 지속적인 정보활동을 해야 한다. 적 A2/AD 시스템에 대한 정확한 정보는 광역감시, 합동 공중정찰, 원거리 감시정찰, 소모용 감시정찰 자산, 그리고 인간 정보 네트워크라는 다섯 가지의 상호 연계된 시스템으로부터 획득된다. 이러한 정보는 야전군이 적의 장거리 시스템을 격퇴할 수 있게 해주며, 군단이 적 중거리 시스템에 대한 무력화를 개시함으로써 우군 지상군이 작전적 기동을 수행할 수 있는 여건을 만들어준다. 작전적 기동은 남아 있는 적 중거리 화력을 자극하고, 적의 기동부대를 고정 및 고립하며, 우군 기동부대에 상대적 우위를 달성할 수 있게 한다. 와해의 결과로 기동부대는 결정적 공간에서 기동의 자유를 활용함으로써 적을 격퇴할 수 있는 유리한 위치를 점유할 수 있다.

작전적 기동이 성공한다면, 적 중거리 시스템의 무력화에 기초하여 결정적 공간에서 적의 A2/AD 시스템의 와해를 달성할 수 있다. 또한, 결정적 공간에서 압박을 견뎌내고, 성과를 확대할 수 있는 전투력을 제공함으로써 근접 및 종심 기동지역에서 전술적 성공여건을 조성할 수 있다. 그러나 적 A2/AD 시스템의 와해는 영구적이지 않다. 만약 시간이 주어진다면 적은 전술적 적응, 재편성, 제한된 재조직을 통해 시스템을 복구할 수 있기 때문이다. 미국에 필적하는 적의 A2/AD 시스템 전체를 완전히 와해시키는 것은 불가능하므로 지휘관은 적에 대한 와해를 완료함과 동시에 확보된 기동의 자유를 더욱 확대하기 위해 '우세의 창'을 적극적으로 활용해야 한다.

전과 확대(exploitation)는 적의 A2/AD 시스템을 와해시킴으로써 얻어진 기동의 자유를 활용하여 적의 중거리 시스템을 격퇴하고, 적 단거리 시스템을 무력화하며 적 지상군을 고립 및 격퇴하는 단계다. 전과 확대를 위한 기동은 적 시스템의 돌파와 와해를 가속하며, 전략목표 달성에 중점을 둔다. 전과 확대를 위한 조건은 결정적 공간에 중점을 둔 다영역작전을 통해 조성된다. 육군은 결정적 공간에 다영역부대의 운용을 최적화하고, 기동을 통해 적 시스템의 하위 요소들을 물리·인지·가상적으로 고립시킴으로써 적의 방어를 교란한다. 또한, 우군 부대가 상대적 전투력의 우세를 달성하게 함으로써 결정적인 전술 성과를 달성할 수 있게 한다.

군단은 전과 확대 시 지속해서 적 중거리 화력을 파괴한다. 군단 화력과 사단 기동의 조합은 적 전술적 시스템에서 가장 중요한 적 중거리 시스템을 격퇴하는 핵심 역량이 된다. 사단은 적 단거리 시스템을 무력화하기 위해 전 영역, 전자기 스펙트럼과 정보환경에서 능력들을 융합해야 한다. 예를 들면, 공격헬기, 무인항공시스템, 단거리 방공, 전자전, 내비게이션, GPS 위치 식별체계 등과 경로 및 시간 판단 방해, 사이버 공간의 조치, 화력, 기동전력 등을 융합하여 운용할 수 있다. 사단은 기동의 기본제대로서 여단 및 여단전투단들이 기동, 화력, 전자기 스펙트럼 작전, 항공지원작전 등 기본적인 다영역부대의 융합을 시행 및 감독한다. 또한, 교차영역 화력과 독립적인 기동을 통해 적을 압도하거나 공세작전을 확장해나가기 위해 여단들을 동시적으로 운용한다. 여단은 전자전, 중규모 항공작전, 사이버 공격 및 공세적 우주통제 등의 능력을 기동에 통합하여 운용해야 한다. 독립여단들은 72~96시간 동안 공세적 작전을 수행할 수 있는 능력을 갖추게 됨으로써, 지휘관의 의도 범위 내에서 결정적인 전술적 성과를 달성할 수 있다.

전과 확대는 전략목표 달성에 유리한 군사적 상황을 조성함으로써 완성된다. 신속한 전과 확대는 전략·작전적 비용을 최소화하고 적대국이 그들의 시스템을 재통합하지 못하도록 하며, 점령지역에서의 성과를 강화할 수 있게 한다. 그러나 핵무기로 무장한 거의 대등한 수준의 적대국은 재래식 전력이 심각한 수준으로 저하되더라도 여전히 위협으로 남아 있을 만큼 응집력과 능력을 보유하고 있다. 만일 정치적 협상이 연장된다면 적대국은 외교적 이점을 확보하고, 우군이 달성한 성과를 훼손하기 위해 비정규전 및 정보전과 함께 제한된 재래전을 재개할 것이다. 그래서 합동군은 적대국의 작전목표 달성을 거부하는 정도로는 불충분하며, 우군의 전략목표를 달성하기 위한 유리한 조건에서 경쟁의 단계로 회귀할 수 있어야 한다.

합동군과 협력국은 분쟁 단계에서 달성한 군사적 이점을 유지하고 강화하기 위해 재경쟁을 시작해야 한다. 핵 능력을 보유하고 있는 동급의 적대국을 무력으로 정복할 가능성은 크지 않기 때문이다. 오히려 유리한 여건에서 정치적 협상을 통해 몇 가지 유형의 경쟁으로 회귀하거나 현 상황을 유지한 채 분쟁을 해결하는 방안이 현실적이라고 판단한 것이다. 미국은 달성된 성과를 공고히 하고 적이 더는 무력분쟁을 시도하지 않을 때까지 계속된 억제력을 제공해야 한다. 육군은 지속 가능한 결과물을 산출하기 위해 물리적으로 지형과 주민을 확보하고 장기적 억제를 구현할 수 있는 조건을 형성하며, 새로운 안보환경에 적합한 부대태세를 유지한다.

미국은 무력분쟁에서 전면전을 통한 분쟁의 해결을 종결하기보다는 경쟁으로 회귀함으로써 작전적 성공을 전략적 성과로 확대하고, 달성한 성과의 강화, 우군 부대의 재편성, 협력국의 능력 증강을 통해 새로운 무력분쟁의 발생을 억제한다는 전쟁 수행방식을 모형화한 것이다. 미국에 유리한 새로운 안보환경에 성공적으로 적응하게 함으로써 미국의 전략적 위상이 전반적으로 향상되기를 추구하는 방식이다.

미 육군의 다영역작전은 군사지도자에게 중국과 러시아의 A2/AD 시스템을 격퇴할 수 있는 근본적으로 새로운 방식의 작전 수행 모형을 보여준다. 합동군은 융합을 통해 육군이 수적으로 열세한 상황에서도 적 군사 시스템의 취약점을 공격할 수 있게 하고, 적의 A2/AD 시스템을 돌파 및 와해시킬 수 있도록 해준다. 그러나 융합은 달성하기가 쉽지 않다. 미 육군본부는 다영역 지휘통제를 수행할 수 있는 기술·지성·교리적 수단을 갖추어야 할 뿐만 아니라 다영역작전을 수행할 수 있도록 혹독한 합동 및 연합훈련이 필요하기 때문이다.

이상에서 논의된 사항들을 종합해보면 다영역작전만의 새로운 특징을 확인해볼 수 있다. 첫째, 다영역작전은 미국이 '테러와의 전쟁'이라는 개별 또는 소규모 집단의 분란전에 맞추어진 작전 중점을 미국과 대등한 수준의 잠재적 적국인 중국과 러시아를 대상으로 한 대규모 작전 수행 개념으로 전환했다는 점이다. 미 제병협동사령관 런디(Michael Lundy) 장군이 강조한 "육군이 분란전에서 다영역 및 대규모 전투부대로 역량(인력, 장비, 조직, 훈련)을 전환함으로써 다영역작전 환경에서 대등한 적들과 경쟁하고 필요시 대규모 작전에서 우위를 확보해야 한다"(한종훈, 2019, p. 11-2)를 실체화한 셈이다.

둘째, 다영역작전은 작전의 기본 틀을 새롭게 구상했다. 대등한 수준의 적대국들은 전 영역에서 미국과 교착상태를 이루어 분쟁지역으로 미군의 접근을 거부 및 차단할 수 있게 되었다. 그래서 지금까지의 '종심-근접-후방지역'이라는 연속적인 물리적 전장편성만으로는 작전목표를 달성하기가 어렵다고 판단한 것이다. 따라서 시간, 영역, 공간, 행위자 등 네 가지 측면에서 전장 공간이 확대된 새로운 작전구상의 기본 틀이 요구되었다고 볼 수 있다(육군 교육사령부, 2019, p. 9-4). 즉 후방지역을 전략·작전·전술적 지원지역으로, 종심지역을 종심기동지역, 작전적 종심화력지역, 전략적 종심화력지역으로 확장하고, 우주·사이버·전자기 스펙트럼·정보환경의 비물리적 영역을 새롭게 포함했다.

셋째, 다영역작전은 새로운 작전의 원리를 제시하고 있다. 정밀히 조정된 부대태세, 다영역부대, 융합의 원리가 그것이다. 정밀히 조정된 부대태세는 전 지구적으로 분산된 미군을 적시에 투사하고 운용하기 위한 준비태세로서 전진배치군과 원정군 운용, 우주·사이버·특수부대 등 국가 수준의 역량 활용, 작전 수행에 필요한 협력국과 동맹국의 권한 위임 및 승인과 관련되어 있다. 다영역부대는 혹독한 작전환경에서 생존성을 유지하며, 상급부대 지원 없이 상당기간 결정적 공간에서 독립기동 능력을 발휘하여 전투력을 집중할 수 있는 부대다. 또한, 전 영역에서 살상·비살상 화력을 통합하여 운용할 수 있는 교차 화력 운용능력을 보유하고 있다. '미 육군은 2028년 미래 다영역작전이 가능한 군 건설, 2035년 다영역작전이 준비된 군 건설이라는 목표를 달성'하고자 한다(한종훈, 2019, p. 11-10). 융합은 교차영역 시너지와 다중옵션을 통해 적을 압도할 수 있는 효과를 발휘할 수 있도록 모든 영역과 전자기 스펙트럼, 정보환경작전 영역의 능력을 신속하고 지속해서 통합할 수 있는 능력을 의미한다(육군 교육사령부, 2019, p. 9-5). 교차영역 시너지는 영역을 교차하면서 다중으로 공격하는 형태로, 합동군에게 선택 가능한 여러 가지 방안을 창출해줌으로써 우군의 작전을 강화하는 반면 적에게 대응하기 어려운 복잡한 상황에 직면하게 만드는 효과를 의미한다. 즉 다양한 영역에서 합동능력을 통합함으로써 적보다 우위를 차지하고, 교차영역의 전력들을 융합하여 적의 체계를 자극함으로써 스스로 노출되게 하고, 이를 탐지·타격함으로써 적들이 다시 교착상태를 조성하지 못하게 파괴한다는 작전수행 방식이다(황종훈, 2019, p. 7-2).

넷째, 다영역작전은 기존 전역 6단계 모델과는 다른 경쟁-무력분쟁(돌파, 와해, 전과 확대)-경쟁으로의 회귀라는 단계화 개념을 적용하고 있다. 기존까지 미국은 대규모 작전에서 전략목표 달성을 위해 여건조성-억제-주도권확보-전장지배-안정화-정부통치지원이라는 전역모델을 적용했다. 다영역작전은 핵 능력을 보유한 대등한 수준의 잠재적 적국과의 전쟁에서 기존처럼 일방적인 승리를 달성하기 어렵다고 전제하고 '전면전에 못 미치는 수준에서 분쟁을 해결하고, 조성된 유리한 여건에서 경쟁으로 회귀함으로써 현상을 유지(status quo)하는 선에서 분쟁을 관리하겠다는 의도로 분석된다.

이러한 맥락에서 합동전영역작전은 합동군이 미국과 대등한 적대국과의 경쟁·위기·분쟁 상황에서 어떻게 군사작전을 시행하고 종결할 것인가에 대한 접근방법이다. 즉 미 합동군이 모든 영역에서 행동의 자유를 보유하고, 적대국에 자신의 의도를 강요하며, 전략적으로 유리한 이점을 차지할 것인가에 대한 개념이며, 분쟁 시에는 모든 전역의 첫 전투에서 승리하면서 분쟁의 전 지구·전략적 확산을 방지하는 방식이다(U.S. Headquarters, Department of the Army, 2021, p. 4).

3) 합동전영역작전의 핵심 요소

미 국방성은 합동전영역작전의 원칙을 전투실험, 워게임, 연습 등을 통해 다음과 같이 정립했다(U.S. Air Force·Space Force, 2021, pp. 1-2). 미래 작전환경에서 성공에 필요한 행동의 자유를 확보하기 위해 합동군이 전 영역에 걸쳐 탐지, 계획, 결심, 행동에 필요한 핵심 요소를 규정한 것이다. 첫째는 임무형 지휘(mission command) 원칙이다. 집권화된 지휘, 분산된 통제, 필요시 임무형 명령을 통한 분산된 작전 실행을 의미한다. 둘째, 요구 시 하위제대·타 구성군사·군 지휘관에 권한의 위임원칙이다. 합동전영역작전은 임무의 성격에 따라 최적의 능력과 작전부대, 지휘관이 수시로 조합되고 편성되어야 한다. 셋째, 정보의 공유 원칙이다. 합동전영역작전에 참가하는 모든 부대는 공유된 임무, 표적, 능력들의 활동에 대한 실시간 공유 체계를 유지할 수 있어야 한다. 넷째, 통합된 다영역작전 계획수립 원칙이다. 확장된 전투공간의 활용과 전 영역을 교차하는 작전의 특성상 계획의 집권화는 필수적인 요소다. 다섯째, 위험의 식별과 완화의 원칙이다. 합동전영역작전은 무력분쟁 아래 단계에서 분쟁을 해결하는 데 목적으로 두고 있어서 위험을 규정하고 무력분쟁으로 확산을 방지하는 것은 중요한 요소다. 여섯째, 상승효과의 원칙이다. 미국과 대등한 수준의 적은 전 영역에서 상호 교착상태를 형성하여 행동의 자유를 상쇄하고 있으므로 합동전력을 활용한 기회의 창을 만들기 위해서는 교차영역 상승효과를 활용할 수밖에 없다. 일곱째, 융통성과 다재다능성의 원칙이다. 합동전영역작전은 확장된 영역에서의 변화를 다 예측할 수 없으므로 최초의 계획대로 진행된다고 보기 어려우며, 다영역작전부대는 임무의 성격에 따라 합동 전력의 조합과 해체가 수시로 변경될 수밖에 없으므로 다재다능성을 갖추어야 한다. 여덟째, 집중의 원칙이다. 경쟁의 단계에서 상대적 우세를 달성하기 위해서는 각 군의 강점을 최대한 통합시켜야 한다. 신속한 탐지와 결심, 통합된 조치가 전투력 운용의 상승효과를 극대화할 수 있어야 한다.

합동전영역작전의 성공에 요구되는 것은 적에게 지속적 또는 동시적으로 다중의 딜레마 상황을 부여하도록 전 영역에서 전 지구적으로 효과를 융합하는 능력이다. 타 영역에서 능력의 통합은 단일 영역에서 쉽게 얻을 수 없는 효과를 증진하고, 취약점을 보완해주며, 생산적 결과를 창출하는 데 상승작용을 한다. 복합 딜레마 상황을 부여함으로써 아군의 작전 템포에 적이 대응하지 못하거나 복잡하게 만들고, 미 합동군이 적의 결심주기 안에서 작전을 할 수 있게 해준다.

합동전영역작전의 기본원칙을 고려하면, 전 영역과 모든 구성군사령부를 포함하는 확장된 지휘통제(C2)가 필수적인 요소다. 분산된 탐지체계, 타격체계, 전 영역 데이터가 연결됨으로써 모든 부대가 규모별 임무형 지휘가 가능하고, 급변하는 전장공간에서 통합된 계획수립을 위한 권한의 조정, 모든 영역에서 효과의 융합을 보장할 수 있기 때문이다. 전 영역에서 효과의 융합을 달성하기 위해서는 다중영역에서 동시화할 수 있는 신축성·생존 가능성을 갖춘 분산된 지휘통제, 지휘관 의도의 공유와 노력의 통합, 작전환경의 이해 공유, 전 지구적·지역별 통합 전략의 운용과 효과적 지휘관계 형성 능력, 정보공유와 분산된 지휘결심, 평가가 통합된 데이터 네트워크, 민첩하고 탄력성 있는 작전수행과 제대별 권한 위임 등을 핵심 요소로 규정한다(미 국방부, 2020, p. 5).

미 국방성은 합동전영역작전의 핵심요소인 지휘통제체계를 구축하기 위해 합동전영역지휘통제(JADC2) 사업단을 편성하여 개발에 박차를 가하고 있다(미 국회조사보고서, 2022a, b, p. 1). 지휘(Command), 통제(Control), 통신(Communications)을 묶어서 C3 + 컴퓨터(Computers) + 정보(Intelligence), 감시(Surveillance), 정찰(Reconnaissance) 체계를 하나의 통합망으로 구축하는 인공지능(AI) 기반 C4ISR 구축사업인 셈이다.

미국 방위고등연구계획국(이하 DARPA)은 합동전영역지휘통제를 활용한 전쟁 수행의 양상을 모자이크전(mosaic warfare)으로 형상화하면서, 모자이크전을 '결심중심전(decision-centric warfare)'이라고 칭했다. 즉 인간에 의한 지휘와 인공지능에 의한 통제를 활용하여 임무에 최적화되도록 분산된 아군전력을 구성하거나 재구성함으로써 아군에게는 민첩성과 융통성을 제공하고, 적에게는 대응의 복잡성과 불확실성을 가중함으로써 적보다 빠른 결심과 행동으로 분쟁을 해결하는 전쟁 수행 방식이다(DARPA, 2021, pp. 1-17).

　　미래의 전쟁은 전 영역에서 군사력의 통합운용이 필수적이다. 과업별로 정해진 무기체계나 지정된 부대가 작전을 수행하는 고정된 형태의 전투력 운용에서 벗어나 위협의 성격에 따라 대응에 최적화된 합동능력을 선택적으로 조합하여 민첩하고 신속하게 작전을 수행한다. 고정된 형태에서는 하나의 부대가 기능을 상실하면 전체적인 임무 수행이 불가능하게 되지만, 선택적 조합이 가능한 모자이크전에서는 다양한 형태의 대체 부대들을 활용할 수 있게 됨으로써 항시적인 작전수행이 가능하다. 이렇게 함으로써 협조, 경쟁, 무력분쟁 등 '경쟁의 연속체'로 묘사되는 강대국 간의 전략적 관계에서 늘 상대적 우세를 달성하기를 원한다. 과학기술군으로서 세계질서를 유지해온 미국의 다음 세대 전쟁 수행방식으로 적합해 보인다.

제3절
한국군 적용상 문제점 분석

한국의 군사전략은 북한의 위협, 잠재적 위협, 그리고 비군사적 위협에 동시에 대비하기 위한 것이다. 군사전략 목표는 "외부의 도발과 침략을 억제하고 억제 실패 시 최단시간 내 최소 피해로 전쟁에서 승리를 달성하는 것"이다(대한민국 국방부, 2018, p. 36). 이를 위한 전략 개념은 한·미 동맹을 기반으로, 주도적인 억제·대응능력을 갖추고, 북한의 위협에 대해서는 도발과 침략을 억제하며, 억제 실패 시에는 최단시간 내 최소 피해로 전쟁을 조기에 종결하는 데 있다. 잠재적 위협에 대해서는 주변국과 협력을 통해 유리한 전략환경을 조성하고, 억제능력을 강화함으로써 분쟁을 예방하고자 한다. 비군사적 위협에 대해서는 국내외 국민 보호를 위한 군사적 대비와 정보공유 및 공동대응태세를 구축하여 위협을 예방하고 사태 발생 시에는 신속한 대응으로 조기에 안정을 회복한다는 개념이다.

군사력 건설은 북한 및 잠재적 위협을 포함한 전방위 안보위협에 유연하게 대응할 수 있는 군사력 건설을 목표로 한국군 주도의 연합작전 수행능력 구비, 사이버·우주 위협에 효과적으로 대응할 수 있는 능력과 작전 수행체계를 구축하고, 테러, 국제범죄, 재해·재난 등 비군사적 위협에 대응하기 위한 군사적 지원체계를 보강하는 방향이다.

군사전문가들이 예측하는 미래전의 특징은 효율성, 통합성, 신속성, 비살상과 경제적 효과라고 규정한다(육군 교육사령부, 2019, pp. 95-96). 효율성은 최소의 노력으로 최대의 효용을 추구한다는 의미다. 통합성은 육군, 해군, 공군에 의한 개별 작전의 개념이 희석되고 임무별 최적의 조합을 갖춘 합동작전이 주가 된다는 점이다. 연합 및 합동작전이 가능한 C4ISR+PGM[15] 체계를 통한 지휘통신 및 타격 복합체가 융합되어 정보지식이 자유롭게 유통되는 구조다. 그러므로 실시간 지휘-결심-타격이 가능한 네트워크 기반의 전장이 조성된다. 신속성은 인공지능, 자율무기체계를 통해 빠른 전투가 수행되고, 최적화된 전력 편성으로 신속한 임무 수행이 급증하는 현상을 의미한다. 비살상과 경제적 효과는 전투의 결과뿐만 아니라 인도·정치·외교·사회적 결과도 전쟁 승리의 중요한 요소로 작용함으로써 비살상·비파괴의 전투를 지향하게 된다는 뜻이다.

이러한 맥락에서 미래전은 적 군사력의 파괴보다는 적의 의지를 분쇄하는 데에 초점을 맞춘 전투, 최소의 투입으로 최대의 성과를 얻는 경제성 중심의 전투, 최소의 핵심표적만을 타격함으로써 인명피해를 최소화하는 전투 양상이 될 것이다.

합동전영역작전에서 예측한 미래전의 양상이 한반도의 미래전 양상과 같을 것이라고 단정하기 어렵다. 가상 적국의 의도나 능력이 다르고, 정치·경제·사회·문화적인 특징도 다르며, 과학기술의 진보 속도나 능력도 다르기 때문이다. 미국이 예측한 2050년대 미래전의 양상은 다양한 작전공간을 넘나드는 다영역작전, 인간·드론봇·AI가 결합된 유·무인 복합전, 위협의 근원을 최단시간 내 제거하는 형태의 비대칭전 등으로 정리해볼 수 있다(육군본부, 2020, p. 29).

합동전영역작전은 기존 지상·해상·공중 영역 중심의 작전 틀과는 다르게 우주·사이버·전자기 스펙트럼 영역까지를 포함한 물리·인지적 개념의 작전 틀

---

15 C4ISR+PGM: 지휘(Command)·통제(Control)·통신(Communication)·컴퓨터(Computer), 정보(Intelligence)·감시(Surveillance)·정찰(Reconnaissance) + 정밀유도무기(Precision Guided Missile)의 복합체계를 의미한다.

을 적용하면서 우주와 사이버 영역을 포함한 전장 공간의 확장을 전제로 한다. 미래에 우주 영역은 지금까지의 통신 및 정찰위성, 탄도미사일 운용 등의 제한된 수준을 뛰어넘어 우주공간을 이용한 대륙 간 병력수송, 우주 태양풍 기상 무기, 공격용 위성, 에너지 무기 위성 운용 등 핵심적인 전장 공간이 될 것이다(육군본부, 2019, p. 58). 사이버와 전자기 스펙트럼 영역은 미래 대부분의 사물이 지능화되어 '초지능·초연결 사회'로 발전하는 핵심 영역이 된다. 전투원과 전투로봇, 전투장비들이 통합망으로 네트워킹되고, 인공지능 기반의 군사작전이 하나의 네트워크 시스템 내에서 자동으로 연동되는 체계이기 때문이다.

제4차 산업혁명 시대 급속한 과학기술의 발전을 고려해볼 때, 육·해·공군이 군간 경계를 넘어 임무의 성격에 따라 부대를 자유롭게 조합하여 지상, 해양, 공중, 우주, 사이버, 전자기 스펙트럼 영역을 자유롭게 교차하며 다영역작전을 수행할 수 있다는 미국의 합동전영역작전 시행은 시간의 문제라고 생각된다.

자율무기체계(AWS) 중심의 유·무인 복합전은 인간 대 인간의 충돌이었던 지금까지의 전쟁과 달리 로봇 대 로봇 또는 인간과 로봇이 혼합된 형태의 전투 양상이 펼쳐질 것이다. 스스로 판단하고 자율적으로 행동하는 무기체계(autonomous weapon system)가 인간을 대신하여 작전을 수행하고 인간은 후방에서 지휘통제 및 지원하는 역할의 전환이 이루어진다(육군본부, 2019, p. 60).

새로운 형태의 비대칭전은 초연결된 다양한 초지능 무기체계를 전 영역에서 동시·통합적으로 활용한 비정형·비선형의 전투 수행을 의미한다. 적의 전략적 중심을 신속히 파괴하여 전쟁을 종결 지음으로써 인적, 물적 피해를 최소화할 수 있다. 또한, 무기체계에 있어서 사거리와 정확도, 치명성에 제한을 받지 않게 됨으로써 전·후방 지역, 전투원·비전투원의 구분이 없어진다. 분산된 핵심표적 중심으로 작전이 수행됨으로 요망효과에 따라 다양한 수단과 방법을 조합하여 운용한다는 점에서 '하이브리드전(hybrid warfare)'[16]이라고 할 수 있다.

---

16 사전적으로 서로 다른 성질을 가진 두 가지 이상의 요소가 뒤섞여 이루어지는 전쟁을 의미한다.

위와 같은 미래전 양상은 다분히 군사과학기술의 진보에 편중되어 있다는 비판을 받을 수 있다. 전쟁은 정치적 목적이 다른 인간들의 투쟁이 본질이고, 군사과학기술은 목적 달성을 지원하기 위한 수단에 불과하므로 첨단과학 무기가 전쟁의 양상을 변경시킬 수는 있지만, 전쟁의 본질을 변경시킬 수는 없다고 여기기 때문이다. 아무리 우수한 첨단무기를 보유하고 있을지라도 인간의 의지를 지배하기는 쉽지 않다. 싸우려는 의지가 없는 사람들에게 고가의 첨단무기는 그저 살상의 수단에 그칠 수도 있다. 또한, 경쟁 평등화 시대로의 진입은 상호 공멸할 수 있는 전쟁을 최대한 피하려 할 것이다. 동등한 능력을 갖춘 핵무기를 보유한 강대국끼리는 무력충돌보다 정치적 타협을 선택하는 것이 더 나은 결과를 가져올 수도 있기 때문이다.

합동전영역작전이 미래전을 선도하는 개념이라면, 한반도에서의 미래전과 한국의 전쟁 수행방식을 결정하기 위해서는 합동전영역작전의 핵심요소를 이해하고 이들을 어떻게 적용할 것인지를 검토할 필요가 있다. 한반도의 평화유지는 한미연합방위체제를 토대로 유지되고 있다. 따라서 미국의 전쟁 수행방식은 동맹국인 한국에게는 핵심적인 고려사항이다. 이는 장차 한국의 군사력 운용과 건설 방향의 지표가 될 뿐만 아니라 동맹국의 역할 강화와 상호운용성 보장 측면에서 핵심적인 요소가 될 수 있기 때문이다.

미국은 합동전영역작전에서 전면전을 구상하지 않는다. 경쟁 또는 무력분쟁의 단계에서 전면전으로 확산을 막고, 정치적 협상을 통해 분쟁을 해결하고, 유리한 조건에서 경쟁 관계를 유지하는 데 목적이 있기 때문이다.

이 절에서는 미국의 합동전영역작전이 대상 연도로 선정한 2050년까지의 작전환경변화와 미래전 양상 예측을 기반으로 한국의 작전환경과 위협인식의 변화, 군사전략, 한국작전전구의 전역구상을 진단해보고, 미국과 한국의 공통점과

기존의 재래식 무기와 더불어 다양한 수단을 활용하여 상대를 공격하는 전쟁형태를 의미한다. 군사적 수단과 비군사적 수단이 결합된 형태의 전쟁이라고 일컬어진다.

차이점을 식별함으로써 한국의 미래전 수행 개념의 문제점을 분석하고자 한다.

1. 한반도 작전환경의 변화

합동전영역작전의 작전환경 예측이 한국의 작전환경 변화와 일치되지는 않는다. 국가가 처해 있는 국제적, 지역적, 국내적 정치·군사·경제·사회·정보·기반시설 면에서 고유성, 다양성, 차별성 등 다양한 변수들이 작용하기 때문이다. 그렇다 하더라도 한국이 맞이할 작전환경이 미국의 예측과 전혀 다를 것이라고 보는 시각도 경계할 필요가 있다. 미래의 작전환경은 세계화가 보편화해서 국가 간의 상호의존성이 높으며, 국제적으로 상호 연계되지 않는 분야들이 거의 없어지기 때문이다. 변화에 걸리는 시간과 과정, 수준과 범위, 방법과 인식 측면에서 정도의 차이는 보이겠지만 전체적인 흐름은 같은 경향을 보일 것이기 때문이다.

미국은 미래 작전환경을 예측하면서 '가속화된 인류 진보 시대'인 2017~2035년과 '경쟁 평등화 시대'인 2035~2050년으로 구분했다. 이에 따라 미 국방성은 2028년까지는 한 개의 전역에서 다영역작전 수행이 가능하고, 2030년 이후에는 모든 전역에서 합동전영역작전 수행이 가능한 군사력 건설계획을 추진하고 있다(한종훈, 2019, p. 22-2).

한국군의 작전환경 예측은 육군본부가 발행한 『육군비전 2050』이 다영역작전 기간과 일치함으로 공통점과 차이점을 식별해볼 수 있다. 미래는 본질에서 불확실성·복잡성·가변성 등으로 인해 실제 어떻게 전개될지 누구도 장담할 수 없다. 그러나 분야별 전문가들의 의견을 모아보면 일관된 흐름을 통찰할 수 있다.

국제질서 변화 측면에서, 세계질서는 미·중 경쟁이 지속하는 '현 추세의 가속화' 시나리오가 유력하다. 중국의 국제적 영향력이 증대되고 한반도에 대한 중국의 개입과 인접 국가들과의 이해관계 충돌이 증대될 수 있다.

과학기술의 발전 측면에서, 인공지능·로봇·뇌과학 등 제4차 산업혁명의 기술이 심화하여 초연결·초지능 사회가 도래함으로써 인류의 삶이 새로운 형태로 진화할 것이라는 '대혁신의 도약' 시나리오가 유력하다.

사회 및 자연환경의 변화 측면에서, 비국가 행위자에 의한 테러 및 사이버 침해, 분란전 등의 위협이 증가하는 '긴장의 수평' 시나리오가 우선시된다. 한국 사회는 초저출산·초고령화가 지속하여 생산가능인구와 병력 자원이 부족해질 것이며, 기후변화로 인한 재해·재난 발생과 사회 불안정 가능성이 커질 것으로 보인다.

국제질서의 중심이 인도·태평양 지역으로 이동하면서 주변국 간 경제적 협력과 상호의존성이 높아지고 있다. 동시에 초국가·비군사적 안보 문제로 인한 지역 간 갈등과 분쟁의 가능성은 커질 것이다. 동북아시아 지역은 미국, 중국, 일본, 러시아의 전략적 이익이 상호 교차하는 곳이기 때문이다. 이 지역은 한반도 비핵화, 영토 분쟁, 역사문제, 군비경쟁 등 주변국 간 이익이 충돌하면서 전통적 갈등 요인이 이어지고 있다.

미국은 아시아 지역에서 패권 국가로 부상할 가능성이 있는 나라로 중국·러시아·인도를 염두에 두면서 수정주의 국가로서 중국을 가장 큰 도전 세력으로 간주한다. 따라서 동북아시아 지역에서 미국과 중국 간의 갈등이 심화할 가능성이 크다고 하겠다. 특히 한반도는 주변국 간의 전략적 이익이 교차하고 대립하는 지정학적 위치 때문에 갈등과 분쟁이 국제적 대리전 형태로 확산하는 '연루와 방기'의 딜레마에 빠지기 쉬운 환경에 있다.

중국은 군의 현대화와 동시에 효율성 높은 합동작전 지휘체계 구축을 추진하고 있다. 시진핑 주석은 세계 강군 건설을 위해 2035년까지 국방·군대 현대화 실현, 21세기 중반까지 세계 인류군대를 건설하는 로드맵을 제시했다(김영준, 2019, p. 4). 5대 전구 중 북부전구는 만주 일대뿐만 아니라 한반도와 근접한 산둥반도를 포함하며 유사시 한반도 및 러시아 지역에서의 군사충돌 방지와 대응 임무를 수행한다. 북부전구 예하의 해군(북해함대)은 동해와 태평양을 작전지역으로 하여 한반도 유사시 신속한 군사개입 가능성을 내재하고 있다. 다영역작전에서 기술했듯이 중국의 A2/AD 전략은 한반도의 서해를 중국의 내해로 간주하고 있어서 동북아 지역에서 분쟁이 발생한다면 한국의 영토 주권과 직접 충돌할 가능성이 커 보인다(육군본부, 2020, p. 21).

중국은 미·중 패권경쟁은 물론 대만의 분리 독립 문제, 홍콩 민주화 시도, 티베트 독립운동, 위구르족 탄압, 센카쿠열도/댜오위다오 영토 분쟁, 북방 4도(쿠릴열도) 영토 분쟁, 독도·이어도 영유권 주장, 중·러 군용기의 한국방공식별구역(KADIZ) 무단침입 등 수많은 분쟁 요인을 보유하고 있는 점을 고려할 때, 미래 한반도 작전환경에 가장 심대한 영향을 미칠 것이다.

일본은 자위대의 역할을 강화하고 있다. 자국의 존립에 위협이 된다고 판단되는 경우에는 직접적인 무력공격이 없더라도 집단 자위권을 발동하여 무력을 행사할 수 있도록 안보법을 개정했다. 일본에 심각한 영향을 미치는 사태라고 판단되는 경우 미군뿐만 아니라 타국 군에도 지리적인 제한 없이 급유와 탄약 지원 등 후방지원이 가능하도록 한 것이다. 재외 일본인에 대한 자위대의 구출활동, 주둔 미군과 외국군에 대한 방호, 국제평화 유지 활동에서 안전 확보 및 출동경호 임무 등 자위대의 임무와 활동 범위를 확대했다(국방부, 2022, p. 15). 일본은 분쟁 발생 시 전쟁 및 무력사용을 합법화할 수 있도록 평화헌법을 개정하여 자위대를 군대로 격상시키고, 미국과의 전략적 유대관계를 확고히 하는 등 중국을 견제하고, 아시아에서 영향력 확대를 시도하고 있다.

한국과 일본의 관계는 민족 정체성과 역사적 경험에 기반을 두고 있어서 현실주의나 자유주의 관점에서 접근하기가 제한된다. 장기간에 걸쳐 형성된 상호 불신과 정리되지 않은 과거사, 일본의 폐쇄적 성향 등을 고려해볼 때, 양국 간 전략·군사적 협력관계의 발전은 한계가 있으며 긴장과 견제가 양존할 것이라는 평가다(육군본부, 2020, p. 22).

러시아는 '강한 러시아', '신동방정책'을 통해 에너지 패권 국가로서 부상을 추진하고 있다. 러시아의 동북아 정책은 동북아 지역에서 영향력을 회복하고 경제적 실익을 추구하기 위한 것으로 에너지 및 철도 분야의 경제협력을 확대하고

자 한다. 풍부한 자원을 보유한 러시아로서는 새로운 판매시장으로서 동북아를 전략적으로 활용할 필요가 있는 것이다. 러시아는 미국 주도의 세계질서 속에서 자신의 국제적 영향력을 확대하기 위해 중국과의 협력관계를 강화하고 있다. 중국과 2011년에 체결한 '전면적 협력 동반자 관계', 2019년 '신시대 전면·전략적 동반자 관계'로의 격상 등이 유대관계 강화 노력의 일환이라고 볼 수 있다. 러시아와 중국의 협력관계 강화는 미·일 동맹에 대응하기 위한 수단이 될 수도 있다. 러시아는 남·북한 동시 수교국이라는 지위를 활용하여 한국과는 경제적 접근 전략을, 북한에 대해서는 정치적 차원에서 전략적 협력관계를 강화해나갈 것으로 생각된다.

북한은 지속해서 남북관계 개선 필요성을 주장하면서 상황 변화와 정치적 목적에 따라 군사적 긴장 조성 등의 방식으로 한국 정부의 대북정책 전환을 유도해왔다. 북한은 2017년 11월 핵 무력의 완성을 선언하고 국제사회의 고강도 대북 제재에도 불구하고 핵·경제 병진 노선을 추진하고 있다. 현재 한반도의 비핵화는 여전히 답보 상태에 머물러 있다. 북한의 비핵화 문제는 한반도 질서와 주변국과의 관계에 주요변수로 작용할 수밖에 없다. 북한이 비핵화를 수용하게 된다면, 남·북 및 북·미 관계가 개선되고 나아가 북한의 경제발전이 추진되어 한반도 정세는 평화체제와 평화통일을 모색하는 새로운 국면을 맞이할 것이다. 반대로 북한이 비핵화를 수용하지 않는다면, 북한에 대한 국제적 제재는 강화될 것이며, 이를 타결하기 위한 고강도 도발이 발생할 가능성이 커질 수밖에 없다. 북한 지도부에 의한 위기관리가 실패하고 북한 내부에 다양한 형태의 불안정 사태가 발생한다면 붕괴에 처한 김정은 체제가 어떤 선택을 할지 누구도 예단하기 어렵다. 더군다나 한반도 주변 4강이 자국의 이익이나 동아시아에서의 영향력 확대를 두고 상호 대립과 갈등이 심화한다면 북한은 또 다른 전략적 모험을 감행할 수도 있다(육군본부, 2020, p. 24).

다영역작전에서 제시한 작전환경은 러시아와 중국의 A2/AD 능력의 향상에 초점이 맞추어져 있지만, 한국의 경우는 대치하고 있는 북한과 주변 3강의 의도와 능력 변화에 연계되어 있어 복잡하고 단정하기가 어렵다. 공통점은 중국과 러시아의 영향력 증대가 한반도의 작전환경 변화에 핵심적인 영향요소가 될 수 있다는 점이다. 중국에 대한 미국의 위협인식은 한·미 동맹의 역할과 작전의 성격을 근본적으로 변화시킬 수 있기 때문이다.

2. 한반도 전구 작전 수행체제

한반도는 정전상태로 반세기 이상을 지나고 있다. 정전협정은 전쟁을 수행 중인 교전 쌍방 군사령관들 사이에 상호 전투 등 적대행위나 무장행동의 일시·잠정적 중지 등에 관해 합의하는 순수 군사적 성격의 협정이다. 정전 또는 휴전이란 교전자들 간에 합의된 적대행위의 일시적인 중지(a temporary cessation of hostilities agreed to by belligerent)를 의미한다. 전쟁을 수행 중인 쌍방 군사령관 사이에 체결한 정전협정은 국제규범·조약·협정으로서 지위를 갖는다. 국제법적으로 정전협정은 '전쟁의 법적 지위(legal status of war)'에 영향을 미치지 않으며 정전에 관한 합의에서 명시되지 않은 다른 모든 관련 사항에 있어서는 전쟁을 지속할 수 있다.[17] 정전협정의 체결이 법적으로 전쟁의 종결을 의미하는 것이 아니기 때문이다. 한반도 정전체제는 한반도 군사질서를 규율하고 있는 국제규범으로서 기능하고 있다. 남·북한은 정전협정에 따라 적대행위를 제어하고 무력충돌 발생 시 유엔사와 북한군 간 협의를 통해 위기관리와 확전을 방지하며, 남·북한 간 교류협력도 추진하고 있다.

한국은 한·미 연합방위체제를 근간으로 모든 위협에 적시적으로 대비할 수 있는 군사대비태세를 유지하고 있다. 그러므로 한반도 미래전 양상을 예측하고 승리할 수 있는 작전 수행을 보장하기 위해서는 동맹의 위협인식 및 작전수행 개

---

17 이상철, 『한반도 정전체제』(서울: 한국국방연구원, 2012), pp. 9-10.

넘에 대한 공감대가 형성되어야 한다.

한·미 연합사령관은 유사시 한국방위를 위한 작전지휘의 권한을 가지고 있으므로 정전 시에도 작전통제에 필수적인 권한과 책임을 보유하고 있다. '연합권한 위임사항(CODA: Combined Delegation Authority)'을 통해 전쟁 억제, 방어, 정전협정 준수를 위한 한·미 연합위기관리에 대한 책임과 권한을 의미한다. CODA에 따라 지정된 한국군 부대에 대해 지시할 수 있는 분야는 한·미 연합위기관리, 전시 작전계획 수립, 한미연합군 합동교리 발전, 한·미 연합훈련·연습의 계획 및 실시, 조기경보를 위한 한·미 연합 정보관리, C4I 상호운용성 등이다.

미국은 2001년 9·11 테러 사태 이후 해외 주둔 군사력의 재배치(GPR: Global Posture Review), 군사변혁, 전략적 유연성 확보 등을 통해 테러와의 전쟁을 수행하면서 동맹국들의 역할 확대를 촉구했다. 또한, 한국의 경제성장과 군사력의 현대화, 독자적인 전쟁 수행 역량 증진에 따라 2006년 10월 제38차 SCM에서 '한국군이 주도하고 미군이 지원하는 공동방위체제를 구축한다는 동맹 군사구조 로드맵과 이행계획서를 채택했다. 이후 2007년 2월 23일 한·미 국방장관회담에서 '2012년 4월 17일에 전시 작전통제권을 한국군에 전환'하는 것을 합의했다. 그러나 2009년 북한의 장거리 미사일 발사 및 2차 핵실험, 2010년 천안함 피격사건 등 북한의 군사적 위협 증대로 한반도 안보환경이 크게 악화했다. 이에 따라 전시 작전통제권 전환 시기의 조정이 필요하다는 국민 여론의 증가와 한국군의 미래 군사능력 구비가 충분하지 못하다는 분석을 통해 전환 시기의 조정이 검토되기 시작했다. 이러한 상황을 고려하여 2010년 6월 27일 한·미 정상은 전시 작전통제권 전환 시기를 2012년 4월 17일에서 2015년 12월 1일로 조정하기로 합의했다. 변화하는 북한의 위협에 주목하면서 연례 SCM과 MCM의 회의를 통해 '전략동맹 2015'의 이행상황을 주기적으로 평가·점검하여 전작권 전환 과정에 반영해나갈 것을 합의했다. 즉 지속하는 북한의 핵무장과 미사일 도발 등 현실적 위협을 고려하여, '조건에 기초한 전작권 전환'이 필요함에 공감한 것이다. 이후 한·미 공동의 점검과 평가를 통해 한국군 주도-미군 지원의 한반도 방위체제에 필요한 요구조건이 충족될 때 전시작전권 전환이 완료되는 것으로 추진하고 있다(대한민국 국방부, 2018, p. 48).

3. 한반도 전역구상과 작전수행 개념

냉전 구도가 와해하면서 동독, 폴란드, 루마니아 등 많은 공산정권이 연쇄적으로 붕괴하고 종주국인 소비에트 연방도 해체되었다. 북한의 처지에서 보면 '조선반도 비핵화'를 매개로 미국과 직접 대화의 길을 트고 현안들을 일괄 타결해보려던 시도가 무산되고, 오히려 강제사찰에 내부를 개방할 압력에 처하게 되었다. 그런데도 북한은 핵무기 고도화를 기정사실로 하여 정권의 유지와 정치적 협상의 수단으로 활용하는 정책을 펼치고 있다. 한반도에서 북한의 핵무기 사용이 배제되기 어려운 작전환경이 도래한 것이다.

미국 랜드연구소 브루스 베넷(Bruce W. Bennett)의 연구에 의하면, 한미연합군의 전략목표는 한국에 더 이상의 피해를 줄 수 없도록 북한의 지휘부를 무력화하고, 북한의 공격을 신속하게 저지하여 지역의 손실을 제한하며, 한국의 서울 및 기타 영토를 방호하고, 북한을 패배시켜 북한의 통제권을 획득하는 것이다. 한국의 일관된 전략은 FEBA-A 종심방어에 중점을 둔 전방에서의 공세방어다(베넷, 1997, pp. 92-93). 즉 대부분의 전방방어를 담당하는 전방군단이 비무장지대를 통과하여 남침하는 북한의 공격을 저지하도록 배치되고, 군사분계선으로부터 2km 남쪽에 있는 남방한계선을 따라 GOP가 설치된다. GOP 남쪽 5~10km 사이가 FEBA-A(주 방어선)이 된다. 주 방어선 약 15~20km 후방에는 '철통선'이 위치하는데 이 방어선은 2단계 방어사단의 전단이 된다. 기타 방어선은 이보다 훨씬 후방에 설치된다. 이 방어선들은 서부지역에서 10km, 중동부 지역에서 20km 이상의 종심을 만든다. 이 방어선들 뒤에는 한미연합군 사단들이 종심방어를 형성하며, 각 지역의 주요 도로를 따라 배치된다. 이 방어선들은 약 240km에 이르는 휴전선과 평행으로 이어진다. FEBA-B에 배치된 부대들은 적의 돌파가 어디에서 이루어지든 간에 대응할 수 있는 기동능력을 발휘하기 위해 기계화 및 차량화부대로 편성된다. 이들은 기동력을 이용하여 방어선을 전진시키거나 역공을 하는 데 투입된다. 여러 개의 한미연합군 독립 기갑여단들이 FEBA-A 후방에 위치한다. 한미연합군 예비사단들은 FEBA-B 후방의 FEBA-C를 방어하는 형태다.

이와 같은 작전수행 개념을 기반으로 미국의 6단계 전역 수행모델을 적용하는 게 한국의 방어계획이다. 한반도에서 분쟁의 유형은 다양하게 예측할 수 있지만 가장 심각한 분쟁은 북한과의 전면전이 될 것이다. 오늘날의 전면전은 총력전 개념으로 수행되기 때문에 전 국토와 국민이 전쟁에 수반될 수밖에 없다. 그러므로 전역은 주로 대규모의 군사작전으로 구성된다. 한국군은 이미 북한과의 전면전에 대비한 정교한 전역계획을 발전시켰으며, 유사시 즉각 시행할 수 있는 군사 대비태세를 유지하고 있다.

북한과의 전면전 수행에 관한 모의시험은 브루스 베넷의 연구에 잘 설명되고 있다(베넷, 1997, pp. 7-23). 북한이 전쟁을 결심하는 경우는 '다른 어떠한 대안들보다 전쟁이 유리하다고 결론을 내릴 때'다. 김정은 정권의 지도력이 약화할 경우 통제력 강화를 위해 전쟁이 유일한 잠정적 대안이라고 생각할 수 있다. 김정은 체제와 같은 독재체제에서 권력 상실은 사형선고와 같으므로 어떤 대가를 치르더라도 이를 피하려고 할 것이다. 만약 이 체제가 평시 상황에서 생존할 수 없고 전쟁에서 승리할 수 있는 미약한 희망만 보인다면, 절망적인 상황에서 그 희미한 희망을 선택할 것이라는 판단이다. 북한의 군사전략 목표는 '군사력을 이용하여 북한 체제하에 한반도를 재통일'하는 것이다. 적화통일 목표는 1950년 이후부터 변경되지 않고 있다. 북한이 군사전략 목표를 달성하기 위해서는 첫째, 한국을 점령하기 위한 충분한 군사력을 투입하여 대규모의 미 지상군이 한국에 전개되기 이전에 부산 및 기타 한반도의 남부지역까지 확보해야 한다. 둘째, 미국의 개입을 억제하거나 미군의 개입을 중단하도록 유도해야 한다. 셋째, 일본이 공·해군 및 군수 지원을 위한 작전기지 운용을 거부하도록 일본을 강요할 수 있어야 한다. 넷째,

북한의 노력 및 통일에 대한 국제적 지원과 인정을 중국 혹은 러시아로부터 획득할 수 있어야 한다. 다섯째, 전쟁 초기에 서울을 포위하고 신속하게 통제할 수 있어야 한다. 여섯째, 한·미 연합 공군 및 기타 형태의 공격으로부터 북한을 방어할 수 있어야 한다. 미군의 한반도 전개 소요시간[18]을 고려할 때, 북한군은 약 2~4주 이내에 부산을 점령해야만 한다. 북한이 속도전에서 성공하기 위해서는 다음과 같은 아홉 가지의 결정적 작전목표를 달성해야 한다. 기습 달성, 전쟁 초기에 한국 육군 격멸 및 무력화, 후속 종심 전과 확대, 한·미 연합 공군력 무력화, 한국 점령 및 영토 통제, 미국의 전투불참 달성, 한국을 군사적으로 고립, 한국 점령에 대한 국제적 지지 획득, 북한 지역에 대한 공격 억제 및 거부 등이다.

한국의 전역계획은 이와 같은 북한의 기도를 억제하고, 억제 실패 시에는 전면전에서 승리하여 한반도 통일 여건을 조성하는 일련의 주요작전으로 구성될 수 있다. 전역 수행모델을 적용해보면, 첫째, 0단계 '여건조성'은 전쟁 이전에 한반도 위협을 분석하고 위협별 대응책을 마련하며, 제반 국력 요소를 활용함으로써 전쟁의 예방과 국제 안보협력 강화를 도모해야 한다. 둘째, 1단계 '억제'는 북한의 군사적 도발을 억제하고, 국지도발 시에는 도발의지를 분쇄하며 전면전으로의 확대를 방지해야 한다. 즉 한·미 연합방위태세의 유지와 전쟁 수행능력을 높이고, 이러한 능력을 북한에 명확히 인식시키며, 주변국과의 군사외교 활동을 통해 북한의 군사적 도발을 억제할 수 있어야 한다. 셋째, 2단계 '주도권 확보'는 북한군의 기습공격을 거부 및 격퇴하는 데 중점을 둔다. 수도권의 안전[19]을 확보 및 유지함과 동시에 수도권 북방에서 북한군의 공격을 저지하고 공세종말점에 도달하게 만들어야 한다. 넷째, 3단계 '전장지배'는 수세에서 공세로 전환하여 북한 지역으

---

18 미군의 한반도 전개 소요시간은 미 해병 한 개 여단 및 미 육군 한 개 중여단이 장비와 함께 2주 정도, 육군 경사단은 전개 시작 이후 약 20~25일 만에, 육군 중사단은 약 30일 만에 도착할 수 있다. 부르스 W. 베넷(1997), 『남북한의 군사변혁에 따른 장차 한국에서의 전쟁에 관한 두 가지 견해』, p. 8.

19 수도권의 안전이란 국가기능이 정상적으로 작동하고 도시기능이 유지되며 시민의 안전이 확보된 상태를 의미한다.

로 전장을 확대하여 북한 정권 및 군사적 능력을 제거하고, 주요 지역을 군사적으로 장악함으로써 제3국의 군사적 개입을 방지할 수 있어야 한다. 다섯째, 4단계 '안정화'는 수복지역에 대한 북한 주민 통제 및 생필품 지원을 위한 민사작전에 노력을 집중해야 한다. 여섯째, 5단계 '정부통치 지원'은 경찰이 통제 가능한 수준으로 북한 지역이 안정화된 상태에서 국가기관이 모든 민사업무를 인수하고, 군은 종전 이후의 상태로 재배치되어야 한다.

전역의 최종상태는 한반도에서 북한의 군사적 위협이 제거되고, 국군이 국경선 일대를 포함한 북한 전 지역에 배치되며, 국제사회로부터 통일 한국의 당위성을 인정받음과 동시에 주변국과 안정된 안보환경을 조성하고, 수복지역이 안정화되어 정부 주도하에 재건 및 인도적 지원이 이루어지는 것이다.

이러한 전역목표를 달성하기 위한 한국군의 작전수행 개념은 군사 교리로서 '공세적 통합작전'으로 기술되고 있다.[20] 공세적 통합작전은 네트워크 중심의 작전환경을 갖춘 합동 전력을 운용함으로써 전력 운용의 상승효과를 극대화하는 작전이다. '공세적'이란 아군의 전투피해가 최소화되도록 가용한 모든 전력을 선제·능동·주도적으로 운용한다는 의미다. '통합작전'은 지상·해양·우주·사이버·심리 등 모든 영역에서 능력·노력·활동을 작전목적에 적합하게 시간·공간적으로 조직하여 작전을 수행한다는 의미다. 네트워크 중심 작전환경은 다양한 작전요소들이 통합망에 연결되어 실시간 전장 상황의 공유와 협력을 통해 적보다 먼저 식별하고, 결심하며, 조치하는 체계를 의미한다.

합동전영역작전 관점에서 본다면, 첫째, 미래전의 양상을 경쟁의 연속체로 보는 미국과는 달리 한반도에서는 북한과의 전면전을 상정할 수밖에 없다는 것이다. 핵무기를 가진 강대국 간의 경쟁이 아닌 국가의 명운을 건 총력전 수행 개념

---

20 합동작전 부대가 네트워크 중심의 작전환경하에서 선제·능동·주도적으로 전력을 운용하면서 전 영역에서의 다양한 능력과 노력 및 활동을 작전목적에 부합하도록 시간·공간적으로 통합하여 전력운용의 상승효과를 극대화하는 작전이다. 합동참모본부, 합동교범 3-0, 『합동작전』(서울: 합참, 2015), pp. 1-22.

을 발전시켜야 한다. 둘째, 합동전영역작전이 '경쟁-돌파-경쟁으로의 회귀'라는 전역 수행모델을 적용한다면, 한국은 전면전 수행을 위한 전역의 6단계 모델을 적용할 수밖에 없다는 것이다. 군사전략 목표가 통일 한국을 달성하는 데 있는 한 전면전의 전역 수행모델을 적용하여 수복지역을 통제해야 하기 때문이다. 셋째, 군사과학기술력의 차이에 따르는 가용 수단의 상이점이다. 합동전영역작전의 전쟁 수단은 주로 인공위성 중심의 정찰자산, 인공지능 기반의 통합 네트워크, 중·장거리 정밀화력체계, 원정작전 중심의 공격형 무기체계 등이다. 한국은 재래식 무기 중심의 방어 후 반격형 군사력 구조로 되어 있어서 원정작전에는 적합하지 않다. 넷째, 한·미 동맹의 연합작전 측면에서 상호운용성과 위협인식의 차이점이다. 미국은 북한의 위협보다는 중국의 위협을 최우선으로 한 대응 개념을 발전시키고 있지만, 한국은 중국의 위협보다는 북한의 위협에 고착되어 있기 때문이다. 동맹의 역할은 공동의 목적을 달성하기 위해 정해지기 때문에 목적이 상이하다면, 군사력 운용의 중점과 자원의 할당이 달라질 수밖에 없다.

이러한 맥락에서 한국이 미국의 합동전영역작전을 미래전 수행 개념으로 적용할 수 있다는 생각은 시기상조일 수 있다. 군사전략 목표, 개념, 수단이 미국과 다르기 때문이다. 군사력 운용과 건설 방향이 같지 않다는 의미는 전쟁 수행방식의 괴리감 증대, 군사력의 상호운용성 약화, 동맹의 목적과 역할에 대한 공감대 훼손 등 연합작전의 비효율성을 증폭시킬 수 있다는 점이다. 그렇다면 이미 진행되고 있는 미국 전쟁 수행방식의 변화를 한국은 어떻게 적용할 것인가를 판단하고 대비하는 일은 우리 군의 현안일 수밖에 없다.

제4절
합동전영역작전을 위한 한국군 발전 방향

1. 미래전 양상과 대응 개념 정립

1) 한반도 전략환경 평가

합동전영역작전이 미래전의 양상이라고 가정한다면, 한반도의 전쟁 양상도 같은 맥락에서 판단해볼 필요가 있다. 현대전은 세계화의 영향으로 양국 간의 분쟁으로 그치지 않고, 국제적 문제로 확산하기 때문이다. 자국의 이익에 따라 개입하는 형태가 다를 뿐 다양한 형태의 개입국들이 전쟁의 양상을 복잡하게 만들 수 있다. 합동전영역작전(JADO)은 강대국인 미국이 세계 중요지역에서 발생하는 분쟁에 개입하는 형태의 전쟁 수행방식을 보여준다고 할 수 있다. 미국은 지금까지 자국 영토 내에서의 전쟁을 구상해본 적이 없기 때문이다.

한국은 한국군 주도의 한반도 통일이 한반도 전구에서 승리하는 길이라고 전제한다. 이러한 승리를 달성하기 위해서는 다음과 같은 조건들이 충족되어야 한다. 첫째, 한반도 분쟁 시 제3국의 군사적 개입을 방지할 수 있어야 한다. 제3국의 개입은 중국과 러시아가 될 것이다. 중국의 지정학적 위치와 북한과의 동맹 관계를 고려할 때, 중국과 러시아는 북한 정권의 붕괴보다는 존속을 지원하는 쪽을 선호하기 때문이다.

둘째, 북한의 핵 및 대량살상무기 사용을 통제할 수 있어야 한다. 북한이 핵무기를 사용하게 된다면, 한반도만의 문제가 아닌 국제적인 문제로 확산하여 새로운 전쟁 양상이 펼쳐질 것이다. 전장 종심이 짧은 한국은 엄청난 손실에 휩싸이게 될 것이며, 국민뿐만 아니라 한국을 지원하는 우방국의 심리·물리적 충격으로 전쟁 지속능력 및 전투 의지가 붕괴할 수 있다. 재래식 전면전으로 제한하기 위해서는 북한의 핵무기 사용을 우선으로 통제할 수 있어야 한다.

셋째, 증원전력의 한반도 전개가 보장되어야 한다. 한국군 단독으로 북한군의 기습공격을 저지하고 공세 작전으로 북한 지역을 장악하기에는 역량이 부족하다. 병력 수준을 보면, 한국군 59만 9천여 명에 북한군은 128만여 명이다(대한민국국방부, 2018). 북한군이 두 배 이상 더 많은 수준이다. 전쟁 전문가들은 통상적으로 공자와 방자의 비율을 3 대 1 정도로 판단한다.

넷째, 수도권의 안전보장이다. 수도 서울은 정치·경제·사회·문화적으로 한국의 심장이며 전쟁 수행의 원동력을 제공한다. 한반도의 정통성 계승 측면에서도 수도 서울은 전쟁으로 파괴되어서는 안 된다.

다섯째, 북한군 주력을 수도권 북방에서 격퇴할 수 있어야 한다. 수도권 북방의 방어선이 돌파된다면, 북한은 획득된 성과를 견고히 하면서 핵 공갈 및 위협을 통해 정치적 협상으로 전쟁의 종결을 강요할 수 있기 때문이다.

여섯째, 북한 지역에 대한 안정화 조치 능력을 갖추어야 한다. 김정은 정권과 북한의 주민들을 조기에 분리하고, 한국 정부의 통치에 순응할 수 있도록 해야만 국제적으로 통일 한국을 인정받을 수 있기 때문이다.

일곱째, 후방지역 향토방위체제 유지다. 국민의 동요를 차단하고, 국가 중요 산업시설을 방호하며, 전쟁 지속능력을 유지하기 위해서는 민·관·군·경의 통합 방위체제 유지는 필수적인 능력이다. 미래전은 전시와 평시의 구분이 어려운 회색지대에서 발생할 확률이 높다는 것이 전쟁분석가들의 관측이다. 그렇게 되면,

전·평시는 물론이고 전후방의 작전지역 구분도 사라지기 때문이다.

이상과 같은 전제조건을 고려할 때, 한국의 군사전략은 선제적 억제와 공세적 방어전략 개념이 되어야 한다. 한반도 유사시 한·미 연합전력을 기반으로 적극 방위 개념에 따라 수도권의 안전보장, 적의 전쟁 수행의지 분쇄, 적 주력 격멸 및 국경선 조기 통제 등을 목표하여 한반도의 통일여건을 조성하는 것이 군사전략 목표다. 이를 위한 전략 개념에는, 첫째, 한국방위식별구역(KADIZ: Korea Air Defense Identification Zone)에 접근하는 항공기에 대한 식별과 침투를 방지할 수 있는 공중감시 및 조기경보체제를 유지하는 것이다. 둘째, 북한군의 기습공격에 대해 초전 생존성을 유지하며, 공·방 동시 전투를 수행한다. 셋째, 북한의 핵 및 화학무기 사용을 통제할 수 있어야 하며, 필요하면 자위권적 선제타격을 시행할 수 있어야 한다. 넷째, 휴전선 전방에서 적의 주력을 격멸하고, 공세작전으로 전환하여 적 지역으로 전장을 확대하며, 신속히 국경선을 확보하여 제3국의 개입을 차단한다. 다섯째, 지역단위 통합방위태세를 구축하여 후방지역 안정을 유지하며, 북한의 전후방 동시 전장화 시도를 차단한다. 여섯째, 북한의 불안정 사태에 대비하여 신속기동전력을 투입할 수 있는 준비태세를 갖춘다. 위와 같은 사항들이 포함되어야 한다. 군사전략 목표와 전략 개념을 구현하기 위한 요구능력을 갖추는 것을 군사력 건설이라고 한다면, 군사력 건설 방향은 전략 개념을 수행할 수 있는 요구능력을 갖추는 방향이 될 것이다.

2) 위협인식

국방부의 평가에 의하면, 세계안보 정세는 전통적인 갈등요인이 지속되는 가운데 초국가·비군사적 위협이 증대함으로써 테러, 사이버 공격, 감염병 등 다양한 안보위협에 대응해야 하므로 국제적 공조 노력이 필요함을 강조한다. 동북아의 안보정세는 미국과 중국의 전략 경쟁이 심화하고, 러시아와 일본이 역내 영향력 확대를 위해 군비경쟁을 증대함으로써 한반도 비핵화 변수와 함께 안보 불확실성과 유동성을 증대할 수 있다고 분석한다(국방부, 2022, pp. 8-17).

　한국 정부는 대북정책에 따라 북한을 주적으로 명시하거나 주적에서 제외하는 식의 이중성을 가지고 있다. 한반도 통일을 지향하는 한국으로서 강온전략을 쓸 수밖에 없는 현실이 반영된 것이다. 미국은 중국과 러시아가 현존 및 잠재적 위협이라고 명확하게 적시하는 데 반해 한국은 전면전 위협, 잠재적 위협, 비군사적 위협 등으로 모호하게 기술한다. 그래서 '전방위 안보위협에 대비한 튼튼한 국방태세 확립'을 표방한다. 전방위 안보위협은 모든 위협을 포함하므로 아무런 문제가 없다고 생각할 수 있지만 제한된 제원과 자원을 고려할 때, 위협의 한정과 위협의 우선순위를 명확하게 인식할 필요가 있다. 모호한 위협의 성격이 미래전 수행 개념을 불명확하게 함으로써 각 군의 군사력 건설과 운용에 대한 통일성과 일관성을 저해하기 때문이다. 북한의 위협에 집중해야 한다는 주장과 잠재적 위협에 우선 대비해야 한다는 주장이 계속해서 충돌하고 있는 이유이기도 하다.

　한국은 한·미 연합방위태세를 근간으로 하다 보니 미국이 국가전략 차원에서 판단한 위협의 우선순위에 지배적인 영향을 받는다. 미국은 중국의 군사적 부상을 주 위협으로 간주하면서 인도·태평양 전략에 우선을 두고 군사력을 건설하고 있다. 현상타파 국가로서의 중국, 악성 국가로 부활한 러시아, 불량국가로서의 북한, 그리고 지역 내의 테러, 불법무기 거래, 인신매매, 해적, 악성 전염병, 자연재난 등 위협을 구체적으로 규정한다. 위협의 우선순위를 고려한 미국은 태평양 국가로서 인도·태평양 지역이 가장 중요하다고 천명하고 있다(미 국방성, 2020, pp. 1-2).

　이러한 맥락에서 한국은 미·중 패권경쟁, 그리고 북한의 핵 문제에서 파생되는 위협에 초점을 맞춰야 한다. 중국은 21세기 내내 미국의 주 위협국이지만, 미국과 중국이 군사적으로 전면전을 벌일 가능성은 거의 없으며, 전면전 대신 군사력을 현시함으로써 강력한 패권경쟁을 벌일 가능성이 크다. 즉 전쟁이 일어나지 않을 범위에서 상대방에게 가장 큰 위협을 보여주는 방식이다(최윤식, 2019, p. 309). 그렇지만 동아시아에서는 미국과 중국이 직접 부딪힐 가능성이 크다. 미국은 한국, 일본, 필리핀 등의 동맹국을 전면에 내세울 수 있지만, 중국은 미국의 동맹국과 직접 충돌할 수밖에 없다. 중국과 미국의 동맹국 사이에서 벌어진 군사적 긴장과 국지적 충돌은 내륙에서는 인도, 바다에서는 이어도, 센카쿠열도, 대만 해협, 난사 군도, 시사 군도 등의 영토 분쟁의 가능성이 크다. 중국의 해양국경선에 인접한 분쟁지역은 석유와 천연가스가 매장되어 있는 미래자원의 보고다. 미국과 중국의 군사 패권전쟁은 한국, 일본, 동남아 등 주변국의 군사비 지출도 증가시킨다. 특히, 일본에 군국주의를 강화하는 명분을 제공하면서 동아시아의 군사적 긴장을 촉발할 가능성이 크다.

북한은 핵보유국 지위 획득에 명운을 걸고 있으며, 미국 본토까지 도달할 수 있는 대륙간탄도미사일을 개발하고자 한다. 이런 행보는 미국을 포함한 주변국에 큰 위협이 된다. 하지만 흥미롭게 북한의 움직임이 미국에는 중국을 견제하는 데 유리한 기회를 만들어준다. 북한이 국지적 도발이나 핵무기 실험을 계속해서 한반도의 군사적 충돌 가능성이 커질 때마다 한반도 안정과 미국 본토 방어를 명분으로 한국, 일본, 필리핀, 호주 등에서 미군의 전력을 증강해나갈 명분을 얻기 때문이다. 미국은 우방 국가들의 영토 분쟁에 간섭하는 것만으로는 아시아 지역에서 군사력을 증강할 명분이 부족하다. 중국을 지속해서 견제하고 싶어 하는 미국으로서는 북한이 좋은 명분을 제공하는 셈이다.

북한은 연평도 포격 도발, 공해상에서 훈련 중인 한·미 연합 병력에 대한 무력사용, 미국의 정찰자산에 대한 근접 비행 등의 무력시위를 감행할 수 있다. 미국이 할 수 있는 범위는 북한이 발사하는 미사일 요격, 북한 내 일부 기지에 대한 선제타격, 해상차단 또는 해상 봉쇄과정에서 미 해군의 무력사용 등이다. 두 국가 모두 전면전을 하게 되면, 정치·경제적으로 치명적 손해를 입게 된다는 사실을 알고 있으므로 전면전을 벌일 가능성은 크지 않다.

중국 인민해방군의 내부문건인 "39도선 분할전략"에 따르면, 북한이 붕괴하고 내부분열이 발생하면 중국 인민해방군이 서해안의 청천강에서 동해안의 용흥강에 이르는 한반도 39도선까지 점령하고, 그곳을 한국과 새로운 국경선으로 정한다는 계획이 있다(민희식, 2016, pp. 111-113). 39도선의 의미는 첫째, 북한 광물 매장량의 85%가 39도선 이북지역에 위치하고, 둘째, 과거 '통일신라에서 고려 시대에 이르기까지 한국과 중국의 본래 국경선'이라고 기술한 동북공정의 책략과 서해 청천강과 동해 용흥강을 잇는 운하를 구상하고 있는데, 운하가 완성된다면 중국 함대와 상선이 남단으로 우회하지 않고도 서해에서 동해에 곧바로 진출할 수 있게 된다. 셋째, 중국이 현재의 휴전선까지 북한 영토 전체를 차지할 경우 침략국이라는 국제사회의 비난을 피하기 위한 면피용이 될 수 있다. 넷째, 중국 내 반중 계층주민을 39도선 이남지역으로 밀어내 한국에 떠넘기기를 할 수 있다. 이는 북한을 중국화하는 데 방해가 될 세력을 사전에 제거하는 조치이기도 하다.

위와 같은 맥락에서 판단해보면, 한반도는 탈냉전이라는 세계적인 흐름과는 상충하게 미·중의 패권경쟁, 미·일 동맹의 강화, 중·러의 전략적 연대 등이 충돌하는 신냉전의 논리가 작용하고 있다. 이러한 상황에서 적용할 수 있는 전쟁 수행방식은 미국이 합동전영역작전의 요소가 다 효율적이라고 생각할 수 있다. 전면전보다는 전쟁의 아래 수준에서 분쟁을 예방하고 해결한다는 군사력 운용의 목적에 부합되기 때문이다.

2. 한국의 합동전영역작전 개념 정립

미국의 새로운 전쟁 수행방식인 합동전영역작전은 미국이 지금까지 구사해온 범세계적 '기동의 자유'를 지속 보유함으로써 자국의 국익에 유리한 상황을 조성하는 데 중점이 있다. 핵무기를 보유한 미국과 거의 대등한 수준의 강대국들끼리는 분쟁이 발생하더라도 정복 전쟁과 같은 일방적 승리가 불가능하여 전면전을 각오하지 않는다는 전제하에서다. 즉 미국에 유리한 환경에서 정치적 협상을 통한 분쟁의 종결이 목적인 것이다. 전면전에 못 미치는 수준에서 '경쟁–무력분쟁–경쟁으로 회귀'라는 순환 모형을 유지함으로써 미국의 세계적 위상을 향상하는 작전수행 개념이다.

전쟁이 '정치적 목적을 달성하기 위한 수단'이라는 관점에서 보면 최소의 희생으로 최대의 성과를 달성한다는 원리를 적용하고 있지만, 한반도 통일을 지향하는 총력전의 측면에서 보면, 협상보다는 우세한 군사력의 투사가 긴요한 전쟁에는 부합하지 않는 작전 수행 모형이다. 통일은 한쪽 정부가 전투의지와 능력을 완전히 포기했을 때 달성될 수 있기 때문이다. 북한이 남침을 개시했다면, 적정선에서 전쟁을 중단하고 전쟁 이전 상태인 '경쟁'으로 되돌아가기 위한 협상 따윈 불가능한 일이기도 하다.

6·25전쟁 당시 참모총장을 지낸 이종찬 장군은 "이 전쟁에 있어서 유엔군의 목적은 적의 전력을 격파하는 데 있으며, 결코 어떤 지역을 확보하는 데 있지 않다"라고 했던 유엔군사령관 리지웨이 장군의 말을 기록했다. 그에 따르면, 북한군의 춘계공세가 실패했는데도 미군이 국군의 북진을 억제했던 일은 휴전 교섭을 전제로 한 조치였다. 그러나 한국으로서는 미군 측에 이러한 의도가 있다는 것을 몰랐고, 전세의 진전에 따라 북으로 진격해갔다가 상당한 피해를 보았다. 휴전회담이 시작되는 수개월 전부터 대규모 기동작전은 중지되었고, 특히 북진은 억제당했다. 이때 미군은 정치적 흥정을 위한 탐색작전을 벌이고 있었다(황성칠, 2008, p. 328).

장차 한반도에서의 미래전도 한·미 연합방위체제를 근간으로 하여 수행된다. 6·25전쟁 당시 미군에 전적으로 의존할 수밖에 없었던 실정에 비하면 오늘날의 한국군은 월등히 향상된 군사력을 갖추고 있다. 그런데도 미국의 합동전영역작전 개념이 적용되는 시점이 오면 또다시 미국의 군사능력에 의존할 수밖에 없는 상황이 전개될 수 있다. 한국은 북한의 핵·미사일 위협에 대비하여 맞춤형 억제전략을 적용하고 있다. 맞춤형 억제전략은 미국의 확장억제력을 활용하여 공동으로 대응함으로써 북한 핵·미사일 위협에 대한 억제·대응 효과를 극대화하는 전략이다(대한민국 국방부, 2018, p. 51). 국제사회는 핵무기의 보유를 제한하고 있어서 비핵국가인 한국은 미국의 핵 억제력에 의존할 수밖에 없다. 핵무기는 사용을 못 하게 통제하는 데에 중점이 있다면, 탄도미사일은 선제적으로 타격하여 발사되지 못하게 하거나 발사되더라도 비행단계에서 파괴하는 것이 최고의 방안이다. 한·미 동맹은 한반도를 넘어 동북아 및 범세계적 안보협력으로 지역을 확대하고 있다. 또한, 초국가·비군사적 위협에 공동으로 대응하기 위한 국제 동반 관계를 지속해서 강화할 방침이다.

이러한 맥락에서 볼 때 한국의 미래전 작전수행 개념도 한·미 동맹의 방위체제하에서 한국의 작전수행 개념을 발전시킬 필요가 있다. 최강의 군사력으로 전쟁 패러다임을 변환시키고 있는 미국의 전쟁 수행방식을 이해하고 한국적 적용을 발전시키는 것이 작전의 효율성을 보장하는 길이기 때문이다.

합동전영역작전은 지상에서부터 우주 및 사이버·전자기 스펙트럼 영역까지 확장된 전장 공간을 활용하지만, 군사력의 운용은 동시에 전 영역을 감시할 수 있도록 압축된 전장 환경을 구성한다. 시간과 공간에 제한받지 않고 목표달성에 최적화된 능력을 융합함으로써 상대방의 의지를 말살하여 분쟁을 예방하거나 억제하고, 필요시에는 파괴하여 강압적인 입장에서 정치적 협상으로 종결하는 방식이다. 이러한 개념을 한국에 적용한다면, '융합 마비 작전'이라고 표현할 수 있다. 미국의 '다영역(muiti-domain)' 개념은 한국이 도달해야 할 우주·사이버·전자기 스펙트럼 영역의 통제 및 활용능력을 전제로 한다. 한반도 전구 내에서만 군사작전을 수행한다는 기존의 관념을 벗어나야 한다. 동맹국이나 협력 국가들이 보유하고 있는 모든 능력을 포함하여 전략·작전적 지원지역으로 편성함으로써 평상시부터 경쟁 관계를 유지해야 한다. 한국의 경우, 필요시에는 미국 본토나 일본, 유럽의 우방국 지역까지도 전략·작전적 지원지역으로 활용할 수 있는 확장된 전장 공간 개념을 발전시켜야 한다.

융합은 동시·통합의 기존 개념을 대체한 용어다. 미국 다영역작전의 '융합(convergence)' 개념에 해당한다. 목표달성을 위해 육·해·공군별로 각 군의 책임지역을 분리하거나, 부대별 작전 수행지역을 부여하기보다는 목표달성에 최적화된 능력들을 조합하여 동시에 통합된 노력이 투사되게 하는 방식이다. 임무 수행 필수 과업을 결정하고 그 과업수행에 최적화된 각 군의 능력을 선별적으로 결합함으로써 다영역작전부대가 구성되고, 이들이 시간과 공간의 제약에서 벗어나 전 영역에서 기동력을 발휘한다.

한국은 육·해·공군 3군 합동군제를 유지하고 있다. 따라서 전역계획에 의거하여 각 군에 명시과업이 할당되고, 각 군 지휘관들이 주어진 가용자원과 능력 범위 내에서 과업 수행방법을 결정하여 작전을 수행한다. 그러다 보니 합동성의 발휘가 전쟁 승리의 핵심 관건이었다. 군별 고유한 특성과 강·약점을 보유하고 있어서 합동성이 발휘되지 않으면 각 군의 강점이 사라지고, 약점이 드러남으로써 전투의 효율성이 떨어질 수밖에 없다. 미국은 기존 합동성의 개념을 '교차영역 시너지'라는 개념으로 승화시키면서 군별 다양한 능력의 결합을 추구하고 있다. 한국군이 이 개념을 적용하려면 합동군사령부를 편성하여 지휘 관계를 적시 적절하게 조정 및 통제할 수 있도록 해야 한다.

한반도 전구에서 전역의 작전 단계화를 경쟁-무력분쟁-경쟁으로의 회귀라는 3단계를 적용한다면, 평시와 전시의 구분보다는 위기관리와 대응이라는 빠른 템포의 조치들에 초점이 맞춰지고, 대응에서도 권한과 책임, 시간과 공간의 제약을 벗어나 적시·최적의 3군 능력 발휘에 중점을 두어야 한다. 전역 계획도 위기, 국지 도발, 전면전 시의 명확한 구분보다는 경쟁과 무력분쟁으로 단순화함으로써 북한의 기습공격을 전면전으로 확산되기 이전에 격퇴해야 한다. 무력분쟁보다는 경쟁 단계에서의 조치가 우선시된다. 전면전이 발발한다면, 그 피해는 걷잡을 수 없이 커져서 승리하더라도 전쟁을 하지 않았을 때보다 손실이 더 크기 때문이다. 따라서 한국에서 합동전영역작전 개념을 적용한다면, 융합 마비 작전이 되어야 한다.

비대칭적 선택영역에서 결정적 우세 달성은 경쟁 단계에서부터 한·미 동맹의 연합전력을 활용하여 해상·공중은 물론 우주·사이버·전자기 스펙트럼 영역에서 행동의 자유를 확보한다는 의미다. 우세의 창이 만들어지면 기동의 자유를 활용하여 적 지역으로 전장을 확대하고 평양을 조기에 고립시켜, 북한 정권을 제거 또는 분리하고, 북한 중요지역을 석권함으로써 북한군을 마비시키고 제3국의 개입을 차단하는 개념이다.

합동전영역작전은 영토를 점령하기 위한 공격·방어 작전이 아닌 중심이나 핵심표적에 대한 직접적인 정밀타격으로 적의 저항의지와 능력을 분쇄하고, 신속한 기동으로 중요지역을 장악하며, 전쟁지도부나 지휘체계를 무력화시키는 데 역점을 둔 전쟁 수행방식이다. 기동에 의한 충돌보다는 정밀타격에 의한 무력화와 중요지역에 대한 신속한 통제가 적 격멸보다 우선한다. 대규모의 돌파와 포위가 전투에서 승리하게 할 수는 있지만, 전략적 승리를 담보하지 못하는 시대가 되었다. 정치의 수단으로서 전쟁은 도발국의 정치지도자를 제거하거나 교체함으로써 정치적 협상에 의한 분쟁의 해결이 주요 패턴이 될 것이다. 전쟁으로 인한 손실과 파괴를 방지할 수 있고 시간과 경비가 상대적으로 적게 소요되기 때문이다.

북한의 경우, 비대칭 전력을 활용한 배합전으로 단기속결전을 시도할 수 있지만, 6·25전쟁에서 증명된 바와 같이 시간이 지날수록 정치적 목적을 달성할 가능성은 없어진다. 한국의 방어선을 돌파하는 식의 공격은 자멸을 초래할 수 있다. 현대전의 무기가 갖추고 있는 정밀성과 치명성은 대규모 기동부대를 순식간에 무력화시킬 수 있는 능력이 충분하기 때문이다.

한국이 염려해야 하는 것은 중국과 러시아의 A2/AD 능력이다. 미국이 중국과 러시아를 미래 적대국으로 지목하면서 합동전영역작전의 전쟁 수행방식을 발전시키고 있기 때문이다. 중국과 러시아는 북한과 유일한 혈맹 또는 전우관계를 유지하고 있다. 북한이 도발한다면, 중국의 개입은 자명한 사실이다. 지금까지 한·미 동맹은 북한의 기습공격을 휴전선으로부터 방어하고, 공세 이전의 여건이 조성되면, 반격하여 북한 전 지역을 단계적으로 점령하는 식의 선형작전에 고착되어 있다. 선형작전은 대량의 손실과 시간을 소요할 뿐만 아니라 작전 템포를 둔화시켜 전쟁의 장기화에 따른 국력의 소모를 초래한다.

이러한 단점을 해결할 방법은 다영역작전의 개념처럼 장·중거리 시스템을 조기에 무력화 또는 파괴하고, '우세의 창'을 만든 후에 다양한 방면에서 다양한 형태의 다영역작전 부대를 투입하여 평양을 조기에 고립시키는 방법이다. 이후 북한의 중요지역을 장악하여 협상의 조건을 유리하게 하고, 정치적 협상을 통해 무력분쟁을 해결함으로써 제3국의 개입을 차단하고, 통일의 여건을 조성한다. 북한군 격멸이나 북한 지역점령을 목적으로 하는 것이 아니라 정치협상에 유리한 조건을 창출하는 데 목적이 있다. 군사전략 목표는 통일 한국을 완성하기 위한 여건조성으로 기본과 같지만, 작전수행 개념은 북한군의 격멸이나 북한 전 지역 확보방식의 순차적인 기동이 아닌, 다중영역 중에서 우세의 창을 조성한 후, 이를 통한 신속한 기동으로 조기에 평양을 고립시키고, 여러 방면에서 동시에 중요지역을 장악함으로써 정치적 협상을 통해 북한 정권을 붕괴시키고 대한민국의 통치체제를 확장하는 것이다.

새로운 안보환경이 조성되면, 통일 한국은 심대한 손실이나 파괴 없이 국제적으로 위상이 향상될 수 있다. 이상적인 통일 전쟁방식이라고 할 수 있다. 미국의 합동전영역작전 개념인 경쟁–무력분쟁–경쟁으로 회귀라는 순환 모형에 편승할 수밖에 없다면, 한국은 '융합 마비 작전' 개념을 정립하고 필요한 능력을 건설하는 방향으로 전쟁 수행방식을 변화시킬 필요가 있다.

3. 한국의 융합 마비 작전 적용방안

미국은 세계적으로 합동전영역작전을 수행할 수 있는 능력을 갖춘다는 목표를 설정하고 군의 현대화 전략을 추진하고 있다. 인도·태평양사령부를 주축으로 다영역부대의 능력들을 검증하고 통합하는 전투 실험과 합동훈련의 결과, 실험부대 편성 등을 공개하고 있다.

한국이 새로운 전쟁 수행방식인 융합 마비 작전을 수행하기 위해서는 군사전략 목표, 방법, 수단의 관점에서 전역계획을 수립하고 전역 수행에 필요한 요구능력들을 통합적으로 일관되게 갖추는 것이 긴요한 과업이 될 것이다. 이러한 요구능력을 건설하는 데 있어서 중요한 점은 동맹국과의 상호운용성을 구축해야 한다는 점이다. 상호운용성이 없는 전력은 융합될 수 없는 전력으로 합동전영역작전에 가담할 수 없기 때문이다.

1) 군사전략 목표의 조정

한국의 군사전략은 북한의 위협, 잠재적 위협, 그리고 비군사적 위협에 동시에 대비하기 위한 것이다. 군사전략 목표는 "외부의 도발과 침략을 억제하고 억제 실패 시 최단시간 내 최소 피해로 전쟁에서 승리를 달성하는 것"이다(대한민국 국방부, 2018, p. 36). 여기서 '전쟁 승리 달성'의 의미는 목표를 어떻게 설정하느냐에 따라 달라질 수 있다. 군사전략 목표는 전역의 최종상태를 달성하기 위한 군사작전의 최종결과로서 군사적 상황이나 군사적 조건을 의미한다.

그런데 한국의 군사전략 목표는 위협의 범위가 너무 방대하고, 대비에 대한 우선순위나 지향점이 명확하지 않다. 서로 대치하고 있는 명백한 주적이 있는 상황에서 잠재적 또는 미래의 위협까지도 포괄하여 대비한다는 생각에 복잡한 위협을 상정함으로써 군사력 배비와 군사력 건설의 방향을 일관되게 유지하기가 쉽지 않다. 위협을 어떻게 인식하느냐에 따라 대비해야 할 적국을 한정할 수 있고, 거기에 맞는 요구능력을 식별함으로써 제한된 재원의 중첩투자나 낭비 소요 없이 군사력 운용 및 건설 방향을 정립할 수 있다. 한국은 대비할 위협이 너무 많다. 위협이 많다는 의미는 무엇이 위협인지를 모르고 있다는 의미일 수 있다. 위협의 우선순위가 없으므로 가장 심각한 위협에 대한 대비가 소홀해지며, 부차적인 위협에 재원을 낭비함으로써 유사시 효과적인 대응이 어려워질 수 있는 결점이 있다.

한국의 위협 인식은 북한과 중국에 초점을 맞추어야 한다. 이념적 대립뿐만 아니라 미래 한반도에서 전면전이 벌어진다면 이 두 나라와 관련될 수밖에 없기 때문이다. 한반도 전면전을 염두에 두고 군사력 운용과 건설 방향을 정립한다면 이보다 약한 위협이나 군사적 분쟁에 대해서는 동맹이나 국제협력안보를 통해 대처할 방안을 마련할 수 있다. 위협의 우선순위에 따라 다양한 선택을 할 수 있게 되기 때문이다. 반대로 전면전의 가능성을 경시하고 국지도발이나 분쟁의 위협에 초점을 맞춘다면, 다양한 위협에 모두 대등하게 대비해야 하므로 제한된 국가 재원을 방대하게 지출하면서도 전면전에 대한 대비에 소홀해질 수 있다. 이것은 국토의 황폐화와 대량의 인명손실을 유발하는 결과를 가져올 수 있다. 그러므로 가장 위험성이 높은 북한과의 전면전을 중심으로 이와 관련된 제3국의 개입을 판단하고, 이러한 위협을 제거할 수 있도록 대비책을 마련하는 것이 군사전략 목표가 되어야 한다.

조정된 한국의 군사전략 목표를 북한지역을 실효적으로 지배하여 한반도의 항구적 평화를 달성하는 데 두었다. 이것을 전역의 최종상태로 표현하면, 첫째, 수도권의 안전은 유지되고 북한의 군사적 위협은 제거되어야 한다. 둘째, 북한의 핵을 포함한 대량살상무기 및 관련 시설은 확보 및 통제되어야 한다. 셋째, 제3국의 개입은 한국군의 북한지역 장악과 재배치로 차단되어야 한다. 넷째, 국제기구 또는 비정부기구 및 단체들의 활동이 북한 주민에 의해 제한받지 않으며 통일 한국에 대한 국제사회의 지지가 획득되어야 한다. 위와 같은 조건이 충족된다면, 전쟁 승리의 필요·충분조건이 갖추어졌다고 할 수 있다.

이를 위한 작전목표는 첫째, 수도권의 안전을 보장하는 것이다. '최소의 피해'는 한국의 심장부인 수도 서울을 보호하는 것에 달려 있다고 할 수 있다. 수도권이 유린당한 후에는 승리한다고 하더라도 생활여건과 경제적 수준이 실패한 국가로 전락하기 때문이다. 둘째, 제3국의 개입을 차단하는 것이다. 중국의 군사적 개입을 차단하는 것이 가장 중요한 문제가 될 것이다. 한반도의 분단은 우리 민족이 원했다기보다 강대국의 정치적 협상 결과물이므로 분단의 해결은 스스로 해결할 문제다. 무정부적인 국제사회에서 민족자결권이 없는 국가는 자신의 주권을 보장받지 못한다. 한반도의 문제에 주변국이 관여하지 못하도록 충분한 대비를 해야 한다. 셋째, 북한군 주력을 격멸하는 것이다. 북한군의 기동전력이 남아 있는 이상 북한 정권은 휴전선 이남으로 기동하여 수도 서울을 고립하거나 포위를 시도할 수 있기 때문이다. 이들은 휴전선 전방에서 차단되고 북한지역에서 파괴되어야 한다. 넷째, 북한 정권을 제거 또는 분리하는 것이다. 북한 정권이 존재하는 한 이념이 다른 두 체제가 한반도를 양분하는 상황이 지속될 수밖에 없기 때문이다. 북한 정권을 북한 주민과 분리함으로써 단기 결전을 끌어내야 한다. 국민의 지지가 없어진 정권은 정체성이 없어질 수밖에 없다. 통일 한국의 정부가 국제적 지지를 얻을 수 있어야 한다. 다섯째, 북한의 핵 및 대량살상무기 사용을 통제하는 것이다. 핵 및 대량살상무기는 그 치명성 때문에 국제적으로 사용이 금지된 상태다. 그런데도 한반도에서 이러한 무기가 사용된다면 1차 피해뿐만 아니라 지속·부차적인 피해 발생으로 한반도는 불모의 땅으로 전락할 수 있다. 한민족에게는 가장 불행한 상황이 펼쳐지는 것이다. 여섯째, 북한지역을 조기에 안정화하는 것이다. 북한 주민의 생활여건과 기본권을 보장해줌으로써 질서체계를 회복할 수 있어야 한다. 서로 다른 정치체제에서 하나의 체제로 통합되기 위해서는 주민들의 이해와 협조가 필요하다. 자유민주주의의 가치가 온전히 구현될 수 있도록 충분한 계몽과 지원활동 등이 수반되어야 한다. 일곱째, 후방지역의 통합방위체제를 유지하는 것이다. 접적 지역에서의 활동이 탄력을 받기 위해서는 이를 지원해주는 후방지역의 안정이 필수적이다. 작전지속능력의 원천이 후방지역에서 제공되기 때문이다. 국가 총력전에서 통합방위체제의 유지는 전쟁승리의 원천이기도 하다.

위와 같이 위협을 한정하고 작전목표를 구체적으로 규정함으로써 군사력의 역할과 국가적 요구사항을 명확히 식별할 수 있다. 군사력으로 무엇을 하려고 하는지에 대해 국민의 지지와 공감을 끌어내야 한다. 국민의의 지지가 없는 전쟁은 불가능하기 때문이다. 특히 사이버와 전자기 스펙트럼 영역은 군과 민간 분야를 구분할 수 없고 상호 연결된 상태로 작동한다. 군사 분야만의 조치로는 요망하는 효과를 얻기 힘들다. 국민의 참여가 필수적인 요건이다.

미래전에 대비하기 위해서는 공개된 논의를 통해 한반도의 미래 전략목표를 명확히 할 필요가 있다. 전면전을 통해서라도 북한을 점령하고 실효적으로 지배하는 것이 바른 것인지, 아니면 전면전에 못 미치는 수준에서 핵심표적만을 제거하여 정치적 협상을 통해 한반도 통일 정부를 수립하는 것이 현실적인 방법인지 국민의 의지로 결정해야 한다.

2) 군사전략 개념(방법)의 조정

한반도의 통일여건을 조성하기 위한 현재의 군사전략 개념은 북한군의 기습 공격을 방어한 이후에 한미동맹군이 연합작전으로 반격을 시행하여 북한군을 격멸하고 국경선을 통제하여 3국의 개입을 차단하는 것이다.

미국의 합동전영역작전을 한국적으로 적용한다면, 융합 마비 작전이라고 제시했다. 융합 마비 작전의 방식은 기존의 억제 → 주도권 확보 → 전장지배 → 안정화 → 정부 통치지원으로 이어지는 단계화된 대응 방식을 파괴한 개념이다. 이것은 미래전의 양상이 위기 발생(테러나 국지도발) → 위기관리 및 완화(전시 전환) → 전면전의 점진적 대응 방식이 아니다. 평시와 전시의 구분이 없는 경쟁 상태에서 동시·통합적 대응능력을 갖춤으로써 분쟁 발생 자체를 예방하고, 무력분쟁으로의 확전 자체를 차단하여, 최단시간에 분쟁을 종결 짓는 개념이다.

작전환경의 변화에서 살펴본 바와 같이 미래전은 평시와 전시의 구분이 모호하고, 전쟁의 주체인 행위자의 구분이 어려우며, 지리·물리적으로 전장의 경계를 구분하기가 어려워진다. 국가의 이익에 따라 관련국들의 개입이 네트워크처럼 얽혀서 언제 어디서든 경쟁 상태를 유지하고 있기 때문이다.

한국은 한반도 전구만을 염두에 두고 합동 전장을 편성한다. 그러다 보니 한반도 이외의 지역이나 공간의 가치를 판단하지 않고 있다. 북한이라는 대치된 적에 갇혀 그 너머에 도사리고 있는 위협에 대한 실체 파악에 소홀하다. 중국의 A2/AD 체계 사정거리 내에 포함되어 있으면서 그들의 영향력을 차단하기 위한 대비책은 마련하지 않는 실정이다. 일본은 증대되는 중국 위협에 대비하기 위해 '영역횡단작전(CDO: Cross-Domain Operations)'이라는 미래 지상작전 수행 개념을 발전시키고 있다. 또한, 호주는 강대국 간의 경쟁 심화, 전 영역에서의 회색지대 위협 증대 등 작전환경의 변화에 대응하여 '가속전(AW: Accelerated Warfare)'을 지상군의 새로운 작전수행 개념으로 발전시키고 있다(육군교육사령부, 2020, pp. 10-12).

한국군은 휴전선에 갇힌 사고를 벗어나야 한다. 전장 감시와 타격능력이 이미 휴전선의 의미를 무색하게 만들었기 때문이다. 한국은 북한지역 내 재래식 부대나 포격 무기의 움직임이 감지되면, 휴전선에 배치된 타격수단이 아닌 후방지역에 있는 현 기지에서 정확히 파괴할 수 있는 능력을 보유하고 있다. 장차전은 휴전선에서 적 부대의 진출을 차단하는 데 중점을 두기보다는 어떤 표적을 어디에서 격멸할 것인가의 결심이 더 중요하다. 6·25전쟁처럼 고지 쟁탈전의 고정된 전투보다 지상으로부터 우주 영역까지 확장된 전장 공간에서 요망되는 시간과 장소에 최적화된 전력을 순식간에 집중하여 목표를 달성하고, 다시 흩어져 기본임무를 수행하는 융합 입체기동작전이 시행될 수밖에 없다.

미래전은 더욱더 복잡하고 다양한 영역에서 복합전으로 진행되기 때문에 군별 단일 영역을 책임지는 작전으로는 효과적이지 못하다. 적대세력들은 군별로 독립적인 작전을 시행하지 않고 다양한 형태의 규모와 부대들을 조합함으로써 군별 경계선을 자유롭게 넘나드는 작전을 펼칠 것이다. 따라서 영역을 넘나드는 다양한 부대들의 신속한 전환에 효과적으로 대응하는 방법이 바로 융합(convergence)[21]이다. 융합을 통해 교차영역 상승효과를 창출하고 적을 능가하는 공격과 방어의 승수효과를 발휘해야 한다. 즉 전 영역을 활용하여 전력의 운용을 최적화할 수 있는 조합을 만들어내는 것이 관건이다. 융합의 장점은 단일 영역에서 운용되는 개개 전력의 합보다 더 큰 교차영역 상승효과를 활용할 수 있다는 점이다. 다중의 영역을 동시에 활용함으로써 임무완수를 위한 다양한 전력 운용방법을 선택할 수 있기 때문이다.

전술적 수준에서 융합은 전술제대가 다영역 수단들을 동시·통합하여 일시

---

21 미 육군이 다영역작전 개념을 설명하면서 핵심요소로 제시한 용어다. 통합·융합·복합 등의 의미로 풀이될 수 있지만, 군사적 용어로 사용하면, 다른 군의 능력들이 서로 구별 없이 하나의 팀으로 구성되거나 조직됨으로써 하나의 새로운 부대로서 기능하는 것을 의미한다.

적으로 활동함으로써 교차영역 시너지를 창출하는 방식이다. 예를 들어 은폐된 적 전차부대를 파괴해야 할 때 짧은 시간 동안 사이버·우주·기동자산을 이용하여 적이 노출되도록 자극(stimulate)한 후 사이버·우주·항공자산을 활용하여 노출된 적을 식별(see)하고, 사이버·항공·지상·해상전력을 이용하여 타격(strike)한다. 최종적으로는 우주·항공·지상 자산을 활용하여 타격결과를 종합적으로 평가(assess)하는 식이다. 전술적 조치를 위해 요구되는 합동부대의 자산들이 상호 연동되어 작동하면서 적을 자극하여 움직이게 하고, 움직임을 식별하여 가용한 타격수단을 적시에 지원함으로써 입체적 대응이 가능하다.

작전적 수준에서의 융합은 전략적 목표달성을 위해 전구 수준의 부대가 전술적 수준에서의 융합을 시·공간적으로 잘 배열하고 조합하는 일련의 지속적인 활동이 될 것이다. 예를 들면 전역수행 시 적의 A2/AD 체계의 방어망을 돌파하는 데 전술적 융합을 활용하고, 사이버·우주·항공자산을 통합 운용하여 적을 식별한다. 전술적 융합으로 적 부대를 와해시키고, 다영역부대로 하여금 지속해서 타격함으로써 작전목표를 달성하는 일련의 과정이다.

전략적 수준에서의 융합은 국가적 차원에서 군사자산 외에 국가기관이 가지고 있는 정보·사이버 기반 능력 등 여러 능력을 활용하여 작전적 수준의 융합을 전략적 목표달성에 이바지하도록 배열하는 데 주안을 둔다. 예를 들면 국가 능력을 동원하여 적대국의 전략적 의도가 드러나도록 하고, 정보작전과 여론전에서 적을 압도할 수 있도록 작전환경을 조성하며, 적에 대한 억제력을 강화함으로써 국가지도자에게 다양한 선택방안을 제공한다. 합동능력을 조합 및 배열하여 여러 개의 전역을 동시에 운용하는 것이다.

그런데 융합은 통합이라는 용어와 유사한 점이 많다. 공·지 작전 교리를 적용하던 시기에는 통합이라는 용어를 사용했다. 지·해 또는 공·해, 공·지 작전 등이 합동작전을 대표한다. 합동전영역작전 개념을 발전시키면서 우주와 사이버, 전자기 스펙트럼 영역을 포함하고 통합이라는 용어보다 융합이라는 용어를 사용하고 있다. 영역별로 구분되던 능력들의 통합보다는 교차영역 상승효과를 창출한다는 의미에서, 새로운 단일팀으로서 임무를 수행한다는 의미에서 통합보다는 융합의 표현이 더 적절해 보인다.

융합의 관건은 자산운용 권한의 위임과 확대에 있다. 융합 마비 작전의 성패는 임무 수행부대 지휘관이 제대 수준에 상관없이 자유롭게 융합할 수 있는 위임된 권한을 사용할 수 있어야 한다. 각 영역의 자산들은 소속군의 지휘체계를 경유하여 요망하는 시간과 장소에, 필요한 만큼의 전력이 적시에 제공될 수 있도록 체계화되어야 한다. 현재에도 합동성 구현이 어려운 이유는 군별 소속군 중심의 사고와 복잡한 지휘관계 속에서 권한과 책임의 전환이 어렵기 때문이다. 각 군은 목적상 군별 고유임무 수행을 위해 편성되고 장비되어 있어서 경험을 통해 구축된 각 군만의 고유한 전통과 전문성을 보유하고 있다. 이러한 문제를 극복하기 위해서 각 군이 통합임무 수행을 위해 융합할 수 있는 능력별로 구분되어 재편성되고, 융합을 목적으로 하는 별도의 표준형 부대를 창설할 필요가 있다. 효율적인 방법은 지역별 통합군사령부 체제를 유지하는 것이다. 3군 합동군제를 유지하면서, 지역별 통합사령부를 조직하여 지역에 배치된 모든 부대를 작전통제하는 방식이다. 그렇게 된다면 임무에 최적화된 전력들을 적시 적절하게 융합할 수 있다. 평시부터 훈련과 연습을 통해 즉응태세를 유지하는 데도 유리하다. 예를 들어 군단장급의 북부통합사령부, 서부통합사령부, 중부통합사령부, 남부통합사령부, 전략사령부, 사이버사령부, 우주사령부 편성 등이 예가 될 수 있다.

3) 군사전략 수단의 조정

융합 마비 작전의 수단은 현존 전력과 미래 전력을 모두 포함한다. 현존 전력을 극대화하면서 미래전에 요구되는 군사력을 건설하는 것은 제한된 국가 재원을 사용하는 효과적인 방법이다. 한국군은 지금까지 갖추어진 전투력을 미래전 수행 방식에 적합하도록 현대화해나가야 한다. 또한, 현존 전력으로 해결할 수 없는 위협에 대해서는 새로운 능력을 건설해야 한다. 새로운 능력의 건설은 중국의 군사

개입과 북한의 전면전 위협을 예방 및 격퇴할 수 있는 방향이 되어야 한다. 한국군 주도의 연합작전 수행능력 구비와 사이버·우주 위협에 효과적으로 대응할 수 있는 작전 수행능력이 핵심이 될 것이다.

현존 전력을 극대화하는 방법은 3군 합동군제를 종합적으로 진단하여 미래전에 부합된 최적의 부대 조합방법을 결정하는 것이다. 북한의 지상군 기습공격 위주로 배비되어 있는 전력들을 교차영역 상승효과를 발휘할 수 있도록 고정운용부대와 기동운용 가능한 부대로 분류하여 임무별 융합이 가능한 형태로 재편성하는 방안이다. 이렇게 되면 통합 네트워크에 연결된 다수의 다영역 부대들이 다양한 형태로 동시에 기동함으로써 아군의 전투력을 요구되는 곳에 집중운용하고, 적군은 복합딜레마 상황에 빠뜨려 적시적 결심과 대응을 못 하게 할 수 있다. 미국이 다영역작전 수행을 위해 '정밀히 조정된 부대태세'를 필요로 하는 이유이기도 하다.

중국의 군사적 지원이 가미된 북한의 위협을 경쟁에서 압도하기 위해서는 원거리 정보·감시·정찰 능력이 필요하다. 전 영역 기동이 가능하기 위해서는 적대국의 움직임을 조기에 파악할 수 있어야 하기 때문이다. 중국의 A2/AD 체계에 대응하기 위해서는 미국의 연합전력과 상호운용성이 갖추어진 전력들을 집중적으로 발전시킬 필요가 있다.

확장된 전장 공간 개념을 적용한다면 작전적 지원지역인 일본과 전략적 지원지역인 미국의 본토가 경쟁지역에 포함된다. 북한지역은 근접지역이며, 중국과 러시아는 전략·작전적 종심화력지역에 해당한다. 종심화력지역은 우군의 기동이 제한되는 지역이지만 화력을 통한 억제와 응징은 가능하다. 미국이 추구하는 사이버·우주·전자기 스펙트럼 영역에서 첨단기술의 군사적 활용을 추진하는 맥락과도 일치한다. 일본과 호주는 미국의 다영역작전 수행의 효율성을 갖추기 위해 다영역작전부대(MDTF)를 편성하여 연합·합동훈련에 동참함으로써 미래전에 대한 대비를 갖추어가고 있다.

융합 마비 작전을 수행하기 위해서는 강화된 C4ISR, 향상된 재래식 전력, 사이버·우주·전자기 스펙트럼의 새로운 영역에 대한 능력들이 보강되어야 한다. 강화된 C4ISR은 UAV·위성·고정센서 등 다양한 정보자산에서 수집된 정보를 통해 다층적 적 활동 탐지 및 의도 분석이 가능하고, 전 영역 정보가 통합된 전군 공통작전상황도 유지가 가능하며, 동맹국 및 우방국과 실시간 정보·데이터 공유를 가능하게 함으로써 작전지역에 대해 여러 방면에서 다양한 형태의 기동이 가능할 수 있다.

재래식 전력의 향상은 장거리 정밀화력체계 구축과 화력수단의 기동화, 지·해·공 위협에 대한 통합방어체계 구축을 의미한다. 한반도 지형의 특성상 분산된 도서지역과 인구 고밀도의 대도시에서 결정적 작전이 이루어지기 때문에 정밀화력체계와 기동성, 통합 방어체계 구축이 긴요할 수밖에 없다.

새로운 영역에 대한 적응은 사이버·전자기 스펙트럼 영역에서의 정보수집 및 방호, 적 C4ISR 자산에 대한 교란 및 무력화, 대우주 지상작전 능력 구비, 위성통신 보장 등 사이버·전자전을 주도할 수 있는 전문인력과 조직체가 육성되어야 한다. 또한, 경쟁에서 정보작전, 사이버·전자전, 여론·심리전 수행은 지금의 결정적 작전을 대체할 수 있을 만큼 중요하다. 이러한 능력들을 현시할 수 있어야만 적대국의 도발에 대한 예방과 억제가 가능해질 수 있다.

그렇다고 모든 부대를 다영역부대로 재편할 필요는 없다. 교차영역 작전을 수행할 필수적인 부대만을 다영역부대로 재편하면 된다. 각 군은 고유의 장점을 활용하여 지정된 주 영역에서 작전을 최적화할 수 있기 때문이다. 미국은 2017년 9월, 미 육군 제1군단 예하 제17화력여단을 모체로 사이버사령부 등 다양한 기관에서 파견된 전문 인력으로 구성된 'I2CEWS(Intelligence, Information, Cyber & Electronic Warfare, Space)'를 포함하여 다영역작전부대(MDTF)를 창설했다. 준장급 지휘관이 지휘하는 여단급 부대로 고기동 다연장 로켓발사체계(HIMARS: High Mobility Artillery Rocket System) 대대, 기동화 단거리 방공체계(M-SHORAD: Maneuver Short Range Air Defense) 대대, 무인기 중대(Gray Eagle, Predator를 개량한 무인 정찰·공격기), I2CEWS 대대(통신중대, 정보중대, 우주작전중대, 장거리센서중대, 정보보호중대), 지원대대

(보급수송중대, 야전정비중대, 의무중대) 등 2천 여 명으로 구성된다. 이 부대는 전투실험과 연합훈련을 통해 지속해서 진화하고 있으며, 전구 단위별 특성화된 구조로 발전될 전망이다. 한국은 이런 부대의 구조와 편성을 참고하되 한국적 임무·목적·필수과업·기능에 맞게 운용지침을 발전시켜나가야 한다.

제5절 결론

미국은 세계 유일의 군사 강국임에도 불구하고 지금의 전쟁 수행방식의 한계점을 분석하고 미래전에 대한 새로운 작전수행 개념을 발전시키고 있다. 국제사회가 2050년대쯤에 경쟁 평등화 시대에 진입할 것을 전망하고, 미국이 앞으로도 지금과 같은 세계 패권국 지위를 유지하기 위해서는 지금의 군사력과 작전수행 개념으로 불가능하다고 평가한 결과다.

전영역작전은 2014년 당시 미 육군교육사령관 퍼킨스 대장의 기고문에서 미 육군의 작전수행 개념으로 제시되었다. 이후 각종 공개 심포지엄과 세미나, 각 군과 수많은 논의와 전투 실험, 합동 모의훈련 등을 걸쳐 합동전영역작전이라는 개념으로 합동 교리로 발전하는 경로를 밟고 있다.

미국의 합동전영역작전이 미래 새로운 전쟁 수행방식을 선도할 수 있다는 관점에서 한국도 현재의 군사력 건설과 작전수행 개념을 검토하여 한국의 작전환경과 위협에 맞는 한국적 합동전영역작전 적용방안을 검토해야 한다고 주장했다. 북한의 핵무기 위협이 현실화한 시점에서 새로운 전쟁 수행방식에 관한 연구는 시급하면서도 절실한 과제이기도 하다. 한국은 북한의 핵무기 위협에 대해 미국의 확장억제에 의존할 수밖에 없다. 그런데 합동전영역작전은 핵무기에 대한 대응 개념은 담고 있지 않다. 그러므로 한국은 경쟁단계에서 북한의 핵무기 위협을 억제하거나 사용을 통제할 수 있는 능력을 갖추어야 한다. 미래의 전쟁 수행방식이 달라져야 하는 이유이기도 하다.

합동전영역작전에서 핵전쟁이나 강대국 간의 전면전은 배제된다. 경쟁 평등화 시대에서 핵을 보유하고, 군사적 능력이 대등한 국가끼리의 전면전은 정복 전쟁과 같은 일방적 승리가 불가능할 것으로 전제하고 유리한 조건에서 협상을 통해 분쟁을 종결하고자 하기 때문이다. 그러므로 군사활동의 범주가 경쟁-무력분쟁-경쟁으로의 회귀로 압축되고, 경쟁단계에서 군사적 우세를 달성함으로써 분쟁의 예방과 억제력 향상, 신속한 부대태세 조정 등을 중점으로 삼고 있다. 무력분쟁으로 확전될 시에는 적대국의 A2/AD 체계를 돌파하고, 와해하며, 전과 확대를 하여 유리한 환경에서 정치적 협상을 강요한다. 전역의 최종상태는 분쟁 전의 상태로 되돌아가거나 새롭게 조성한 유리한 조건을 공고히 함으로써 미국의 세계적 위신을 고양하는 것이다.

지금까지 합동전영역작전 개념이 등장한 이유와 배경, 논리를 분석하고 같은 맥락에서 한국의 미래 전쟁 수행방식을 모색했다. 미국과 한국의 여건이 같지 않기 때문에 주요 차이점을 식별하기 위해 한국의 전쟁 경험과 전쟁 수행방식을 진단해 보고 현재의 전쟁 수행체제를 분석했다. 이를 토대로 한반도의 작전환경과 위협인식, 군사전략, 전역구상의 논리를 적용한 결과 한국군의 미래 작전수행 개념은 '융합 마비 작전'이었다.

융합 마비 작전은 다영역부대가 여러 방향에서 다양한 형태로 동시에 분산 기동하여 조기에 평양을 고립하고, 북한 중요지역을 석권하여 유리한 조건에서 협상을 통해 전쟁 종결을 유도하는 전쟁 수행방식이다. 이 방식은 한미연합군의 융합능력이 승리의 핵심요소다. 미국이 추진하고 있는 다영역부대와 유사한 능력을 갖춘 부대들이 필요하며, 통합작전을 통한 다 영역에서의 상대적 우세(공중·해상·우주·사이버·전자기 스펙트럼 우세) 달성이 가능해야 한다. 2050년대 인공지능 기반의 자율로봇 전투체계가 시간과 공간의 제약을 없애줄 수 있다는 전망이다. 따라서 전 전장을 실시간 감시·정찰하면서 핵심표적만을 정밀타격하고, 적 정치지도부 및 지휘체계를 파괴하거나, 고립시키고, 적대국 지도자의 저항 의지를 말살함으로써 최소 희생으로 최대 성과를 창출하는 전쟁방식이 표준화될 수밖에 없다.

한반도 평화체제는 분단체제의 종식과 함께 북한의 핵무기 위협을 비롯한 각종 군사적 도발이 사라질 때 완성된다. 북한이 핵보유국 지위 인정과 체제의 안전을 담보하기 위해 핵 포기 가능성이 없는 상황에서 평화체제의 성립은 어려운 과제다. 통일은 한반도 평화체제 달성의 궁극적인 모습이지만 장기적인 분단으로 인한 양 체제의 이질화와 한반도 통일이 불러올 동북아 안보균형의 파동 등은 통일의 실현을 제약하는 요인이기도 하다.

미·중 패권경쟁의 접점이 남중국해에서 대만, 그리고 한반도로 확대되고 있는 가운데 한반도의 지정학적 위치는 미·중 패권경쟁의 충돌 현장이 될 가능성이 크다. 중국은 북한을 미국과의 분쟁에 있어서 완충지대로서 가치를 부여하고 있다. 그러므로 북한의 입장을 지지하거나 북한이 궁지에 몰릴 때 군사적 지원도 서슴지 않을 것이다.

미래 한반도에서 분쟁이 발생한다면, 중국과 북한이 연계하지 않고서는 불가능한 일이다. 북한 자신의 힘만으로는 한·미 연합방위체제의 한국을 석권할 수 있는 능력이 제한되며, 핵 무력을 사용한다면 국제사회가 북한 정권을 제재함으로써 전쟁의 승리를 유지하지 못하기 때문이다.

한미연합군의 선형방어 후 반격작전은 휴전선으로부터의 축차적인 반격을 전제로 하지만 새로운 개념은 적 부대의 격멸이나 지역점령을 목표로 하지 않기 때문에 수많은 살상과 파괴, 과다한 노력과 자원의 소모, 장기화의 폐단을 방지할 수 있다. 미래에는 시간과 장소의 제약을 받지 않고 기동이 가능한 인공지능 자율로봇들이 무기화됨으로써 요구되는 핵심표적만을 정밀 타격할 수 있는 압축된 전장 환경이 조성되기 때문이다.

융합 마비 작전은 선행연구자들이 주장하고 있는 '다차원적인 전쟁수행', '동시 병행적인 전투수행', '효과 중심 동시·통합작전', '단기 총력전', '다차원 네트워크 중심전', '병행기동 마비전' 개념과 유사점이 많다. 미래전장은 전쟁 수행 및 작전 속도가 빨라진다. 속도 중심의 무인정찰기를 비롯한 다양한 첨단 감시 자산과 정밀유도무기, 그리고 이를 연계하는 네트워크에 의한 상황의 공유는 표적탐지-정밀타격 사이클을 획기적으로 단축하기 때문이다. 이러한 발전은 속도 중심의 충격과 마비효과를 창출함으로써 단기간에 효율적인 승리를 보장할 수 있다.

한국은 미국과 같은 정도는 아니더라도 한국의 적이 누구이고, 위협이 되는 그들의 능력이 어떤 것이며, 무엇이 문제가 되는지를 규명하고, 한국군이 무엇을 어떻게 조치하려고 하는지 국민에게 이해시킬 필요가 있다. 미래의 전쟁 수행방식은 군사만의 문제가 아닌 정치·경제·사회·정보 등 전 국민과 국력이 통합되어야 효과가 발휘되기 때문이다. 국민의 지지와 공감대를 형성하기 위해서는 적절한 수준의 기정사실화 정책을 추진해야 한다. 그러기 위해서는 현재의 군사전략 목표, 개념, 수단을 미래의 전쟁 수행 개념에 맞춰 전략의 불균형이 발생하지 않도록 조정해야 한다.

이 연구는 불확실한 미래예측을 전제로 현행 군사교리에 근거한 논리적 추론으로 이루어졌기 때문에 현실적인 검증 데이터를 제시하지 못하는 한계점을 가지고 있다. 세계 최강국인 미국의 미래전 수행 개념을 분석해봄으로써 한국적 적용을 비교하여 추론한 융합 마비 작전은 미래 한반도 전구작전 수행 개념의 하나에 지나지 않을 수 있다. 장차 한·미 연합훈련 등을 통해 다영역작전부대의 강점과 단점을 파악하여 상호운용성이 발휘되도록 지속적인 연구가 필요하다.

참고문헌

국문 단행본

국방부 군사편찬연구소(2017).『6·25전쟁 주요전투 1』. 서울: 국방부 군사편찬연구소.

국방부 전사편찬위원회(1986).『한국전쟁』. 서울: 국방부 전사편찬위원회.

국방정보본부(2019a).『신시대의 중국국방』. 서울: 국방정보본부.

_____(2019b).『일본 방위백서 2018』. 서울: 국방정보본부.

군사학연구회(2015).『전쟁론』. 서울: 도서출판 플레닛미디어.

기다 히데도(2002).『걸프전쟁』. 오정석 옮김, 서울: 연경문화사.

길광준(2005).『사진으로 읽는 한국전쟁』. 서울: 예영커뮤니케이션.

길병옥·박재필·조차현(2015).『국가안보론』. 대전: 충남대학교출판문화원.

김열수·김경규(2019).『한국안보: 위협과 취약성의 딜레마』. 파주: 법문사.

김상현·최세현(2019).『2019~2029 시나리오 한반도』. 파주: (주)쌤앤파커스.

김충남·최종호(2018).『미국의 21세기 전쟁』. 서울: 도서출판 오름.

김행복(1999).『한국전쟁의 전쟁지도: 한국군 및 UN군 편』. 서울: 국방군사연구소.

니콜라이 에피모프(2011).『러시아 국가안보』. 정재호·김영욱 옮김, 서울: 한국해양전략연구소.

대한민국 국방부(2018).『2018 국방백서』. 서울: 국방부.

대한민국 육군(2019).『육군 기본정책서 '19~'33(육군비전 2030)』. 계룡: 육군본부.

_____(2020).『육군비전 2050』. 계룡: 육군본부.

데이비드 조던 외(2014).『현대전의 이해』. 강창부 옮김, 파주: 도서출판 한울.

로렌스 프리드먼(2020).『전쟁의 미래』. 조행복 옮김, 서울: (주)비즈니스북스.

루퍼트 스미스(2008).『전쟁의 패러다임』. 황보영조 옮김, 서울: 까치.

브루스 커밍스(2017).『브루스 커밍스의 한국전쟁』. 조행복 옮김, 서울: 현실문화연구.

브루스 W. 베넷, 육군 교육사령부 자료지원처 번역실(1997).『남북한의 군사변혁에 따른 장차 한국에서의 전쟁에 관한 두 가지 견해』. 대전: 육군교육사령부.

이병구(2011).『21세기 새로운 위협과 미국의 대응』. 서울: 국가안전보장문제연구소.

이상철(2012).『한반도 정전체제』. 서울: 한국국방연구원.

이춘근(2018).『미중 패권경쟁과 한국의 전략』. 서울: 김앤김북스.

정진호(2012).『한반도 전쟁 시나리오』. 서울: 도서출판 성산.

한용섭 외(2018).『미·중·러의 군사전략』. 파주: 한울엠플러스(주).

합동참모본부(2014). 합동교범 10-2『합동·연합작전 군사용어사전』. 서울: 합참.

_____(2015). 합동교범 3-0『합동작전』. 서울: 합참.

_____(2018). 합동교범 5-0『합동기획』. 서울: 합동참모본부.

국문 학술논문

강성호(1978). "한국전쟁과 미국의 대한군사정책".『군사연구』제88집. 육군본부.

김년수(2006). "미일동맹과 일본의 군사력 강화 전략".『군사논단』제46호, pp. 158-177.

김명섭(2013). "정전협정 60주년의 역사적 의미와 한반도 평화체제의 과제".『정전 60주년과 한반도 평화체제의 과제』. 통일건국민족회의.

김영준(2019. 11. 19.). "주변국 군사전략(군사혁신)과 한국의 육군력". 2019년 지상작전 교리혁신센터 세미나. 대전.

김성걸(2012). "중국의 반접근(A2)·지역거부(AD) 군사능력 평가".『국방논단』통권 제70호, pp. 42-67.

김재창(2017). "우리는 미래의 새로운 전쟁에 대비해야 합니다".『News of Aroka』제32호. 서울: 대한민국 육군협회.

김정익(2009). "한국적 작전수행개념과 합동성 수준".『주간국방논단』제1244호, pp. 9-18.

노양규(2010). "미군 작전술의 변화와 한국군 적용 연구". 충남대학교 대학원 군사학과 박사학위 논문.

노양규·장영호(2015). "'26~'33 미래 한반도 전쟁양상과 싸우는 방법 연구". 2015년도 국방정책 연구보고서. 서울: 한국국방발전연구원.

노훈(2012). "한반도 전장환경: 지속과 변화".『군사논단』통권 제71호, pp. 9-34.

박창희(2011). "한국의 '신군사전략' 개념: 전쟁수행중심의 '실전기반 억제'".『국가전략』제17권 제3호.

신성호(2018). "미국의 인도-태평양 전략과 한국의 대응".『군사논단』통권 제95호, pp. 9-26.

양해수(2015). "북한군의 기습도발에 대한 한국군의 인식과 대응에 관한 연구". 원광대학교 대학원 정치외교학과 박사학위 논문.

육군대학(2011).『작전술 및 전역계획 수립(Operational Art and Campaigning)』. 대전: 육군대학.

육군 교육사령부(2019). "미 육군 다영역 작전(MDO) 이해/함의". 교육사령부 간부교육 자료(파일).

조한범(2017). "한반도 평화협정과 북한의 전략".『월간북한』통권 548호.

지효근(2016). "한반도 미래전쟁에 대한 연구: 정치적 환경과 전장환경의 중요성".『군사연구』제141호, pp. 303-333.

_____(2019). "미국의 새로운 전투수행 개념 발전과 한국군에 대한 함의: 다영역작전(Multi-Domain Operation)을 중심으로".『군사연구』제147호.

최장옥(2015). "제4세대 전쟁에서 군사적 약자의 장기전 수행전략에 관한 연구". 충남대학교 대학원 군사학과 박사학위 논문.

최정민(2014). "북한 핵 억제전략 연구를 통한 한국의 군사적 대응방향 제시". 『군사논단』 통권 제77호, pp. 11-40.

한종훈(2019). "다영역 작전 수행 관련 2020년 미 제병협동사령관 지침". 미국 지참대 교환교관 번역 보고서(파일).

홍관희(2017). "한반도 전쟁 발발할 것인가". 『월간 북한』 통권 548호, pp. 38-52.

_____(2019). "2019 미 육군 현대화 전략(Army Modernization Strategy)". 미 교육사 교환교관(전력·기획·간부 계발 분야) 정기보고서(파일).

_____(2020a). "미 육군 현대화: 미래 승리를 위한 육군의 변화". 미 교육사 파견근무 장교 정기보고서(파일).

_____(2020b). "다영역 작전에서 융합(convergency)란 무엇인가?". 미 교육사 교환교관(전력·교리담당) 정기보고서(파일).

영문 학술논문

미 국방부(2020). "다영역통합 합동개념", https://assets.publishing.service.gov.uk/government/uploads/system/ uploads/attachment_data/file/950789/20201112-JCN_1_20_MDI. PDF. (검색일: 2023. 6. 23.)

_____(2022). "합동전영역지휘통제(JADC2) 전략", https://media.defense.gov/2022/Mar/172 002958406/-1/-1/1/SUMMARY- OF-THE-JOINT-ALL-DOMAIN-COM-MAND-AND-CONTROL-STRATEGY.PDF. (검색일: 2023. 6. 23.)

미 국회조사보고서(2022a). "합동전영역지휘통제", https://sgp.fas.org/crs/natsec/IF11493.pdf. (검색일: 2023. 6. 23.)

미 국회조사보고서(2022b). "합동전영역지휘통제 배경과 국회 문제", https://crsreports.congress. gov/product/pdf/R/R46725/2. (검색일: 2023. 6. 23.)

미 랜드연구소(2022). "현대전에서의 합동전영역지휘통제", https://www.rand.org/content/dam/rand/pubs/research_reports/RR44 00/RR4408z1/RAND_RR4408z1.pdf. (검색일: 2023. 6. 23.)

한국군사문제연구원(2022). "미 국방성 합동지휘통제 구축" 번역, https://www.kima.re.kr/data/ins_kima_newsletter//KIMA%20NewsLetter %20%EC%A0%9C834%ED%98%B8(%EB%AF%B8%20%EA%B5%AD%EB%B0%A9%EC%84%B1%20JADC2%20%EC%B6%94%EC%A7%84).pdf. (검색일: 2023. 6. 23.)

AUSA (2020). "미 육군의 다영역작전부대", https://www.ausa.org/publications/multi-domain-task-forces-glimpse -army-2035. (검색일: 2023. 6. 23.)

DARPA (2021). *Tiles Together a Vision of Mosaic Warfare: Banking on cost-effective complexity to overwhelm adversaries*, https://www.darpa.mil/work-with-us/darpa-tiles-together-a-vision-of -mosiac-warfare. (검색일: 2023.12.29.)

GAO (2023). "미 국방부와 공군은 합동지휘통제에 대한 정의를 계속 연구", https://www.gao. gov/assets/gao-23-105495.pdf. (검색일: 2023. 6. 23.)

IDA (2021). "미국의 합동전투 개념의 개발", https://www.ida.org/-/media/feature/publica- tions/w/we/welch- award-2020-research-notes-spring-2021/concept-for-joint-warf- ighting.ashx?la=en&hash=83DEE2F1F1EB5C9F03BD4D73376A1642. (검색일: 2023. 6. 23.)

NATO (2022). "나토의 다영역작전 이해", https://www.jwc.nato.int/application/files/1516/ 3281/0425/issue37_21.pdf. (검색일: 2023. 6. 23.)

Project on Government Secrecy (2022). "미국의 고등전투관리시스템", https://sgp.fas.org/crs/ weapons/IF11866.pdf. (검색일: 2023. 6. 23.)

The White House (2022). *National Security Strategy*. Washington D.C..

U.S. Air Force · Space Force (2021). The Department of The Air Force Role in Joint All-Domain Operations, https://www.doctrine.af.mil/Portals/61/documents/AFDP_3-99/ AFDP%203-99%20DAF%20role%20in%20JADO.pdf. (검색일: 2023. 12. 28.)

U.S. Air Force Doctrine (2023). "왜 미국은 합동전영역작전이 필요한가?", https://www.doc- trine.af.mil/Portals/61/documents/Notes/Joint %20All-Domain%20Operations%20 Doctrine-—CSAF%20signed.pdf. (검색일: 2023. 6. 30.)

U.S. Army Training and Doctrine Command (2014a). TRADOC Pamphlet 525-3-1, *Multi-Do- main Battle: Evolution of Combined Arms for the 21st Centry 2025-2040* (2014. 10. 31.), https://www. tradoc.army.mil/Portals/14/Documents/TP525-3-1.pdf. (검색일: 2018. 11. 26.)

_____(2014b). TRADOC Pamphlet 525-3-1. *The U.S. Army Operating Concept: Win in a Com- plex World 2020-2040*, http://www.tradoc.army.mil/tpubs/pams/tp525-3-1.pdf. (검색 일: 2018. 11. 26.)

_____(2018). TRADOC Pamphlet 525-3-1. *The U.S. Army in Multi-Domain Operations 2028*, https://www.tradoc.army.mil. (검색일: 2019. 1. 5.)

_____(2020). *The Operational Environment and The Changing Character of Warfare*, https://www. armadninoviny.cz/domains/0023-armadninoviny_cz/ useruploads/media/The-Opera- tional-Environment-and-the-Changing-Character-of-Future-Warfare.pdf). (검색일: 2020. 8. 2.)

U.S. Department of Defense (2019). *Indo-Pacific Strategy Report*. Washington D.C.: DoD.

_____ (2022). *2022 National Defense Strategy*. Washington D.C.: DoD.

U.S. Headquarters. Department of the Army (2003). FM 6-0. *Mission Command: Command and Control of Army Forces*. Washington, D.C.: HDA.

_____(2015). APT 5-0.1. *Army Design Methodology*. Washington, D.C.: HDA.

U.S. Headquarters. Department of the Army (2021). "미 육군 다영역작전으로 전환", https://api. army.mil/e2/c/downloads/2021/03/23/eeac3d01/20210319- csa-paper-1-signed- print-version.pdf. (검색일: 2023. 6. 23.)

U.S. Joint Chiefs of Staff (2017). JP-1. *Doctrine for the Armed Forces of the United States.* Pentagon Washington D.C..

제3장
합동전영역지휘통제
JADC2

미래 과학기술전의 핵심분야를 완성하라

* 이 글은 『한국군사학논집』 79권, 2023년에 발표한 논문을 수정 및 보완한 것이다.

제1절 서론

북한의 핵 및 미사일 위협이 현실화되고 미·중 전략적 경쟁, 전쟁 패러다임의 변화, 인구절벽 현상에 의한 향후 병역자원의 부족 등 우리 군은 국방환경의 변화에 따른 도전요인을 극복하기 위해 4차 산업혁명 과학기술을 기반으로 한 『국방혁신 4.0』[1] 기본계획을 수립하여 추진하고 있다.

특히, 국방혁신 4.0에서는 5대 중점 가운데 'AI 기반 핵심 첨단전력 확보'를 위한 과제 중 하나로 '합동전영역지휘통제(JADC2: Joint All Domain Command & Control) 구축'을 제시하면서, 합동전영역지휘통제를 미래 AI, 유·무인 복합전투체계, 우주, 사이버 및 전자기 스펙트럼 등 새로운 영역(Domain)에서 작전수행능력 보장을 위해 반드시 필요한 과제로 명기했다.[2]

우주, 사이버 등 새로운 영역이 등장하고 영역별 교차의 중요성에 대한 인식 및 이를 위한 지휘통제의 개념 구현 노력은 우리 군 뿐만 아니라 주요 선진국에서도 합동전영역작전(미국), 다중영역통합(영국), 영역횡단작전(일본), 지능화 전쟁(중

---

1 2019년에 발간한 『국방개혁 2.0』 기본계획을 대체하는 문서로 5대 중점, 16개 과제를 제시하여 2040년까지 경쟁우위의 AI 과학기술 강군을 육성하기 위한 계획이다.

2 "제2창군 수준의 국방 재설계, AI 과학기술강군 육성, 윤석열 정부의 「국방혁신 4.0 기본계획」 발표", 국방부 보도자료(2023. 3. 3.).

국) 등과 같이 다양한 명칭으로 개념발전과 구축을 추진하고 있다(합동군사대학교, 2023, pp. 105-107). 또한 최근 우크라이나 전쟁에서도 첨단 과학기술이 접목된 지휘통제를 통해 전장에서 전투력의 열세를 극복하며, 효과적인 작전을 수행하고 있음을 주요 매체나 전훈분석 자료 등을 통해서도 쉽게 확인할 수 있다. 특히, 우크라이나군은 스타링크를 통한 네트워크 통합 및 연결 보장과 상용 앱을 작전에 활용하고, 델타 시스템, GIS 아르타(GIS Arta: GIS Art for Artillery) 등에 의한 신속한 결심을 보장함으로써 실제 전장에서 작전수행능력의 효율성을 제고하고 있다.

『국방혁신 4.0』과 주요 선진국들의 움직임, 그리고 실제 전쟁사례에서 쉽게 찾아볼 수 있는 것처럼, 전장의 전 영역에서 통합된 작전을 수행하기 위한 개념과 수단 및 방법에 대한 구현은 미래전에 대비하기 위해 필수 불가결한 과제가 되었다.

우리 군은 합동전영역지휘통제 전략 추진을 위해 올해부터 개념연구 등을 시작했다. 특히, 2023년 5월 2일, 합참은 합동 지휘통제·통신 종합발전 세미나를 개최하여(임채무, 2023), 합동전영역지휘통제의 중요성에 대한 공감대 형성과 발전방안을 토의하는 등의 노력을 본격화하고 있다. 하지만 아직 한국의 합동전영역지휘통제 전략에 대한 구체화가 미흡하고, 미국 등 주요 선진국들의 움직임과 비교해보면 개념정립 수준에 머무르고 있는 실정이다.

또한 관련 기관 및 학계에서도 합동전영역지휘통제의 중요성에 대한 공감대가 형성되어, 다양한 선행연구들이 진행되고는 있으나, 한국군 합동전영역지휘통제 전략에 대한 보다 세부적인 연구는 미흡하다. 그나마 한국군 합동전영역지휘통제 전략에 대한 연구로 주목할 수 있는 것은 윤웅직·심승배, 원인제·송승종의 연구가 있다. 먼저, 윤웅직·심승배(2022)는 '미군의 합동전영역지휘통제 전략의 주요 내용과 시사점'에서 합동군 수준의 전 영역 지휘통제 개념을 구상하고 각 군의 지휘통제 체계와 연계하는 노력과, 비전투 분야를 위주로 인공지능의 도입 필요성을 제시했다.

원인제·송승종(2022)은 "美 미래 합동전투개념과 한국군에 대한 함의"에서 미군의 합동전영역지휘통제 구축 과정을 분석하여, 한국군의 능력을 반영할 수 있는 요구사항을 식별하는 등 선제적인 연구 필요성을 제시했다.

합동전영역지휘통제에 대해 기존의 연구들은 우리 군의 합동전영역지휘통제 전략에 대한 구체적인 내용보다는, 미군의 합동전영역지휘통제 관련한 시사점과 함의 및 방향성을 제시하는 데 중점을 두고 있다. 따라서 미래전에 대비한『국방혁신 4.0』의 목표를 달성하고, 전작권 전환 이후 효과적인 한·미 동맹의 연합작전능력 발휘를 위해, 미군이 구축하고 있는 합동전영역지휘통제에 대한 보다 구체적인 연구와 전쟁사례에 기반한 한국군 합동전영역지휘통제 전략 제시가 필요하다.

이러한 맥락에서 이 장의 목적은 한반도 환경에서 한국군 합동전영역지휘통제 전략의 중심사고와 이에 따른 전략은 어떻게 정립해야 하며, 이를 구현하기 위한 목표, 방법 및 수단은 무엇인지를 구체화하는 것이다.

연구목적을 달성하기 위한 연구문제는 다음과 같다. 첫째, 미군이 추진하고 있는 합동전영역지휘통제 전략의 추진배경, 전략 개념 및 구현방법은 무엇인가? 또한 합동전영역지휘통제 전략 추진 시 확인된 도전요소들은 무엇인가? 둘째, 미군 사례를 바탕으로 한국군 합동전영역지휘통제의 효율적인 구축을 위해 반드시 고려해야 할 사항과, 이를 추진하는 데 있어서 도전 및 극복해야 할 요소는 무엇인가? 이러한 연구문제에 답하는 과정은 한국군 합동전영역지휘통제 구축과 관련된 구체적인 추진방안에 대한 연구사례가 거의 없는 상황에서 학술적으로나 정책적으로 중요한 의미를 갖는다.

이 장은 총 5개의 절로 구성했다. 2절에서는 이론적 고찰로서 합동전영역지휘통제에 대한 개념과 중요성에 대해서 논의했다. 3절에서는 미군의 합동전영역지휘통제가 어떻게 추진되고 있으며, 실제 우크라이나 전쟁에서 운용되고 있는 사례는 무엇이 있는지 분석함으로써 우리 군에 주는 함의와 한국군 합동전영역지휘통제 구현에 반드시 반영되어야 할 핵심사항에 대해 분석했다. 4절에서는 우리 군의 합동전영역지휘통제의 중심사고와 추진전략을 전략의 3요소(목표, 방법, 수단)에 따라 제시했다. 끝으로 결론에서는 연구결과를 요약하고, 이 글의 한계와 향후 추가 연구 필요성에 대해 제시했다.

제2절
합동전영역지휘통제에 관한 이론적 논의

합동전영역지휘통제는 미래 전장환경에서 전 영역 통합작전을 최적으로 구현할 수 있는 AI 기반 지휘결심 및 통제체계 구축을 위한 것이다. 그 개념은 우주, 사이버, 전자기 스펙트럼 등 전 영역에 분산된 개별 무기체계 및 전투원으로부터 수집된 대용량의 정보를 초연결 네트워크를 통해 통합하고, 이를 AI 기반 빅데이터 분석을 통해 최적화된 방책을 제시하여, 지휘관의 의사결정을 지원하는 것이다(국방부, 2023, p. 5).

〈표 3-1〉 합동전영역지휘통제 개념 정립을 위한 논의

합동 (Joint)	전 (All)	영역 (Domain)	지휘통제 (Command and Control)
• 병과 간 협동(cooperation) • 국가별 연합(combined) • 민·관·경 통합방위 　(integrated)	• 전(all) • 다중(multi)	• 지상 • 해상 • 공중 • 사이버 • 전자기 • 우주	• 술(術)과 과학 • 임무지휘[3] • 전투수행 기능 • 절차, 범위 • 지휘통제체계 　(인원, 절차, 네트워크 등)

---

[3]　임무에 기초한 지휘를 의미한다. '지휘통제가 어떻게 이루어져야 하는 것인가?'에 대한 본질을 규

그러나 『국방혁신 4.0』에서 제시하는 합동전영역지휘통제의 개념은 〈표 3-1〉과 같이 네 가지 관점에서 새롭게 논의될 필요성이 있다. 첫째, 합동이라는 용어에 관한 논의다. 합동(Joint)이란 동일 국가의 두 개 군 이상의 부대가 동일 목적으로 참가하는 각종 활동, 작전, 조직을 지칭하는 용어이며(합참, 2022a, p. 378), 합동성(Jointness)은 전장에서 승리하기 위해 지상·해상·공중전력 등 모든 전력을 기능적으로 균형 있게 발전시키고, 이를 효율적으로 운용함으로써 상승효과를 달성할 수 있게 하는 능력 또는 특성이다(합참, 2022a, p. 384).

하지만 작전환경을 분석할 때 작전변수(PMESII-PT: Politics, Military, Economy, Social, Infrastructure, Information, Physical Environment, Time)를 분석하는 것과, 2014년 돈바스 전쟁에서의 하이브리드전이나 최근 우크라이나 전쟁에서 보는 바와 같이, 국가안보는 군사력만으로 달성되는 것이 아니라, 군사력을 포함한 제 국력요소와

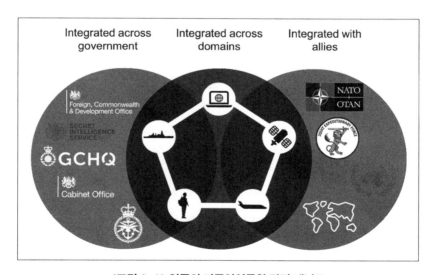

〈그림 3-1〉 영국의 다중영역통합 관련 개념도

출처: UK MoD (2023), "Multi-Domain Integration", https://www.gov.uk. (검색일: 2023. 4. 29.)

명한 것으로, 임무지휘의 핵심은 지휘관들이 상급 지휘관 의도를 충분히 이해한 가운데, 이를 바탕으로 임무완수 방법을 결정하고 수행하는 것이다(합참, 2022b, 4장 군사작전. p. 20).

국내외 대중의 지지나 정당성 확보가 뒷받침되어야 한다. 따라서 한국군 합동전
영역지휘통제 개념은 제 국력요소인 DIME(Diplomatic, Informational, Military, Econom-
ic) 또는 MIDFIELD(Military, Informational, Diplomatic, Financial, Intelligence, Economic,
Law, Development)[4]등 민·관·경·소방과 연계한 통합방위능력과 미군 등 동맹국,
파트너국과의 연합능력 및 국내외 대중의 지지라는 관점까지 연계한 개념으로 재
정립이 필요하다. 〈그림 3-1〉과 같이 영국의 다중영역통합 개념 또한 군만이 아
닌, 동맹국과 제 국가요소에 대한 통합을 고려하고 있음을 확인할 수 있다.

둘째, 용어와 개념상 전(all)이 정확한 것인가? 아니면 다중(multi)이 정확한 것
인가에 관한 논의다. 미군의 사례와 같이 각 군별 개념을 발전시킬 때는 각 군의
작전영역을 기준으로 하기 때문에 다중이라는 개념을 적용했으나, 합동성 차원의
개념으로 통일되면서 전 영역에 대한 고려로 이어진 것처럼(원인재·송승종, 2022, pp.
91-98), 우리 군의 최종 모습도 전 영역이 타당하다. 다만, 최종 모습은 전 영역으
로 하되, 중간 단계는 다중 영역 등의 용어와 개념의 정립 등 진화적인 접근이 필
요하다.

셋째, 영역(Domain)에 대한 논의다. 영역이란 활동 및 영향력이 미치는 범위,
공통적이면서 고유의 특성이 있는 군의 합동기능 수행공간을 의미한다(U.S. Air
Force & Space Force, 2021, p. 4). 미군은 최근 합동전영역작전(JADO: Joint All-Domain
Operations)과 관련하여 전장환경을 인간, 물리, 정보 등으로 구분하고, 각 환경은
여러 요소가 상호 긴밀하게 연결되어 영향력을 발휘해야 한다고 개념화했다.

우리 군의 군사용어사전에는 영역에 대한 정의는 없다. 다만 군사기본교리에
서 "영역에 대한 이해는 본질적으로 존재하는 공간을 새로운 무기체계 등에 의해
서 영역화하고 이 공간을 어떻게 군사적으로 활용하는가와 연계되어 있는 것"으
로 제시하고 있다(합참, 2022b, p. 부-18). 또한, 지금까지 인식하고 있는 지상·해양·

---

4   2018년도 미 합동교리노트 1-18 '전략'에서는 기존 국력 평가요소로 활용되었던 DIME 요소 외
에 금융, 법, 정보 등의 개념을 추가한 새로운 약어인 MIDFIELD를 제시했다(U.S. JCS, 2018, p.
II-8).

공중·우주 및 사이버 공간은 모두 영역화를 이루었으며 새로운 공간창출에 따라 언제든지 새로운 영역이 나타날 수 있는데, 그 대표적인 예로 인지영역 등을 제시하고 있다(합참, 2022b, p. 부-19). 우리 군 또한 한반도 전장환경에 대한 모습을 토대로 미래전에 영향을 미치는 환경은 무엇이고 이 가운데 대비해야 하는 주요영역은 무엇인지에 대한 구체적인 정의와 정리가 필요하다. 지금 한반도 전장환경에서 향후 사이버, 전자기 스펙트럼 및 우주영역을 고려하고 있지만, 앞서 언급한 인간의 인지영역 등 전장에 직·간접적으로 연결되어 영향을 줄 수 있는 영역에 대한 연구와 검토가 필요하다.

끝으로 합동전영역지휘통제가 지휘통제[5]의 개념인지, 지휘통제체계[6]의 개념인지에 대한 논의와 이해가 필요하다. 미군은 합동전영역지휘통제를 분쟁과 경쟁의 연속이라는 전장환경에서 작전·정보적 우위를 달성하기 위해 파트너와 함께 의사결정을 신속하게 행동화하고 전 영역의 능력을 활용하기 위한 지휘결심의 술(術)과 과학으로 정의하고 있다(U.S. Air Force & Space Force, 2021, p. 4). 또한 합동전영역지휘통제 구현을 위한 다섯 가지 노력선[7]을 제시하여 조직, 절차, 지휘통제 구조, 데이터의 활용 및 기술적 영역 등 지휘통제와 관련된 모든 내용에 대한 고려사항을 제시하고 있다(U.S. Department of Defense, 2022, pp. 5-7). 이처럼 합동전영역지휘통제 전략은 지휘통제체계만이 아니라, 지휘통제 개념과 연계하여 정책, 제도, 조직, 작전 개념, 교리, 절차 및 교육훈련 등 모든 요소에 대해 고려하고 있다.

---

5 "지휘관과 참모가 임무 완수를 위해 지휘의 술(術)과 통제의 과학을 조화롭게 활용하여 예하부대를 지휘하고 통제하는 것"을 말하며(육본, 2022, 2장, p. 1), 여기서 지휘(Command)란 "지휘관이 부여된 임무를 완수하기 위해 계급 또는 직책을 통해 합법적으로 권한을 행사하는 것"(육본, 2022, 2장, p. 3), 통제(Control)란 "임무를 완수하기 위해 지휘관 의도에 부합하도록 부대활동과 전투수행기능을 제한, 조정, 협조, 통합하는 활동"을 말한다(육본, 2022, 2장, p. 22).

6 "지휘관과 참모가 지휘소를 중심으로 상급 및 예하부대, 인접 및 지원부대, 타 군 등 수직·수평적으로 정보를 공유하면서 제 전투수행 기능과(지휘통제, 기동, 정보, 화력, 지속지원, 방호) 가용 작전요소를 통합하여 운용하는 체계"로 정의한다. 구성요소는 인원, 과정 및 절차, 네트워크 및 지휘소다(육본, 2022, 3장, p. 15).

7 ① data enterprise, ② human enterprise, ③ technology enterprise, ④ integrating with nuclear C2 and C3, ⑤ modernizing mission partner information sharing.

따라서 합동전영역지휘통제의 개념은 일종의 전력(체계)에 국한된 개념이 아닌, 신속한 결심보장을 위한 지휘통제에 대한 개념들이 고려되어야 한다.

합동전영역지휘통제와 관련한 우리 군의 각종 문서를 살펴보면 지휘통제와 지휘통제체계의 개념을 혼용하여 서술하고 있고, 대부분 전력(체계)의 개념에 한정하고 있다. 따라서 『국방혁신 4.0』의 최종 모습을 구현하기 위해서는 지휘통제의 올바른 개념, 고려해야 할 범위, 용어 등을 명확히 해야 한다. 〈표 3-1〉에서 제시한 바와 같이 지휘통제의 개념 안에 있는 술(術)과 과학의 영역, 임무지휘, 이를 위한 각종 시설, 장비, 절차와 같은 지휘통제체계 등 모든 사항을 고려하여 발전시켜야 한다.

우리 군이 국방혁신 4.0에서 제시한 합동전영역지휘통제 구현을 추진하는 데 단순히 지휘통제체계의 개념으로 한정하여 접근한다면 향후 교리, 교육훈련, 관련 장비의 개발, 지휘통제 구조 및 조직 등에 있어 혼선이 발생할 수 있다. 네트워크 연결과 AI 등과 같이 기술적인 측면 등 수단으로만 접근하게 된다면 결심중심전을 위한 지휘구조 및 조직, 절차나 방안, 이를 위해 AI 개입범위를 판단하기 위한 술과 과학의 영역 등에 대한 판단 등을 간과하거나 통합된 노력이 이루어질 수 없다.

제3절
미군 합동전영역지휘통제 전략 분석

1. 추진배경

　　미국의 JADC2 전략의 개념을 이해하기 앞서 먼저 미국이 발전시켜온 시기별 국방전략에서부터 합동작전 개념 등을 이해할 필요가 있다. 미군은 안보환경 및 과학기술 발전에 의한 전쟁 패러다임의 변화 등에 따라 국방전략으로는 세 번에 걸친 상쇄전략과 시기에 따라 군사전략 및 전쟁, 작전수행 개념을 발전시켜왔다. 특히 중국의 부상에 따른 전략적 경쟁의 하나로 합동작전 기본개념을 정립하기 시작했고, 합동작전 기본개념 중 하나로 공해전투-연안작전-진입작전-지상작전이라는 합동작전 접근 개념(JOAC: Joint Operation Access Concept)을 발전시켰다(최영찬, 2022, pp. 63-67).

　　그중 가장 먼저 2010년 해·공군의 합동작전 개념인 공해전투(ASB: Air Sea Battle) 개념 적용을 통해 작전적 접근능력을 보장하고자(U.S. Naval War College, 2013) 했으나, 중국과의 전면전 가능성과 해·공군력으로는 전략적 마비 달성 제한, 지상전력의 역할 및 우주, 사이버 영역에 대한 중요성을 간과하는 등의 문제가 제기되었다(최영찬, 2022, p. 62). 따라서 2015년에는 기존 합동작전 접근 개념의 첫 번째

작전 개념인 공해전투는 신합동전력 운용 개념(JAM-GC: Joint Concept for Access and Maneuver in the Global Commons)으로 대체되었다(최영찬, 2022, pp. 68-69). 신합동전력 운용 개념은 공해전투가 중국의 A2/AD 자산에 대한 정밀타격을 강조하는 데 반해, 기동의 역할을 보다 강조함으로써 공해전투 시 확전의 가능성 등 전략적 위험성을 제고하는 데 중점을 두고 있다. 또한 전력의 운용범위를 국제공역(global commons)으로 확장함으로써 공해전투의 군사적인 효용성은 유지하되, 예상되는 전략적 위험성을 관리하는 개념으로 발전했다(Terry S. Morris et al., 2015).

2018년에는 국방전략서에서 신합동전력 운용 개념을 기본으로 미 합동군 차원의 혁신적인 작전개념 수립이 핵심과제로 제시되었으나, 합동군 차원에서의 개념 수립이 아닌 각 군에서 작전개념의 연구가 추진되었다. 대표적으로 미 육군은 다 영역의 전투단위들이 타 영역으로도 전투력의 투사가 가능하도록 하기 위해 다영역작전(MDO: Multi Domain Operaion)[8]을 제시했으며, 미 해군은 분산해양작전(DMO: Distributed Maritime Operation)[9], 미 공군은 다영역지휘통제(MDC2: Multi-Domain Command and Control)[10]와 신속전투배치(ACE: Agile Combat Employment)[11], 미 해

---

[8] 중국, 러시아 등 첨단과학기술 활용으로 기존 미국이 가지고 있던 군사적 우위의 상쇄(offset), 국가전략과 연계한 국방전략 및 군사전략 수립 필요성 제기, 전 영역에서 우위를 유지할 수 있는 합동작전수행 개념의 발전 필요 등의 이유로 등장하게 되었다(김동민·위진우, 2022, p. 7).

[9] 2018년 미 해군은 분산해양작전을 제시했다. 모든 수상전력 플랫폼의 공격 및 방어능력을 증강하고, 플랫폼을 분산시키며, 이들 체계의 생존성을 증진시킨다는 것이다. 미 해군이 중국의 A2/AD 전력에 맞서기 위해서는 종전과 같은 항모강습단(CSG: Carrier Strike Group) 중심의 고가치 전력을 집중 운용하기보다는 다수의 이동플랫폼이나 소규모 전력 패키지(package)를 보다 넓게 분산시켜서 적을 복잡하게 압박하고 혁신기술을 모든 플랫폼에 탑재하여 적의 중심을 타격함으로써 비싼 대가를 강요하고 심각한 딜레마를 부여하겠다는 개념이다(정호섭, 2019, p. 32).

[10] 미 공군의 '다영역지휘통제'는 '합동작전기본 개념'을 지원하는 '합동작전접근 개념'의 작전환경 변화에 따른 시너지효과 창출에서 시작했으며, 다영역작전 수행 시 합동군 지휘관이 실시간에 전투상황을 인지하고 필요전력을 이동시킬 수 있는 능력을 핵심으로 보고 있다(원인재·송승종, 2022, p. 92).

[11] 미 공군의 신속전투배치는 JADO를 지원하는 개념이다. 신속전투배치는 행동의 자유를 달성하기 위해 적의 대응을 복잡하게 하거나 무효화하고 적의 의사결정 주기 내에서 전력을 운용함으로써 적에게 딜레마를 강요한다(U.S. Air Force, 2022, p. 1; Greg Hadley, 2023).

병대는 원정전진기지작전(EABO: Expeditionary Advanced Base Operations)[12] 등을 발전시켰다.

2019년 에스퍼 전 국방장관은 다영역작전을 기초로 각 군의 작전 개념을 통합한 합동전투 개념으로 발전시킬 것을 지시했고, 2021년 3월에 합동전영역작전을 공식적으로 승인했다(원인재·송승종, 2022, p. 98). 합동전영역작전은 공중, 지상, 해양, 사이버, 우주 및 전자기 스펙트럼 영역에서 임무완수와 우위를 확보하기 위해 통합된 작전기획과 동기화된 작전시행으로 필요한 규모와 속도로 전 영역에서 수행되는 합동군의 활동이다(U.S. Air Force & Space Force, 2021, p. 4). 이를 위해 합동 기능별 비전을 제시하고 네 개 핵심 기능은 각 군에게 위임했는데, 합동화력 분야는 해군이, 군수지원 관련 사항은 육군이, 정보우위 관련 사항은 합참이, 합동전영역지휘통제 관련 사항은 공군이 주도하여 발전시키도록 했다. 이 중 합동전영역지휘통제는 합동전영역작전을 구현하기 위한 핵심 개념이다(원인재·송승종, 2022, p. 98).

2. 전략 개념 및 구현방안

미군의 JADC2 전략은 2021년 5월에 오스틴 미 국방장관이 승인했다. JADC2 전략 추진과 관련하여 미 국방부에서 2022년 1월, 미 의회에 JADC2 추진현황에 대한 보고를 목적으로 작성한 "JADC2 전략 배경과 쟁점(Background And Issues For Congress)" 문서와 2022년 3월에 JADC2 전략 구현방안에 대한 대외 공개

12　미 해병대의 EABO는 분산해양작전과 경쟁적 전장환경에서의 연안작전(LOCE: Littoral Operations in the Contested Environment)을 지원하기 위함이다. EABO의 궁극적인 목적은 해군의 DMO 작전 시 신속한 전방 전개와 현시를 통해 전략적 이점을 제공하여 전쟁 승리를 보장하는 데 있다(김덕기, 2021).

용 문서로 발간한 "JADC2 전략 요약본(Summary Of JADC2 Strategy)"[13] 등 두 개의 대표적인 문서를 기준으로 JADC2 전략 개념 및 구현방안을 분석해보면 다음과 같다.

먼저, 미 국방부에서 제시하고 있는 JADC2 전략 개념은 〈그림 3-2〉와 같이 전자기 스펙트럼 영역을 포함한 전장의 모든 영역에서 시간과 장소에 관계없이, 합동전력을 지휘통제 하는 데 필요한 능력을 지휘관에게 부여하여 적보다 정보와 지휘결심 속도에 대한 우위를 유지하도록 하며, 이를 가능하게 하기 위한 정책, 권한, 조직, 작전적 절차, 관련 소요기술 등 물리·비물리적 수단과 방법의 모든 사항을 고려해야 함을 제시했다(U.S. Department of Defense, 2022, p. 1).

미국의 JADC2 전략 개념은 미 국방부 JADC2 요약본 공개 이전에 발간된 미 의회연구소(CRS: Congressional Research Service) 보고서를 통해 보다 세부적으로 분석할 수 있다. 이 보고서에서는 JADC2 전략 개념에 대해, 모든 군의 센서를 단일 네트워크로 연결하고, AI 알고리즘을 사용하여 결심능력을 향상시키는 것으로 우버(Uber)[14]를 비유하여 설명했다(John R. Hoehn, 2022, p. 2). 우버가 사용하는 알고리즘은 거리, 이동시간, 승객 등을 기반으로 최적의 차량을 결정하고 우버 앱은 운전자가 승객을 목적지까지 도착하도록 따라야 하는 지침을 자동으로 제공한다. JADC2도 다양한 센서를 통해 수집된 데이터가 AI 알고리즘에 의해 표적을 식별하고 최적의 무기체계를 추천함으로써 지휘관이 최상의 의사결정을 수행할 수 있고, 현장의 지휘관은 전 영역의 능력이 통합된 최적의 방안을 제공받음으로써 적보다 빠른 결심을 보장하고 적에게는 복잡성을 증가시킬 수 있도록 한다는 것이다(John R. Hoehn, 2022, p. 1).

---

13 요약본은 대외 공개용 문서로 가이드 수준의 개략적인 내용이며, JADC2의 세부 구현방안 문서는 비문으로 공개가 제한되어 있다(Greg Hadley, 2022).

14 스마트폰을 기반으로 한 승차 공유 서비스로 2010년부터 서비스가 시작되었다. 운전자와 승객 간 모바일 앱을 통해 중개하는 서비스로 승객이 요청 시 최적의 차량이 추천되어 제공된다. 우리나라에 비슷한 서비스로는 카카오택시 등이 있다.

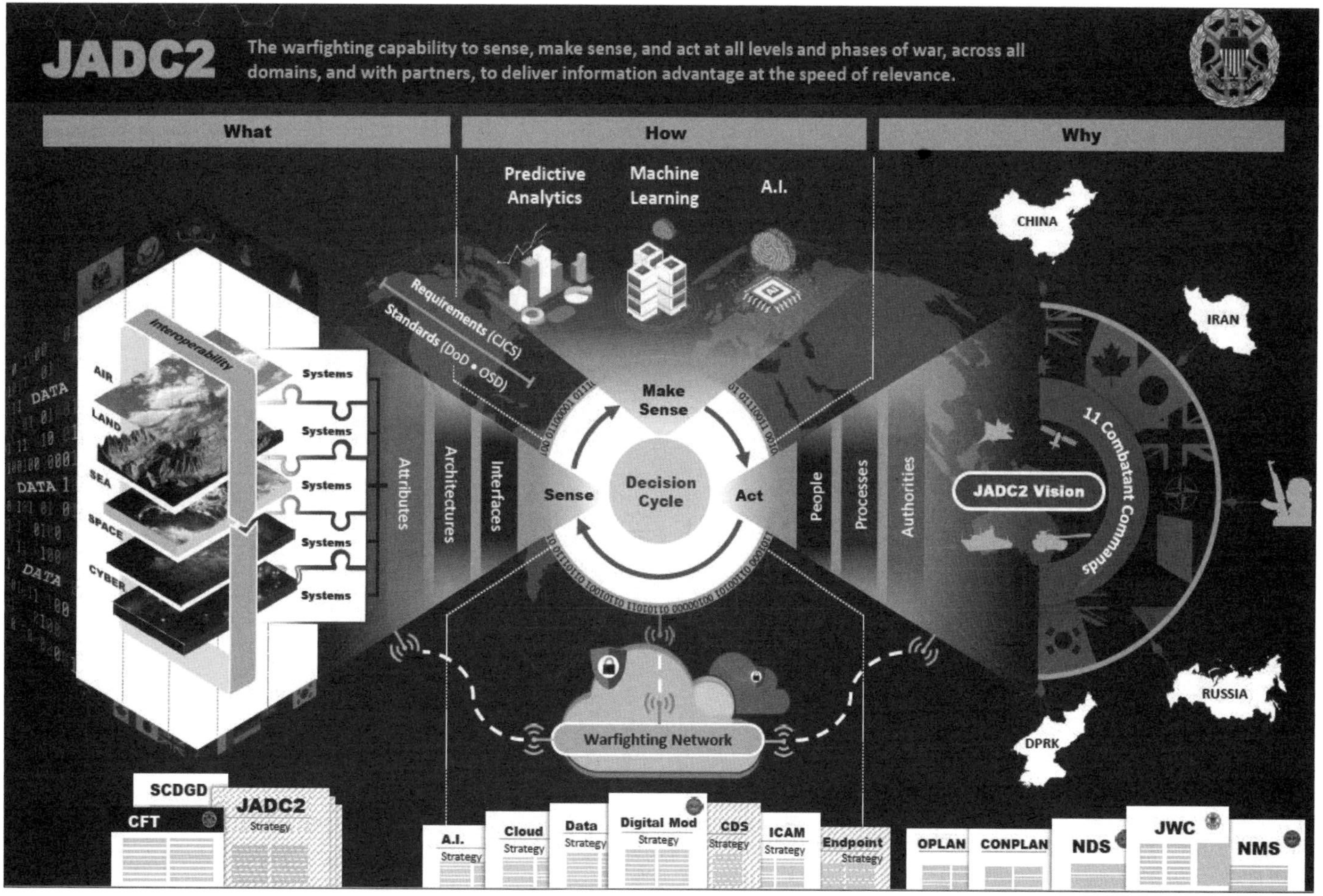

〈그림 3-2〉 미 합동전영역지휘통제 전략 개념도

출처: U.S. Department of Defense (2022), p. 3.

또한 보다 많은 권한위임을 통해 분권적인 임무수행이 가능하도록 하며 분산된 센서, 타격체계 등이 전 영역상의 합동군에 연결되어 통합된 작전계획과 시간, 공간, 목표의 융합된 조율을 가능하도록 하는 개념으로 보다 신속하고 정확한 작전수행을 위해 전 영역에서 인간과 기계와의 협업이 필요함을 제시했다(John R. Hoehn, 2022, p. 8).

이처럼 미국의 JADC2 전략은 합동전영역작전을 가능하게 하는 동시에, 모자이크전(mosaic warfare)[15] 개념에서 제시하는 바와 같이, 분산과 집중을 통해 중국의 시스템 파괴전을 무력화하고, 오히려 적에게 전장의 안개를 더욱 강요할 수 있는 핵심전략이다. 미국의 전·현직 고위관리들 또한 JADC2 도입이 절실하고(김동현, 2021), 최우선 추진과제로 필요함을 제시(김동현, 2021)하는 등 JADC2 전략은 미국의 전략적 경쟁과 미래전에 대비하여 반드시 구현되어야 할 전략임을 확인할 수 있다.

미 국방부는 이러한 JADC2 전략을 구현하기 위한 방안으로 〈표 3-2〉에서 보는 바와 같이 크게 접근방법과 노력선 및 원칙의 세 가지 분야로 구분하여 제시했다. 첫째, 접근방법이란 JADC2 전략 구현 시 필요사항을 결심절차로 구분·접근하여 제시하는 방법을 의미한다. 즉 전장에서 결심을 위한 절차를 크게 감지(sense), 이해(make sense), 행동(act)으로 구분하고, 각 단계별 전략구현을 위해 필요한 내용이 무엇인지 제시하는 것이다. 둘째, 노력선은 사업추진 기관, 부서, 실무자가 반드시 인식하고 협업해야 하는 사항이며, 마지막으로 원칙이란 JADC2 전략 구현 시 반드시 준수해야 하는 요소를 지정한 것이다(U.S. Department of Defense, 2022, pp. 4-8). 세 가지의 각 분야별 세부 내용은 다음과 같다.

---

15 2017년 미 방위고등연구계획국(DARPA: Defense Advanced Research Projects Agency)이 제안한 전투수행 개념으로, 신기술을 활용하여 중국과 러시아의 시스템 파괴전(system destruction warfare)에 효과적으로 대응하기 위한 전쟁수행 개념이다(최영찬, 2022, pp. 98-99).

〈표 3-2〉 합동전영역지휘통제 전략 구현 방안

구분	내용
접근방법	감지·이해·행동별 필요사항 제시
노력선	데이터, 인적 자원, 기술, 핵전력 운용, 임무파트너와 정보공유
원칙	① 정보공유 보장, ② 보안, ③ 상호운용성 보장 위한 표준 정립 ④ 회복탄력성, ⑤ 노력의 통합, ⑥ 신속한 개발, 획득 능력

출처: U.S. DoD (2022), "Summary of the JADC2 Strategy", pp. 4-8. 내용을 바탕으로 재작성.

먼저, 접근방법으로 감지 분야에서 필요한 사항은 모든 영역에서 적보다 먼저 신속하게 데이터를 수집, 종합, 처리 및 공유하기 위한 능력이다. 이해 분야에서는 작전환경 및 적의 의도 등을 이해하고 예측하기 위해 정보를 분석하는 것으로, 인공지능과 머신러닝 등 자동화된 기술을 활용하여 결심주기를 더욱 단축시킬 수 있도록 해야 하며, 행동은 보안이 유지된 상태에서 신속하고 정확하게 결심을 전파하는 능력과 물리적인 통신연결 제한 시에도 결심 우위를 유지하기 위해 필요한 교리적 절차에 대한 정립의 필요성도 제시했다(U.S. Department of Defense, 2022, pp. 4-5).

노력선에서는 다섯 가지의 핵심 기능적 분야를 제시했다. 첫째, 데이터를 효과적으로 관리 및 운용하기 위해 표준화해야 하는 내용은 무엇인지 제시했다. 둘째는 인적 자원에 대한 노력선으로 정책 실무자부터 지휘관, 작전 개념, 교리, 기술, 실험, 시연, 평가 및 훈련과 관련된 인원 등 개발, 운용, 평가 등과 관련하여 인적 자원 범위와 분야별 요구능력은 무엇인지 지정하고 양성하는 노력을 의미한다. 셋째, 기술적 분야로 보안 보장하에 지속적인 지휘통제를 유지하기 위해 필요한 통신 시스템에 대한 내용이며, 넷째, 핵전력 운용을 위한 지휘통제 및 통신 시스템과 JADC2와의 통합 방안, 마지막으로 타 국가와의 연합작전을 위한 상호운용성 향상을 위해 어떻게 해야 하는지에 대한 노력선을 제시했다(U.S. Department of Defense, 2022, pp. 5-7).

원칙에 대한 내용은 총 여섯 가지를 제시하고 있는데, 사업의 시작부터 구현

시까지 정보공유 보장을 위한 방안을 항상 고려해야 한다는 원칙과, 보안 보장 원칙, 상호운용성 보장을 위한 표준 정립, 장비 또는 시스템이 파괴되거나 기능제한시 연결을 보장하는 회복탄력성, 기관별 불필요한 노력의 방지를 위한 사업수행절차 정립 및 지휘통제 능력 개발 관련 신속한 획득절차에 대한 정립 등의 원칙을 제시함으로써 관련 기관, 실무자들이 하나의 방향으로 JADC2 전략을 구현할 수 있도록 기준과 지침 등을 제시했다(U.S. Department of Defense, 2022, pp. 7-8).

또한, 미 국방부는 전략구현 방안 외에 JADC2 실무조직 및 협력체계에 대해서도 언급했다. JADC2 전략 구현을 위해 전투사령부, 안보 관련 정부기관, 합참 및 국방부의 관련 실무자 등으로 구성된 교차기능팀(CFT: Cross-Functinal Team)[16]에서 구현을 주도 및 감독하고(U.S. Department of Defense, 2022, p. 8), 예하 7개의 워킹그룹[17]을 구성하여 JADC2 개념 구현을 위한 실무를 할 수 있도록 제시했다.

또한 〈그림 3-3〉과 같이, 전략 문서와 가이드 및 참고자료 성격의 문서를 작

16　교차기능팀 구성 기관들은 다음과 같다. 전투사령부(Combatant Commands), 합참(Joint Staff), 주방위군(NGB: National Guard Bureau), 해안경비대(USCG: United States Coast Guard), 임무파트너(Mission Partners), 파이브 아이즈(Five Eyes: Australia, Canada, New Zealand, the United Kingdom), 국방고위정보화책임관(CIO: Chief Information Officer), 비용계획평가국(OSD CAPE: The Office of the Secretary of Defense Cost Assessment and Program Evaluation), 감사관(Comptroller), 연구개발공학담당(OSD R&E: Research & Engineering), 획득유지 담당(OSD A&S: Acquisition & Sustainment), 정책관(OSD Policy), 정보차관실[USD(I): Undersecretary of Defense(Intelligence)], 국방정보국(DIA: Defense Intelligence Agency), 국가안보국(NSA: National Security Agency), 국가지리정보국(NGA: National Geospatial-Intelligence Agency), 국가정찰국(NRO: National Reconnaissance Office), 합동인공지능센터(JAIC: Joint Artificial Intelligence Center), 국방고등연구계획국(DARPA: Defense Advanced Research Projects Agency), 전략능력실(SCO: Strategic Capabilities Office), 국방디지털서비스(DDS: Defense Digital Service), 국방정보체계국(DISA: Defense Information Systems Agency), 시험평가단(DOT&E: Director of Operation Test and Evaluation), 미사일방어국(MDA: Missile Defense Agency), 백악관군사실(WHMO: White House Military Office)로 구성되어 있다(BG Rob Parker, 2021). 한국군 합동전영역지휘통제의 실질적이고 효과적인 전략을 추진하기 위해서 반드시 참고하고 반영해야 할 사항으로 판단한다.

17　능력요구(capability needs), 분석 및 공학(research and engineering), 데이터 및 표준화(data and standards), 검증 및 평가(demonstration and assessment), 획득 및 전환(acquisition and transition), 데이터 전송(transport), 인공지능(artificial intelligence) 등 일곱 개의 워킹그룹으로 구성되어 있다(U.S. Government Accountability Office, 2023, p. 20).

성하고 배포함으로써 노력의 통합을 추진했다. 즉 JADC2의 목표 달성을 위한 다섯 개의 노력선 등의 아웃라인을 제시한 전략문서로부터 교차기능팀의 임무와 역할 및 과업 그리고 연단위 구현진행에 대한 경과보고 문서 및 작전영역에서부터 기술적 영역까지의 전반적인 아키텍처와 참고자료 등을 발간하여 참여 기관 및 실무자들의 노력이 통합될 수 있는 문서를 작성하여 활용하고 있다.

　미군의 JADC2 전략문서는 국방전략서(NDS: National Defense Strategy), 군사전략서(NMS: National Military Strategy), 합동전투개념(JWC: Joint Warfighting Concept)인 JADO와 연계하여 작성되었으며, 전투부대의 작전계획 등의 요소도 반영되었다. 또한 〈그림 3-2〉의 하단부에 명시하고 있는 바와 같이 JADC2 구현을 위한 핵심 요소인 데이터, AI, 네트워크 등의 발전을 위한 전략문서도 연계하여 제시하고 있

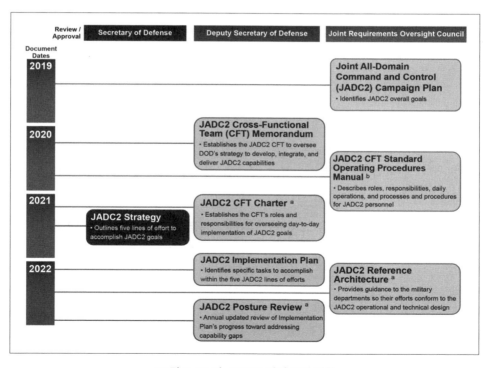

〈그림 3-3〉 미 JADC2 관련 문서 현황

출처: U.S. Government Accountability Office (2023), p. 17.

는데 디지털 현대화 전략, 데이터 전략, 클라우드 전략, 인공지능 전략, 교차영역 조치(CDS: Cross Domain Solutions) 전략 및 ICAM(Identity, Credential, and Access Management)[18] 전략 등 제반 요소에 대한 기준 문서를 작성하여 활용했다.

3. 도전요소들

JADC2 승인 이전부터 미 국방부 주관 여러 연습을 통해 도전요소들을 식별하고 보완하는 노력도 지속하고 있다. 특히 2019년 12월에는 미 본토를 위협하는 가상의 크루즈 미사일에 대해 미 공군, 해군 전투기와 해군의 구축함, 육군의 지상전력 및 지상과 우주에서의 상용 센서 등과 연계하여 식별, 분석 및 데이터의 실시간 공유 등을, 2020년 7월에는 흑해에서 러시아의 잠재적 위협에 대응하기 위해 미 공군 항공기와 해군 함정들의 정보들을 NATO의 8개국에게 제공하는 훈련 등을 실시했다(John R. Hoehn, 2022, p. 2).

이러한 실전적 연습과 실험을 통해 미군은 합동전영역지휘통제 추진 과정에서 많은 요구사항과 도전요소들을 식별하고 있다. 대표적으로 미 의회연구소는 JADC2 추진 과정에서 직면한 도전요소들에 대해 〈표 3-3〉과 같이 제시했는데, 이는 우리 군이 합동전영역지휘통제 구축을 위해 참고해야 할 사항들이다. 이를 구체적으로 살펴보면 다음과 같다.

우선, 미 국방부는 JADC2와 관련하여 요구되는 예산의 수준에 대해서 공식적으로 제시하지 않았다(John R. Hoehn, 2022, p. 15). 다만 일부 전문가들은 2022년

---

18 미 국방성은 2020년 3월에 국방 네트워크 상에서 인간과 비인간 객체(NPE, Non-Person Entities)가 임무에 필요한 인가된 모든 리소스에 안전하게 접근할 수 있고, 네트워크 상에 신원과 정보를 항상 알 수 있는 안전하고 신뢰할 수 있는 환경 구축을 비전으로 하는 ICAM 전략을 발표했다. ICAM 전략은 미군 네트워크의 전반적인 보안을 개선하고 JADC2 개념을 발전시키기 위한 핵심 기술 구현 방식이다(박태현·송지은·심승배, 2022, p. 14; U.S. Department of Defense, 2020, p. 1).

회계연도 기준 약 12억 달러의 예산을 책정했다고 추정했으며(Andrew Eversden, 2021), 2017년부터 2021년까지 총 약 225억 달러로 연간 평균 약 45억 달러를 지출했다고 분석했다(Govini, 2021, p. 5). 미 국방부의 공식적인 문서가 아닌 일부 분석자료에 명시된 내용이지만, 미군은 이미 많은 예산을 투자해왔고, 미 의회보고서에서도 예산은 잠재적 이슈라고 제시한 바와 같이(John R. Hoehn, 2022, p. 15), 향후에도 많은 예산이 소요될 것으로 예상된다.

둘째, JADC2 구현 추진과정에서 달성해야 할 여러 요소 중 어떤 것에 우선순위를 두고 추진해야 하는가에 대한 사항도 주요내용 중 하나다. 우선순위에 대

〈표 3-3〉 미 JADC2 관련 요구사항과 도전요소들

구분	세부내용
요구되는 예산의 수준 (향후 소요되는 예산은?)	JADC2 관련 소요 예산은 잠재적 이슈 (미 국방부에서 발표된 공식자료는 없음)
구현의 우선순위 관련 논쟁 (어떤 분야에 먼저 집중할 것인가?)	① 데이터 vs. 네트워크 연결, 상호운용성 중심 ② AI를 활용한 자동화된 결심 절차 ③ 전자기 스펙트럼 관리
상호운용성 보장을 위한 도전요소 (어떤 방법으로 보장할 것인가?)	① 게이트웨이 적용 방법(사례: BACN) ② 새로운 통신장비 전력화 방법(사례: JTRS) ③ 소프트웨어 개발 방법(사례: 모자이크전)
통신 요구능력 간의 균형 (무기체계 또는 전장상황 등에 따라 요구되는 통신능력의 우선순위)	① (용량) 데이터 처리량 ② (시간) 지연 ③ 적의 통신능력 공격 시 회복탄력성
결심수립 절차에서 AI의 역할	① 결심수립 절차에서 AI의 역할 범위, 수준 ② AI에 사용되는 데이터의 보호 방안
전력구조 변화의 필요성	JADC2 구현을 위한 무기체계, 군 구조 등 미래 전력구조 변화 방안
JADC2 구현 노력을 위한 관리	현재는 미 합참의 J6[19]에서 JADC2 구현을 주도하고 있으나, 미래 지속성에 대한 우려

출처: John R. Hoehn (2022), pp. 15-22. 내용을 바탕으로 재작성.

---

19 지휘·통제·통신 및 전산/사이버본부(Command, Control, Communications, & Computers/ Cyber)

한 내용은 데이터 표준화와 상호운용성, AI를 통한 자동화된 결심수립 절차, 전자기 스펙트럼 관리 중 어떠한 사항에 우선순위를 설정하고 추진해야 하는가에 대한 논쟁이다(John R. Hoehn, 2022, pp. 16-17).

JADC2 전략 중 하나는 데이터 중심의 공통 데이터 프레임워크를 구현하는 것이다. 이는 과거 상호운용성과는 다른 개념이다.[20] 예를 들어 전차와 항공기 등 상이한 플랫폼 간 데이터의 송수신 소요가 있을 경우, 현재는 상호운용성의 개념으로 접근하고 적용한다면, 공통 데이터 프레임워크의 특징은 데이터를 구성하는 방법에 대해 공통의 합의된 표준을 제공한다. 즉, 데이터의 형태가 통일되어 센서부터 지휘부 및 타격자산에 이르기까지 데이터의 효율적인 송수신이 가능하도록 노력한다는 것이다(John R. Hoehn, 2022, p. 16).

통신과 네트워크를 구성하는 데 있어 상호운용성 개선에 연구개발을 집중해야 한다는 주장도 있다(Todd Harrison, 2021, p. 6). 이를 위해 현존 군 통신 시스템의 업그레이드를 우선해야 한다는 내용이다.

미 국방고등연구계획국(DARPA: Defense Advanced Research Projects Agency)의 모자이크전[21] 개념에서 제시하는 바와 같이 인공지능을 활용하여 의사결정 절차를 자동화해야 하는 것에 우선순위를 두어야 하는 주장도 있다. AI가 정보, 감시 및 정찰 데이터를 분석하여 인간이 놓칠 수 있는 세부사항을 식별하고 전투부대 지휘관의 지휘결심에 도움을 줄 수 있기 때문에 우선순위를 두어야 한다는 것이다(John R. Hoehn, 2022, p. 17).

전자기 스펙트럼 관리와 관련한 구현을 최우선으로 해야 한다는 주장도 있는

---

20 John R. Hoehn (2022, p. 16)은 JADC2 전략, 그리고 연관된 구현계획은 비문이기 때문에 세부적인 검토를 할 수는 없으나, 미 국방성의 공식적인 발표에 대한 분석과 미 합참 정보본부 데니스 크롤(Dennis Crall) 중장의 언급 등을 토대로 JADC2 전략에서는 과거 10년 이상 미 국방성이 상호운용성을 보장하기 위해 추구했던 표준 접근방식과는 차이가 있다고 분석하고 있다.

21 유·무인 복합체계, 다 영역 지휘통제 노드 등을 모자이크처럼 자유롭고 신속히 구성하여, 전투수행이 가능한 새로운 비대칭 무기체계 등을 활용하는 전쟁방식이며, 중심개념으로 전 영역 우세가 아닌 임무 중심의 치명성을 중심으로, 단일시스템이 아닌 분산시스템과 다중결합 시스템을 통해 적의 선택권을 박탈한다(최영찬, 2022, pp. 102-106).

데, 적의 전자전 공격에 의해 네트워크가 영향을 받지 않도록 유지하기 위해 전자기 스펙트럼에 대한 관리가 우선적으로 필요하다고 주장한다(John R. Hoehn, 2022, p. 17).

위와 같이 JADC2 구현의 우선순위에 대해 논쟁하는 이유는 다음과 같이 추정할 수 있다. 결국 모든 요소는 구현되어야 할 필수내용이지만 막대한 예산과 기간이 필요하므로 현존하는 적의 위협에 대응하기 위한 우선순위를 검토하는 것이다. 따라서 우리 군 또한 진화적 발전에 있어 필수 구현요소 중 어떠한 사항을 먼저 실행해야 하는지도 향후 중요한 요소다.

셋째, 상호운용성 보장을 위한 도전요소다. 전장에서 운용되고 있는 각각의 수많은 장비는 서로 다른 주파수, 통신 방법 등을 적용하고 있고, 상이한 장비 간 연결은 JADC2의 핵심요소이기 때문에 상호운용성 달성은 필수다. 이를 위해 크게 세 가지 방법을 제시하고 있는데, 게이트웨이 개념을 적용하는 방법, 통일된 통신장비를 전부 전력화하는 방법, 소프트웨어 적용 방법이다(John R. Hoehn, 2022, p. 18). 각 방법별로 소요되는 예산, 시간, 방법 등이 상이하기 때문에 종합적으로 고려하여 여러 방법을 조합하여 전략을 추진할 수 있다(John R. Hoehn, 2022, p. 19).

게이트웨이는 일종의 번역기 개념으로 서로 다른 통신 시스템의 중간 단계에 위치하여 상이한 시스템 간에도 통신을 가능하게 해준다. 이러한 방식은 비용절감과 신속한 적용이 가능하지만 보안 관련한 취약요소가 존재한다(John R. Hoehn, 2022, p. 18). 게이트웨이 개념의 대표적인 적용사례는 미 공군의 첨단전장관리체계(ABMS: Advanced Battle Management System)[22]에서 운용하는 전장공중통신노드(BACN: Battlefield Airborne Communications Node)[23]다.

---

[22] 지휘관에게 필요한 방대한 양의 데이터를 통합·융합·보호하는 중추적 역할을 하는 특수한 소프트웨어인 동시에 데이터를 전 세계적 전장에 분배하는 데 필요한 하드웨어로, 개발 목표는 인공지능 활용과 클라우드 기반의 데이터 전송체계를 구축하는 것이다(원인재·송승종, 2022, p. 94).

[23] 전투지역 내에서 전투기 간의 음성 및 데이터 상호 교환을 위한 게이트웨이 시스템으로 개발되었으며, 다양한 중계 방식을 통해 서로 다른 데이터 링크 시스템 간 실시간 정보 교환이 가능하다(조준우 외, 2016, p. 66).

모든 플랫폼에 동일한 통신장비를 전력화하는 개념은 플랫폼 간의 연결을 가장 쉽게 할 수 있는 방법이지만, 대규모의 예산과 기간이 소요되는 단점이 있다. 대표적인 사례는 합동전술무전기체계(JTRS: Joint Tactical Radio System)[24]가 있다. 소프트웨어적으로 상호운용성을 달성하는 방안은 다른 방안보다 시스템에 적응적이고 탄력적으로 적용할 수 있지만, 아직 기술적으로 성숙되지 않은 단점이 있다.

넷째, 통신기술의 특징과 한계에 대한 내용을 이해하고, 전략 수립 시 이를 고려해야 한다는 사항이다. 전자전 공격과 같은 통신방해 요소에도 연결을 유지하고, 데이터의 크기에 상관없으며, 지연시간 없이 실시간 통신을 보장하는 것은 가장 이상적인 모습이지만, 실제 기술적인 측면에서 모든 사항을 보장할 수는 없다. 예를 들어 5G 기술의 경우 많은 데이터를 보낼 수 있고 지연시간도 짧지만, 적의 재밍 신호에 대한 영향요소는 아직 확실하지 않다는 점, 위성통신은 데이터 송수신 보장과 회복탄력성을 보장할 수 있지만, 거리에 의한 지연시간이 존재한다는 점 등이 예다(John R. Hoehn, 2022, p. 20). 따라서 데이터 처리량, 지연, 회복탄력성의 모든 요소를 동시에 달성할 수 없다는 통신의 기술적 한계 등을 이해해야 한다.

또한 AI 활용을 위해서는 많은 데이터가 필요하기 때문에 통신 시 데이터의 크기에 우선해야 한다는 점, 미사일이나 항공기와 같이 빠르게 움직이는 체계 등은 데이터의 크기보다는 지연시간이 없도록 보장되어야 한다는 점 등 무기체계나 상황 등에 따라 요구되는 통신의 능력이 상이하다는 측면이 있다. 따라서 JADC2 구현 전략 수립에 있어 기술적 측면과 무기체계의 특징 및 상황적 요소 등에 따른 균형을 고려하는 것도 중요한 요소임을 이해할 수 있다.

다섯째, AI는 JADC2 개념 구현에 있어 핵심요소이지만, 의사결정 절차에서 어떤 범위와 수준까지 개입하여 역할을 해야 하는지에 대한 검토가 필요하다. 치

---

[24] 소요제기·시험평가·획득절차가 장기간 소요되고, 개발 단가와 운용개념도 부적합으로 적시 전력화를 달성하지 못해 실패한 대표적인 사업이다(김관호, 2021).

명적인 무기를 사용해야 할 경우 인간과 AI의 판단범위에 대한 내용 등이 그 예다(C. Todd Lopez, 2020). 또한 만약 AI가 활용하는 데이터가 보호되지 못하고 적에 의해 조작된다면 잘못된 결과를 초래할 수 있다(John R. Hoehn, 2022, p. 21). 따라서 개입의 범위와 AI가 활용하는 데이터의 보호에 대한 보장은 중요한 도전요소 중 하나다.

여섯째, JADC2 구현을 위해서는 현재와는 다른 형태의 무기체계와 군 구조 등이 요구될 것이고, 이에 따라 각 군에서는 변화되는 전력구조에 맞도록 훈련, 조직 및 편제장비 등의 변화를 추진할 것이다. 예를 들어 미 해병대는 전력구조를 검토하는 데 있어 국방전략서에 부합하지 않는 부대를 해체하고, 미래 작전환경에 맞는 프로그램에 예산을 투자하겠다고 발표했다(John R. Hoehn, 2022, p. 21). 이처럼 JADC2 전략 수립 시 변화가 필요한 전력구조의 최종상태는 무엇이며, 이를 달성하기 위한 추진방안에 대해서 세부적인 검토가 필요하다.

일곱째, JADC2 추진 과정에서 직면할 수 있는 여러 어려움들을 극복하며, 지속성을 유지할 수 있는지에 대한 사항도 주요한 도전요소로 인식하고 있다. 관련하여 유사한 사례로 F-35와 같이 대규모 전력화 사업의 효율적 관리를 위해 국방부 주관 F-35 합동프로그램사무국(JPO: Joint Program Office)을 운용한 사례 등이 있다(Jacob R. Straus, 2015).

끝으로, 최근 우크라이나 전쟁의 대표적인 특징 중 하나인 상용기술의 접목에 대한 내용을 검토할 수 있다. 러시아-우크라이나 전쟁에서 우크라이나군이 운용하고 있는 델타시스템과 GIS 아르타(Arta)는 전장에서 효과를 발휘하고 있다. GIS 아르타는 2014년 이후 우크라이나 프로그래머가 영국 업체와 협력하여 개발했다. GIS 아르타는 GPS, 정찰용 드론, 스마트폰, NATO가 제공하는 정보 등을 망라하여 러시아군의 위치를 실시간 공유할 뿐만 아니라 목표물로부터 가장 적합한 위치에 있는 아군 자산을 판단하고, 동시에 표적에 대한 사격제원을 공유하여 즉시 타격할 수 있도록 해준다(Business Insider, 2022). 최근, 2022년 5월 시베르스키도네츠강(Siverskyi Donets River) 전투에서 우크라이나군은 GIS 아르타를 적극 운용하여 70여 대의 러시아 탱크와 장갑차 등에 피해를 입혔다(Charile Parker, 2022). 이렇게 우크라이나군은 GIS 아르타를 통해 정보의 실시간 공유와 타격자산 추천에 의한 결심시간 단축, 공격자산 분산배치를 통해 적에게 복잡성을 강요하고 있다.

물론 스타링크라는 민간 통신체계를 이용하여 보안이나, 적의 전자전 공격에 취약할 수 있다. 하지만 스타링크 회사는 적의 전자전 공격 시 단순한 프로그램 변경 조치로 전자전 공격을 회피할 수 있었고(Stephen Losey, 2022), 결국 우크라이나군에게 안정되고 끊김 없는 통신을 보장할 수 있었다.

이러한 점은 향후 상용기술도 한국군 합동전영역지휘통제 추진 전략 시 반영 여부를 검토할 수 있는 사례 중 하나다. 즉 기존에 전력화되어 운용 중인 장비와 최근 상용기술을 접목하되 보안, 사이버와 대전자전 능력 등을 고려하여 적용할 수 있다면 충분히 효과적으로 활용 가능함을 확인할 수 있다. 이는 최종상태의 중간, 진화적 발전단계에서 적용 가능할 수 있는 개념이다.

제4절
한국군 합동전영역지휘통제 전략

　　미군의 JADC2 전략 분석을 바탕으로 한국군 합동전영역지휘통제 전략을 발전시키기 위해 우선적으로 고려해야 할 사항은 한국군 합동전영역지휘통제의 중심사고를 명확히 설정하는 것과, 이를 구현할 수 있는 합동전영역지휘통제 구현 전략 정립, 그리고 합동전영역지휘통제 전략 구현을 위한 방법 및 수단의 구체화다.

1. 합동전영역지휘통제 중심사고 설정

　　먼저 한국군 합동전영역지휘통제 구현을 위해서는 중심사고를 명확히 설정해야 한다. 이는 한국군 합동전영역지휘통제의 최종 모습과 밀접한 연관성을 갖기 때문이다. 구현을 위한 중심사고는 〈그림 3-4〉와 같이 제시할 수 있다.
　　〈그림 3-4〉와 같이 현재는 각 영역 간의 연결에 있어, 전략제대의 한정된 수준에서 연결과 데이터 공유가 이루어지지만, 한국군 합동전영역지휘통제는 우주영역을 포함하여 전 제대 간, 영역 간에 언제 어디서나 제 요소들이 연결되어 상호 간의 취약성을 보완해주는 동시에 대체수단으로서 역할을 수행할 수 있어야

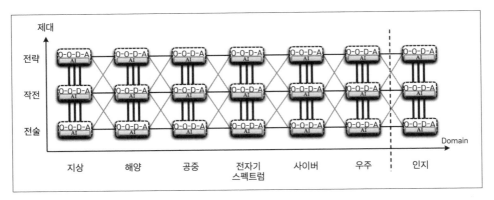

<그림 3-4> 한국군 합동전영역지휘통제 중심사고

한다.

　이를 통해 회복탄력성이 확보되어야 한다. 상호 밀접한 연결과 AI를 활용하여 OODA[25] 루프(loop) 시간을 거의 실시간으로 단축할 수 있어야 하며, 분산된 자산과 신속한 결심을 통해 적에게 혼란, 혼선을 유도할 수 있어야 한다. 이러한 개념이 구현되기 위해서는 연결과 데이터 공유 등을 위한 정책과 기술이 필수적이다.

2. 합동전영역지휘통제 구현 전략 정립

　한국군 합동전영역지휘통제 구현을 위해서는 〈표 3-4〉와 같이 최종상태인 목표(objectives toward which one strives)와 최종상태 달성을 위한 주요 행동방안인 방법(course of action), 그리고 노력을 가능하게 하는 수단(instruments by which some ends can be achieved) 등을 구체화하는 것이 필요하다.

　미래합동작전기본개념서와 『국방혁신 4.0』에서 제시하는 바와 같이 한국군

25　관측(Observe), 판단/방향설정(Orient), 결심(Decide), 행동(Act)

〈표 3-4〉 한국군 합동전영역지휘통제 구현 전략

목표(ends)	
전영역통합작전을 위한 지휘통제 분야의 절차와 수단 구현으로 전승 보장 및 주도권 확보 • 영역: 지상, 해상, 공중, 사이버, 전자기 스펙트럼, 우주+인지(미래) • 대상: 통합방위요소(민·관·경·소방), 군(육·해·공·해병대), 미군 및 유엔군	
① 연결보장 및 유지: 장소, 시간 초월한 전 영역, 전 요소 * 대체수단, 회복탄력성, 상호운용성, 보호/방호대책, 네트워크 통합 ② 사고의 전환: 네트워크 중심 → 데이터 중심 ③ AI 적용을 통한 OODA 루프 시간 단축, 정확성 증가 * 표적 분석시간 단축, 데이터 실시간 공유, AI에 의한 타격자산 추천	
방법(ways)	수단(means)
① 데이터 표준화　　　　　　　　　　→	공통 데이터 프레임워크 구축
② 전담조직 및 협력체계 구축　　　　→	국방부 산하 교차기능팀, 협력기관 지정
③ 전략문서 체계 정립　　　　　　　→	전략문서: 구현 계획, 시스템 현대화 전략 등
④ 첨단 상용기술 적용　　　　　　　→	5G, 클라우드(Cloud), AI, 제로 트러스트(Zero Trust), 저궤도 위성 등
⑤ 진화적 단계화 발전　　　　　　　→	예산편성 전담 조직, 신속획득제도 개선 등

합동전영역지휘통제의 최종목표는 전영역통합작전을 위한 지휘통제 분야에서의 절차 및 수단을 구현하는 것이다. 이를 위해서는 『국방혁신 4.0』에 명기된 지상·해상·공중·사이버·전자기 스펙트럼·우주 영역의 여섯 개 영역 외에 향후 전쟁 양상, 전장환경 및 첨단기술 등의 변화에 따라 인지영역 등과 같은 새로운 영역이 추가될 경우를 대비할 수 있어야 한다. 또한 그 대상은 북한 및 적성 국가와 경쟁의 연속 또는 분쟁상황에서, 지상·해상·공중·사이버·전자기 스펙트럼·우주 영역 내 통합방위요소(민·관·경·소방), 군(육·해·공·해병대), 미군 및 유엔군 등의 제 작전 요소가 되어야 한다. 이러한 최종상태를 달성하기 위한 핵심과제로는 ① 연결보장 및 유지, ② 네트워크 중심에서 데이터 중심 사고로의 전환, ③ AI 적용을 통한 OODA 루프 시간 단축 및 정확성 증가로 전장에서 승리와 주도권을 갖도록 해야 한다. 핵심과제로 제시한 세 가지 사항에 대한 세부적인 내용은 다음과 같다.

첫째, 어떠한 시간과 공간에서도 전장의 모든 영역 내 모든 요소의 연결은 반드시 보장과 유지가 되어야 한다. 연결보장 및 유지를 할 수 있는 핵심 개념이자 필요조건은 다음의 다섯 가지 요소로 제시할 수 있다. 데이터 흐름이 가능한 대체

수단 유지, 회복탄력성 보장, 상호운용성 보장, 적 전자기·사이버 공격에 대한 보호와 물리적 타격에 대비한 방호대책, 네트워크 통합이다.

먼저, 데이터 흐름이 가능한 대체수단 유지를 위해서는 과거 네트워크 중심전의 개념과 같이 연결 중심의 개념이 아닌 적의 공격에 의해서 아군의 지휘통신 시스템은 반드시 피해를 입을 수 있다는 사항을 가정하고 시스템 피해 시 신속하게 대체할 수 있는 수단과 방법을 강구하여 재구축을 추진해야 한다. 예를 들어 지상군의 경우 전장망, 국방망 등이 파괴되거나 기능 제한 시 데이터의 흐름은 바로 UAV, 기구, 항공기 등 공중중계나 위성 등이 대체수단으로 변경되어 연속된 데이터의 흐름을 보장할 수 있어야 한다.

또한, 회복탄력성이 유지되어야 한다. 회복탄력성이란 피해를 받은 장비나 시스템을 빠른 시간 내에 수리 또는 교체할 수 있는 능력으로, 정비 등 군수기능의 능력이 핵심요소다. 미군의 JADC2 교차기능팀 중 획득유지 담당 등의 군수부서가 포함된 것도 이러한 이유 중 하나일 것이다. 회복탄력성은 적 전자기 공격이나 사이버 공격 및 물리적 공격에 의한 파괴 시 연결유지를 위한 핵심적인 사항으로 반드시 구현되어야 한다.

상호운용성 보장은 데이터의 프레임워크와 장비 간 프로토콜 등이 통일되면 상호운용성이 아닌 상호의존성의 수준까지 가능하겠지만, 현재까지 전력화된 수많은 장비는 데이터의 형태, 통신 방법 등이 통일되어 있지 않고, 모든 장비를 통일하는 것 또한 쉽지 않다. 따라서 향후 전력화되는 모든 장비들에 대해서는 통일된 공통의 데이터 프레임워크와 통신방식이 적용될 수 있도록 해야 한다. 그 이전 단계인 진화적 단계에서는 이미 전력화되어 있는 장비 간 연결이 가능토록 상호운용성의 개념으로 접근해야 하고, 장비 간에는 상호운용이 가능한 게이트웨이[26]를 구축해야 한다.

---

26 쉽게 말해 서로 다른 기종의 시스템 간을 연결하여 필요한 데이터의 송수신을 가능하게 해주는 하드웨어, 소프트웨어다.

적 전자기, 사이버 공격에 대한 보호대책 및 물리적 타격에 대한 방호대책도 필요하다. 적의 전자기, 사이버 공격 및 물리적 타격에 대한 피해를 없애기 위한 노력은 한국군 합동전영역지휘통제 관련 전략문서 수립 시에 보호·방호대책에 대한 내용을 연계하여 발전시킬 필요가 있다.

네트워크 통합도 반드시 이루어져야 한다. 현재 우리 군의 네트워크는 각 군별 사업추진과 보안조치 등으로 인해 하나의 네트워크가 아닌 인터넷망, 국방망, 전장망 및 독립망 등 물리적으로 분리된 다양한 네트워크를 운용한다. 그리고 군외 국가기관은 국가지도통신망이 별도로 존재한다. 결국 합동성 발휘를 위해서나 국가기관과의 통합방위작전 등 연결이 필요할 때는 분리된 네트워크를 연동해야 할 소요가 발생할 수밖에 없다. 이에 따른 연동을 위한 추가 예산, 연구 소요, 보안의 취약성, 연동서버 단절 시 데이터 송수신의 제한이 발생할 가능성이 농후하다. 따라서 모든 요소가 연결되어야 하는 한국군 합동전영역지휘통제 구현에 있어 네트워크의 물리적 통합은 필수적으로 해결되어야 할 핵심요소 중 하나다.

둘째, 기존 네트워크 중심의 사고에서 데이터 중심의 사고로 전환해야 한다는 내용은, 미 JADC2 전략에서도 데이터의 공유방안에 대해 클라우드 방향으로 가야 함을 명기하고 있는 것처럼(John R. Hoehn, 2022, p. 8), 우리 군도 각 군 및 조직별 플랫폼 중심의 전력화 이후, 필요시 연동을 통해 연결하고 데이터를 공유하는 개념과 사고에서 완전히 탈피하여, 클라우드 개념과 같이 데이터를 중앙화시킴으로써 데이터 흐름의 유연성 보장을 해야 하며, 이를 위한 개념과 절차 정립 및 수단의 구현이 필요하다.

셋째, 지휘통제에 있어 AI는 OODA 루프의 시간을 줄이고 정확성을 높일 수 있는 측면에서 구현되어야 한다. 다만, AI 적용범위에 대해서는 교리, 작전, 기술적 분야까지 모든 분야에 대해 폭넓은 검토와 실험이 이루어져야 한다. 〈표 3-5〉와 같이 지휘통제의 범위에서 AI가 어떤 범위와 수준에 개입하여 작전의 효과를 발휘할 것인가에 관해서 많은 연구와 실험이 필요하다.

〈표 3-5〉는 지휘통제의 절차 및 수단과 관련하여 AI의 개입범위에 대해 판

단할 때 참고할 수 있는 기준 중 하나다. 판단과 행동을 하는 일련의 과정을 '루프'라고 정의하고, 'in'은 주도적이고 적극적인 관여, 'on'은 '루프'에는 있으나 주도적이지 않은 특징이라고 정의할 때, 지휘와 통제를 함에 있어 인간과 AI가 어떤 위치에서 어떤 역할을 할 수 있는가에 대한 예를 제시한 것이다.

AI가 할 수 없는 인간만이 할 수 있는 영역과, AI에 전담시킬 영역 등 인간과 AI와의 협업 가운데 지휘통제 절차에 있어 어떻게 적용할 수 있는지 표와 연계하여 사례를 검토해볼 수 있다. 예를 들면 작전계획 작성이나 적에게 대규모 피해를 강요하여 윤리적 문제로 연관될 수 있는 치명적 무기를 사용해야 하는 경우 등 인간의 술(術)적 영역이 필요한 내용에 대해서는 AI가 개입할 수 없다.

다만 인간의 능력보다는 AI 능력이 더 빠르고 정확한 대규모 표적에 대한 빠르고 정확한 식별, 다양하고 수많은 공격자산에 대한 최적의 타격자산의 우선순위 추천 등은 전담시킬 필요가 있다.

〈표 3-5〉 인간과 기계의 협업수준에 대한 개념

용어	개념	사례	지휘통제 예
Human Controlled System	인간이 직접 통제	드릴	작전계획 작성, 치명적 무기 사용
Machine-on-the-Loop	기계가 일부 공정 대신 수행	조향장치	표적탐색, 분석
Machine-in-the-Loop	인간에게 지원	계기판	표적 우선순위, 타격자산 추천
Human-in-the-Loop	인간의 결정 필요	발전소 제어	타격지시
Human-on-the-Loop	기계 스스로 작동, 인간이 중단 가능	자율주행차	유·무인복합체계, 임무지휘
Human-out-of-the-Loop	인간 간섭 없이 기계 스스로 작동	군집드론	방호체계 등

출처: U.S. Air Force & Space Force (2021), p. 26. 내용을 바탕으로 재작성.

3. 합동전영역지휘통제 전략 구현 방법 및 수단 구체화

한국군 합동전영역지휘통제를 구현하기 위한 전략을 어떤 방법과 수단을 활용하여 구현할 것인가? 이는 한국군 합동전영역지휘통제 전략을 구체적으로 제시하는 것으로, 우선적으로 ① 데이터 표준화, ② 전담조직 및 협력체계 구축, ③ 전략문서 체계 정립, ④ 첨단 상용기술 적용, ⑤ 진화적 단계화와 같은 다섯가지 방법과 수단에 대한 고민과 해결이 이루어져야만 한다.

첫째, 모든 영역에서 전 요소가 연결되기 위해서는 물리적 연결도 중요하지만, 이전에 기관·제대별 요구되는 데이터의 수준, 범위 및 형태 등이 무엇인지 정의하고, 이러한 데이터의 흐름을 위한 표준화가 선행되어야 한다. 즉, 공유하고 전파해야 할 수많은 종류의 데이터들은 어떠한 플랫폼에서도 송수신할 수 있고, 표현될 수 있는 공통의 표준화된 양식이 있어야 한다. 현재 우리 군은 플랫폼별 상이한 데이터 구조에 따라 일부 연동 구현을 하고 있는 수준이다. 미군도 이러한 중요성을 인지하여 데이터 구조를 통일하기 위한 공통 데이터 프레임워크(common data framework) 개발의 중요성을 제시했다(John R. Hoehn, 2022, p. 16). 따라서 미군의 데이터 전략문서[27]와 같이 우리 군도 한국군 합동전영역지휘통제 구현을 위한 데이터 관련 전략문서를 발간하여 정책에 반영해야 한다.

둘째, 한국군 합동전영역지휘통제 전략은 용어 그대로 모든 영역의 모든 요소를 대상으로 구현해야 하는 전략으로, 전략을 추진하는 조직은 국방부 산하의 각 기관의 전문가가 모여 주도·통제할 수 있는 적절한 권한을 가진 추진조직이 신설되어야 한다. 미군 또한 국방부 산하 교차기능팀이 전략 구현을 위한 주도 조직임을 앞서 확인했다. 또한 구현을 위해 교차기능팀 주도하에 관련 기관과의 협력체계(governance)를 구성하여 운용하고 있다(BG Rob Parker, 2021). 따라서 추진조

---

[27] 2020년 9월에 미군은 "DoD Data Strategy" 문서를 발간하여 데이터 공유 및 활용을 위한 비전과 원칙, 필수 요구능력 및 최종목표 등에 대해 제시했다(David L. Norquist, 2020).

직에 대한 검토 및 임무와 역할에 대한 명확한 분장을 실시해야 한다. 미군은 JADC2를 위해 교차기능팀을 각 기관별 전문가로 구성하여 JADC2 구현을 위한 다섯 가지 노력선을 중심으로 관련 기관별 명확한 임무분장과 업무체계 구축을 하고 있다.

우리 군 또한 합참 등 어느 한 기관이나 TF 정도의 개념이 아니라, 개념 구현에 연관되어 있는 모든 기관과 연계한 전문가 집단을 구성하여 권한을 부여하고 개념을 정립하는 등의 노력이 절실하다. 또한 향후 미군과의 연합작전을 보장하기 위한 방안으로, 미군의 JADC2 전략 추진 과정에 참여할 수 있도록 협의해야 한다. 미군의 JADC2 교차기능팀의 구성을 보면 파이브 아이즈 국가인 호주, 캐나다, 뉴질랜드, 영국이 포함되어 있음을 확인할 수 있다(BG Rob Parker, 2021). 따라서 한국도 동맹국으로서 향후 연합작전 보장을 위해 한국군 합동전영역지휘통제와 미군의 JADC2 연계를 목적으로 미군의 추진과정에 참여한다면, 더욱 효율적이고 효과적으로 전략 구현을 추진할 수 있을 것이다.

셋째, 한국군 합동전영역지휘통제 전략을 일관성 있고 효율적으로 추진하기 위해서는 〈표 3-6〉 미군의 JADC2 전략문서 현황과 같이 체계를 정립해야 한다. 〈표 3-6〉은 미군의 JADC2를 지원하기 위한 전략문서로, 이를 바탕으로 한국군 특성에 맞는 전략문서 체계를 검토할 필요성이 있다. 현재 한국군의 합동전영역지휘통제 전략문서는『국방혁신 4.0』, 국방전략서 및 합동군사전략서 등이 있으나, 한국군 합동전영역지휘통제의 안정적인 추진과 목표로 하는 개념 구현을 위해 다양한 전략문서의 작성이 필요하다. 한국군 합동전영역지휘통제 전략문서는 합동전영역지휘통제의 개념과 방향 등을 총괄하여 제시하는 정책문서와 개념구현을 위해 필요로 하는 인공지능, 디지털 현대화, 우주력 확보[28] 등의 제반 기술,

---

[28] 국방부는 2022년 5월, 합동성에 기초한 국방우주력 발전의 동력을 제고하기 위해 국방우주발전위원회의 위원장을 국방부차관에서 장관으로 격상하고, 제4차 국방우주발전위원회에서 '국방우주전략서'를 제시했다(KTV 국민방송, 2022). 한국군 합동전영역지휘통제 전략 구현에 있어, 국방우주력 확보는 데이터 송수신 여건 보장 측면 등에 있어 반드시 추진되어야 할 핵심요소 중 하나다.

〈표 3-6〉 미군의 JADC2 전략문서 현황

구분	전략문서
Why? (3)	• 국방전략서(NDS: National Defense Strategy) • 군사전략서(NMS: National Military Strategy) • 합동전투 개념(JWC: Joint Warfighting Concept)
What? (2)	• JADC2 전략(JADC2 strategy) • JADC2 구현 계획(JADC2 implementation plan)
How? (7)	• 인공지능 전략(AI strategy) • 데이터 전략(data strategy) • 클라우드 전략(cloud strategy) • 디지털 현대화 전략(digital modernization strategy) • 교차영역 조치 전략(cross domain solutions strategy) • 데이터 접근 전략(identity, credential, and access management strategy) • 네트워크 연결장비 전략(endpoint strategy)

출처: U.S. Department of Defense (2022); BG Rob Parker (2021) 도식을 바탕으로 재작성.

조직, 작전, 교리 및 훈련 등에 대한 계획과 세부내용을 지원할 수 있어야 한다. 한국군 합동전영역지휘통제 구현을 위한 전략문서 체계 구축과 발간은 노력의 통일과 일관성 있는 추진을 위해 반드시 필요한 선행요소들이다.

넷째, 상용기술의 적용에 관한 사항이다. 러시아와 우크라이나 전쟁에서 양국 간의 지휘통신의 운용은 우리에게 시사하는 바가 크다. 우크라이나는 개전 초 러시아에 의한 지휘통신시설 파괴에 따라 위성 기반의 스타링크를 기반체계로 안정적인 기반망을 유지한 가운데 GIS 아르타와 같은 정보체계를 바탕으로 효과적인 작전을 수행했다(Stephen Bryen, 2022). 상용기술의 적용 및 우주력 확보 등이 반드시 필요함을 확인할 수 있는 대표적인 사례 중 하나다. 이처럼 한국군 합동전영역지휘통제 전략 추진 간에 필요시 보안이 보장된 가운데 상용기술을 접목할 수 있는 가능성에 대한 사항도, 앞서 전략문서 작성과 연계하여 군에 적용할 수 있는 내용을 검토해나가야 한다.

따라서 한국군 합동전영역지휘통제 전략과 연계한 우주력 확보 전략문서도 작성이 요구된다.

끝으로, 예산과 무기체계 수명주기 등을 고려한 진화적인 발전이 요구된다. 앞서 언급한 바와 같이 한국군 합동전영역지휘통제의 핵심 개념 구현의 최종 모습은 한순간에 달성할 수 없다. 많은 예산과 시간이 필요하다. 따라서 장기 로드맵을 통해 개념 구현을 추진하되 기존 전력화된 체계들과 혼합하여 진화적으로 단계화하여 발전시키는 세부적인 계획을 전략문서에 반영해야 한다. 이와 병행하여 비용연구 등을 통해 예측되는 예산의 규모를 산출하고 대비하는 노력이 필요하다. 이러한 노력은 두 번째 사항에서 제시한 교차기능팀 예하에 예산편성 전담 조직을 구성하여 주도할 수 있도록 임무와 역할 및 권한을 부여해야 한다. 또한 합동전영역지휘통제의 주요 수단 중 하나인 정보화 장비들에 적용되는 기술은 변화와 발전이 빠른 특성을 고려할 때, 진화적 단계화 발전을 가능하도록 보장하기 위한 제도가 필요하다. 미국은 획득기간을 획기적으로 단축하기 위해 2018년에 중간단계획득(MTA: Middle Tier Acquisition) 제도를 제정했고, 우리 군은 이를 벤치마킹 하여 2020년에 신속획득 제도를 제정했다(엄진욱·이중윤, 2022, p. 332). 한국군 합동전영역지휘통제 구현을 위해 현재의 신속획득 제도에 대한 개선소요는 무엇인지 연구하고 보완하는 노력 또한 진화적 단계화 발전을 보장하기 위해 반드시 필요하다.

제5절 결론

우리 군은 지난 2022년 12월, 북한 무인기 도발 시 적시 적절한 대응을 하지 못해 국민들로부터 질타를 받았다. 격추하지 못했던 배경과 이유는 여러 가지 있었겠지만, 이번 합동전영역지휘통제 연구를 통해 추정할 수 있는 이유는 적 무인기가 고도와 장소를 계속 변경하면서 비행하는 경우 육·해·공군의 각 작전 영역에 진입했을 때 군 간에 적 무인기의 위치 정보, 가용 타격자산, 교전 권한 및 지휘 통일 등 합동성 발휘 차원의 절차와 수단 및 방법이 충분하지 않을 수 있었음을 추정할 수 있다. 이러한 맥락에서 합동전영역지휘통제의 구현은 미래전 대비뿐만 아니라, 당면한 북한의 도발에 대비하기 위해서 반드시 갖춰야 하는 우리 군의 능력이 되어야 한다.

또한 『국방혁신 4.0』에서 제시하는 첨단 과학기술 기반의 무기체계 도입에 따라 유·무인 복합체계, 드론 등 연결해야 할 대상들이 많아지고, 미래 전시작전권 환수 이후 한국군 사령관에 의한 미군 및 유엔군과의 지휘통제 수단에 대응하여 원활한 지휘통제를 가능하도록 하며, 통합방위작전을 위한 민·관·경·소방과의 정보공유 및 지휘통제를 위해서도 한국군 합동전영역지휘통제의 구현은 반드시 필요한 사항이므로 그 중요성에 대해 반드시 공감대가 형성되어야 한다.

하지만 한국군 합동전영역지휘통제를 구현하기 위해서는 수많은 기관이 참여하여 노력의 통일을 이룬 가운데 많은 예산과 기간, 실험이 필수적이다. 싸우는 방법뿐만 아니라 이를 위한 전력구조 및 부대구조까지 통합적으로 고려해야만 합동전영역지휘통제가 추구하는 전 영역의 요소가 연결되어 적보다 정확하고 빠른 결심을 보장하고 적에게 혼란과 복잡성을 강요할 수 있다. 따라서 『국방혁신 4.0』에서 제시하는 한국군 합동전영역지휘통제 전략 추진 시 구체적이고 계획적이지 않은 추진은 자칫 많은 예산과 기간만 소모할 수 있으므로, 한국군 합동전영역지휘통제의 중요성에 대한 공감대 형성과 더욱 구체적인 연구가 필요하다.

이를 위해 이 장에서는 미국의 JADC2 전략 분석에 기반하여 한국군 합동전영역지휘통제 중심사고 설정, 구현전략 및 전략구현 방법과 수단의 제시라는 세 가지 측면에서 우리 군의 합동전영역지휘통제 전략을 논의했다. 한국군 합동전영역지휘통제의 중심사고는 전 제대 간, 영역 간에 언제 어디서나 제 요소들의 연결이 보장되고, AI를 활용하여 OODA 루프 시간을 단축시키며, 분산된 자산과 신속한 결심으로 적에게 혼란을 강요하는 모습으로 설정할 필요성이 있다. 이러한 개념을 구현하기 위한 추진 전략으로 여섯 개 영역과 합동, 연합 및 통합방위의 작전요소 간에 네트워크 통합, AI의 적용을 통한 결심중심전 구현을 목표로 설정하고, 이를 위한 수단 및 방법으로 데이터 표준화, 추진 전담조직 지정, 전략문서 체계 정립, 첨단상용기술 적용 및 진화적 단계화 발전이 요구된다.

이 장은 지금까지 연구된 선행연구를 바탕으로 향후 우리 군이 추진해야 할 합동전영역지휘통제 전략에 대해 구체화했다. 하지만, 한국군 합동전영역지휘통제 자료에 관한 접근제한, 관련 기관들의 선행연구 부족 등의 제약으로 이 글 또한 개념적 수준에 머무를 수밖에 없었다. 이에 대한 후속연구가 지속되길 기대한다.

참고문헌

국문 단행본

국방부(2023). 『국방혁신 4.0』. 국방부.

육군본부(2022). 『기준교범 6-0: 지휘통제』. 육군본부.

최영찬(2022). "미래의 전쟁 핸드북". 합동군사대학교.

합동군사대학교(2023. 4. 7.). 『'23년 합동성 발전 세미나』. 합동군사대학교.

합동참모본부(2022a). 『합동교범 10-2 합동 · 연합작전 군사용어사전』. 합동참모본부.

_____(2022b). 『합동교범 0: 군사기본교리』. 합동참모본부.

국문 학술논문

김덕기(2021). "군사과학기술 발전에 따른 미국 해병대의 전력구조와 작전개념 변화가 주는 전략적 함의". 『한국해양안보포럼』 제52호. 한국해양포럼.

김동민 · 위진우(2022). "군사혁신과 한국군 우주조직의 미래: 다영역작전(MDO)을 중심으로". 『국방논단』 제1891호. 한국국방연구원.

박태현 · 송지은 · 심승배(2022). "국내외 정보화정책 분석 및 국방분야 시사점". 『국방논단』 제1917호. 한국국방연구원.

엄진욱 · 이중윤(2022). "美 국방획득체계 분석을 통한 韓 신속획득 사업선정 평가지표 개선". 『한국산학기술학회논문지』 Vol. 23, No. 11. 한국산학기술학회.

원인재 · 송승종(2022). "미 미래 합동전투개념과 한국군에 대한 함의(합동전영역지휘통제를 중심으로)". 『한국군사학논집』 제78권 제1호. pp. 81-112.

정호섭. (2019). "4차 산업혁명 기술을 지향하는 미 해군의 분산해양작전". 『국방정책연구』 제35권 제2호. 한국국방연구원.

윤웅직 · 심승배(2022). "미군의 합동전영역지휘통제(JADC2) 전략의 주요 내용과 시사점". 『국방논단』 제1881호. 한국국방연구원.

조준우 · 오지훈 · 김동현 · 이재문 · 김재현(2016). "우주/공중 기반 기동통신망 핵심기술". 『정보와 통신』 Volume 33, Issue 11. 한국통신학회.

영문 단행본

Norquist, David L. (2020). "DoD Data Strategy". OSD.

U.S. Air Force (2022). "Air Force Doctrine Note 1-21, Agile Combat Employment". U.S. Air

Force.

U.S. Department of Defense (2022). "Summary of The Joint All-Domain Command & Control Strategy". U.S. Department of Defense.

_____ (2022. 3. 30.). "Identity, Credential, and Access Management (ICAM) Strategy". U.S. Department of Defense.

U.S. Naval War College (2013). "Air-Sea Battle: Service Collaboration to Address Anti-Access & Area Denial Challenges Area Denial Challenges". U.S. Naval War College.

U.S. The Joint Chiefs of Staff (2018). "Joint Doctrine Note 1-18. Strategy". U.S. The Joint Chiefs of Staff.

기사

김관호(2021. 3. 7.). "최신 상용기술 등 신속 접목 … 획득체계 '만능 열쇠'". 『국방 디지털트랜스 포메이션』. 국방홍보원, https://kookbang.dema.mil.kr/newsWeb/20210308/1/BBSM-STR_000000100146/view.do. (검색일: 2023. 4. 7.)

김동현(2021. 3. 13). "에이브럼스 사령관, JADC2 첫 언급 … "최우선 추진 과제"". 『VOA 뉴스』. 미국의 소리(VOA, Voice of America), https://www.voakorea.com/a/korea_korea-politics_usfk-commander -multidomain-operation/6056927.html. (검색일: 2023. 5. 3.)

_____(2021. 3. 30.). "북한 등 적성국 대처 위해 통합성 강화 … 합동전영역지휘통제 도입 절실". 『VOA 뉴스』. 미국의 소리(VOA, Voice of America), https://www.voakorea.com/a/korea_korea-politics_us-officials-former-officials-threat- assessment-jadc2/6057406.html. (검색일: 2023. 5. 3.)

임채무(2023. 5. 2.). "미래전 승리 공식 합동전영역지휘통제체계(JADC2) 구축·발전 방향 논의". 『국방일보』. 국방홍보원, https://kookbang.dema.mil.kr/newsWeb/20230503/5/ATCE_CTGR_0010010000/ view.do. (검색일: 2023. 6. 8).

Bryen, Stephen (2022). "Musk's tech put to deadly weapon effect in Ukraine". *Asia Times*, https://asiatimes.com/2022/07/musks-tech-put-to-deadly-weapon-effect-in-ukraine/. (검색일: 2023. 4. 14.)

Business Insider (2022. 5. 29.). "Die Ukraine nutzt die Kriegs-App "Gis Arta", um russische Einheiten aufzuspüren – Elon Musk soll dabei auch unterstützen". *Business Insider Deutschland*, https://www.businessinsider.de/politik/welt/die-ukraine-nutzt-die-kriegs-app-gis-arta-um-russische-einheiten-aufzuspueren-elon-musk-soll-dabei-auch-unterstuetzen-a/. (검색일: 2023. 5. 2.)

Eversden, Andrew (2021. 6. 15.). "What the budget reveals and leaves unclear about the cost of JADC2". *C4ISRNET.COM*, https://www.c4isrnet.com/c2-comms/2021/06/15/part-1-what-the-budget-reveals-and- leaves-unclear-about-the-cost-of-jadc2/. (검색일: 2023. 5. 26.)

Govini (2021. 9.). "Department of Defense Investments in Joint All Domain Command and

Control Taxonomy". *Decision Science company*, https://govini.com/wp-content/uploads/2021/09/DoD-Investments-in-JADC2- Taxonomy.pdf. (검색일: 2023. 5. 26.)

Hadley, Greg (2022. 3. 21.). "Pentagon Announces Classified JADC2 Implementation Plan, Unclassified Strategy". *Air & Space Forces Magazine*, https://www.airandspaceforces.com/pentagon-announces-classified-jadc2-implementation-plan-unclassified-strategy/. (검색일: 2023. 4. 20.)

Greg Hadley. (2023. 3. 8). "Wilsbach: No PACAF Airman Is Excused from Practicing ACE". Air & Space Forces Magazine, https://www.airandspaceforces.com/wilsbach-no-pacaf-airman-is-excused-from -practicing-ace/. (검색일: 2023.5.30).

Harrison, Todd (2021. 11. 2.). "Battle Networks and the Future Force". *CSIS Brief*, https://www.csis.org/analysis/battle-networks-and-future-force-0. (검색일: 2023. 3. 4.)

Hoehn, John R. (2022). "Joint All-Domain Command and Control: Background and Issues for Congress". (R46725). *Congressional Research Service*, https://crsreports.congress.gov/product/details?prodcode=R46725. (검색일: 2023. 4. 20.)

_____ (2023. 3. 8.). "Wilsbach: No PACAF Airman Is Excused from Practicing ACE". *Air & Space Forces Magazine*, https://www.airandspaceforces.com/wilsbach-no-pacaf-airman-is-excused-from-practicing-ace/. (검색일: 2023. 5. 30.)

KTV 국민방송(2022. 12. 9.). "국방우주발전위, 장관 주관 첫 회의 … '국방우주전략서' 첫 작성". 한국정책방송원, https://www.ktv.go.kr/news/sphere/T000038/view?content_id= 664243. (검색일: 2023. 5. 2.)

Lopez, C. Todd (2020. 2. 25.). "OD Adopts 5 Principles of Artificial Intelligence Ethics *U.S. Department of Defense News,* https://www.defense.gov/News/News-Stories/Article/Article/2094085/dod-adopts-5- principles-of-artificial-intelligence-ethics/. (검색일: 2023. 5. 30.)

Losey, Stephen (2022. 4. 21.). "SpaceX shut down a Russian electromagnetic warfare attack in Ukraine last month and the Pentagon is taking notes". *Defence News*, https://www.defensenews.com/air/2022/04/20/spacex-shut-down-a-russian-electromagnetic-warfare-attack-in-ukraine-last-month-and-the-pentagon-is-taking-notes/. (검색일: 2023. 4. 20.)

Morris, Terry S., VanDriel, Martha., Dries, Bill., Perdew, Jason C., Schulz, Richard H. & Jacobsen, Kristin E. (2015. 2. 11.). "Securing Operational Access: Evolving the Air-Sea Battle Concept". *National Interest*, https://nationalinterest.org/feature/securing-operational-access-evolving-the-air-sea-battle-12219. (검색일: 2023. 2. 21.)

Parker, BG Rob (2021). "Joint All-Domain Command and Control (JADC2)". TechnetAugusta, https://events.afcea.org/Augusta21/Custom/Handout/Speaker0_Session8931_1.pdf. (검색일: 2023. 5. 23.)

Parker, Charile (2022. 5. 14.). "Uber-style technology helped Ukraine to destroy Russian battalion". *The Times*, https://www.thetimes.co.uk/article/uk-assisted-uber-style-technology-helped-ukraine-to- destroy-russian-battalion-5pxnh6m9p. (검색일: 2023. 4. 12.)

Straus, Jacob R. (2015). "Enforcement of Congressional Rules of Conduct: A Historical Overview". (RL30764). *Congressional Research Service*, https://crsreports.congress.gov/product/pdf/RL/RL30764/22. (검색일: 2023. 5. 30.)

UK Minstry of Defence (2023. 2. 16.). "Guidance Multi-Domain Integration". *GOV.UK*, https://www.gov.uk/guidance/multi-domain-integration. (검색일: 2023. 4. 29.).

U.S. Air Force & Space Force (2021). "The Department of the Air Force Role in Joint All-Domain Operations". *The Department of the Air Force*.

U.S. Government Accountability Office (2023. 1.). "DOD and Air Force Continue to Define Joint Command and Control Efforts". *U.S. GAO*, https://www.gao.gov/assets/gao-23-105495.pdf. (검색일: 2023. 7. 12.)

제4장

모자이크전
mosaic warfare

유 · 무인 복합형 소규모 부대를 분산 운용하고,
이를 신속하게 조합 및 재조합하라

* 이 글은 『군사논단』 제112호, 2022년에 발표한 논문을 수정 및 보완한 것이다.

제1절 서론

1. 연구배경 및 목적

바야흐로 인류의 문명은 4차 산업혁명 시대로 진입했고, 역사가 증명하듯 지금까지와는 전혀 다른 전쟁 양상을 예고하고 있다. 따라서 미국을 중심으로 세계 각국은 미래전에서의 군사적 우위를 확보하기 위해 새로운 기술과 군사작전의 적합한 조합을 찾는 치열한 경쟁을 하고 있다.

2017년, 미국의 국방성 예하 방위고등연구계획국(Defense Advanced Research Projects Agency, 이하 DARPA)은 미래전에 대비한 새로운 전쟁 수행방식으로 모자이크전(mosaic warfare)을 제시했다. 모자이크전은 4차 산업혁명으로 새롭게 나타나는 첨단과학기술을 군사 분야에 적용하여 싸우는 방법의 획기적인 변화를 통해 전쟁 수행방식을 혁신하는 것으로, 궁극적인 목적은 현실로 다가온 중국과 러시아의 군사적 도전을 무력화하고, 미국의 압도적인 군사적 우위를 지속 유지하는 데 있다. 2023년 현재, 모자이크전이 미국의 군사전략으로 공식화된 것은 아니지만, 모자이크전이 제시된 이후 DARPA를 중심으로 후속연구 및 발전이 거듭되고 있으며, 2020년 미국의 전략 및 예산 평가연구원(Center for Strategic and Budgetary Assessments, 이하 CSBA)에서 기존의 전쟁 수행방식과의 워게임(war game)을 통해 모자이크전의 효과를 검증했고, 부대구조 측면에서는 미 해군의 연안전투함(Littoral Combat Shop, 이하 LCS)과 미 육군의 다영역작전부대(Multi-Domain Task Force, 이하 MDTF)의 형태로 윤곽이 드러나고 있다.

대한민국은 미국의 동맹국으로서 유사시 한미연합체제하 전쟁을 수행한다. 이로 인해 우리 군의 전쟁 수행방식은 필연적으로 미국의 전쟁 수행방식에 영향을 받을 수밖에 없다. 이는 미국의 미래전 수행 개념인 모자이크전에 대한 연구가 필요하다는 것을 방증한다.

우리 군도 모자이크전에 대한 관심이 높다. 육군과 공군의 장기발전 구상을 담고 있는 기획문서[1]에서 미래전 준비의 방향성을 제공하기 위해 일부 언급되었으며, (사)한국군사학회와 합동군사대학교가 주최하는 제30회 국제 국방학술 세미나에서는 모자이크전의 소개와 도입에 대한 필요성이 주장되었다(설인효, 2022; 홍규덕, 2022).[2] 또한, 4차 산업혁명으로 변화가 예상되는 전쟁 양상에 대응하기 위한 군사혁신의 일환으로 모자이크전에 대한 연구(장진오, 남두현 외 다수)가 활발하게 이루어지고 있다.

그러나 그동안의 선행연구는 거시적 차원에서 모자이크전에 대한 소개와 우리에게 주는 시사점 및 함의를 도출하여, 적용의 필요성을 제안하는 형태가 주류를 이루고 있을 뿐, 이를 구현하기 위해 '무엇을 어떻게 할 것인가?'에 대한 질문에 해답을 제시해주지 못하고 있다. 이로 인해 모자이크전의 중요성과 필요성에 대한 공감대는 형성되었음에도 우리 군의 미래전 준비에 반영되지 않고 있는 현실이다.

국가의 군사력 운용과 군사력 건설은 많은 시간과 자원이 소요된다. 모자이

1　육군본부(2019), 『제4차 산업혁명을 넘어서는 육군의 장기전략 육군비전 2050』, 대전: 육본; 공군본부(2020), 『공군 창군 100주년을 준비하는 미래항공우주력 발전구상 Air Force QUANTUM 5.0』, 대전: 공군본부.

2　설인효는 '미래전의 주요 개념으로 모자이크전을 소개하고, 한반도 미래 안보환경하에서 대한민국에게 최적화된 미래전 준비의 필요성'을 강조했다. 홍규덕은 '한국형 상쇄전략의 수립으로 K-모자이크전 완성'을 주장했다(2022. 6. 24.).

크전을 도입하고자 하더라도 하루아침에 이루어질 수 없다. 따라서 한반도 특색에 맞는 한국형 모자이크전 적용방안을 구상해보는 것은 실현 가능성을 차치하더라도 그 자체만으로 가치가 있다. 미국은 중국과 러시아의 군사적 도전을 무력화하기 위해 모자이크전을 합동군 차원을 넘어 동맹군까지 확대할 것으로 보인다. 따라서 가속화되고 있는 모자이크전을 우리 군에 적용하기 위해서 '무엇을 어떻게 할 것인가?'에 대한 연구는 중요하면서도 시급한 시점이다.

따라서 이 글의 목적은 미국이 미래전에 대한 청사진을 담아 제시한 모자이크전을 토대로 한반도 특색에 맞는 한국형 모자이크전 적용방안을 구상하여, 궁극적으로 우리 군이 미래전 준비에 '무엇을 어떻게 할 것인가?'에 대한 해답을 찾는 데 기여하고자 한다.

2. 연구흐름도 및 구성

이 장은 미국의 모자이크전 수행 모형을 분석의 틀로 하여, 한국형 모자이크전을 구상하기 위해 〈그림 4-1〉과 같은 흐름으로 진행된다.

이를 위해서 이 장은 총 4절로 구성하며, 1절 서론에 이어서, 2절에서는 모자이크전에 대한 이론적 배경을 고찰하여, 미국의 모자이크전 수행 모형을 분석의

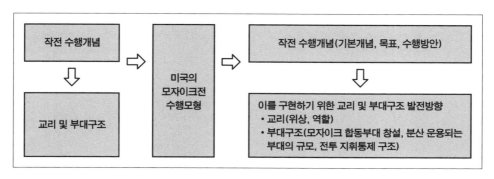

〈그림 4-1〉 연구흐름도

틀로 제시한다. 3절에서는 '무엇을 어떻게 할 것인가?'의 질문에 대한 해답으로 예상되는 한반도의 미래전 양상을 기초로 한국형 모자이크전 도입의 필요성을 도출한 후 적용방안을 구상한다. 4절에서는 연구결과를 종합하여 요약하고, 이 글의 한계와 후속연구 과제를 제시한다.

제2절
모자이크전 이론적 배경과 분석의 틀

1. 모자이크전 이해

토플러는 자신의 저서 『전쟁과 반전쟁』(*War and Anti-War*)에서 "인류가 전쟁을 수행하는 방식은 일하는 방식을 반영해왔으며, 새로운 문명이 기존 문명에 도전했을 때, 전쟁 수행방식과 수단에 혁명적인 변화가 발생했다"라고 주장했다(Alvin Toffler & Heidi Toffler, 1993, pp. 3-5). 혁명적인 변화를 이끈 새로운 문명은 과학기술이 대표적이며, 이로 인해 전쟁의 패러다임이 변화해 온 과정은 〈그림 4-2〉와 같다.

역사적으로 과학기술과 군사작전 개념의 적합한 조합으로 미래전에 대비하며 군사혁신에 성공한 국가는 전쟁에서 승리했다. 산업사회에서 정보사회로의 전환을 알리며 발발한 걸프전(1991)에서 이라크를 상대로 미국이 거둔 일방적인 승리가 대표적인 사례다. 바야흐로 인류의 문명이 정보화 사회에서 초연결·초지능 사회, 즉, 4차 산업혁명 시대로 진입함에 따라 전쟁은 새로운 국면을 맞이하고 있다(정연봉, 2021, p. 14).

4차 산업혁명으로 전쟁 양상의 변화가 예상되는 시점에서, 새로운 과학기술과 군사작전 개념의 적합한 조합을 찾기 위한 노력으로 2017년 8월, 미 국방성

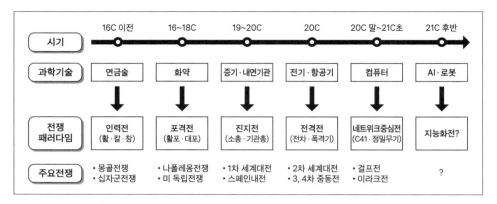

시기	16C 이전	16~18C	19~20C	20C	20C 말~21C초	21C 후반
과학기술	연금술	화약	증기·내연기관	전기·항공기	컴퓨터	AI·로봇
전쟁 패러다임	인력전 (활·칼·창)	포격전 (활포·대포)	진지전 (소총·기관총)	전격전 (전차·폭격기)	네트워크중심전 (C41·정밀무기)	지능화전?
주요전쟁	• 몽골전쟁 • 십자군전쟁	• 나폴레옹전쟁 • 미 독립전쟁	• 1차 세계대전 • 스페인내전	• 2차 세계대전 • 3, 4차 중동전	• 걸프전 • 이라크전	?

〈그림 4-2〉 전쟁 수행방식과 전쟁 수단의 패러다임 변화

출처: 육군본부(2020), "육군비전 2050", 『육군블로그』, https://blog.naver.com/hankng/222561791438. (검색일: 2022. 9. 3.)

예하 DARPA는 모자이크전이라는 새로운 전쟁 수행방식을 제안했다(DARPA News, 2018). DARPA의 전략기술국장(Director of Strategic Technology Officer) 티모시 그레이슨(Timothy Grayson)은 "모자이크전이란 지정된 위치에 딱 들어맞아야 제 역할을 할 수 있는 특정 모양의 퍼즐 조각(puzzle pieces, 특정 임무가 지정된 플랫폼)이 아니라, 호환 가능한 타일(tile, 센서 및 타격 기능)이 복합체계로 구성된 전투방식이다."(Theresa Hitchens, 2019)라고 설명했다. 모자이크전을 보다 자세하게 이해하기 위해서는 '새로운 전쟁 수행방식이 왜 필요했는가?'라는 등장배경과 '미래전에서 우위를 유지하기 위해 왜 모자이크전을 구상했는가?'라는 이유를 살펴봐야 한다.

먼저, 미래전을 대비한 새로운 전쟁 수행방식이 필요했던 등장배경은 두 가지로 요약된다.

첫째, 미국은 다른 강대국들도 이미 보유하고 있는 역량으로는 기존에 미국이 누리던 군사적 우위를 유지하기 어렵다고 판단했다. 특히, 중국의 군사력 강화는 미국과 동맹국의 취약점을 효과적으로 공격할 수 있다는 위기감이 배경에 있다(Bryan Clark, Dan Patt & Harrison Schramm, 2020, p. ii).

둘째, 지금까지 무기체계 개발에 투입된 막대한 비용과 노력에 대한 회의적인 시각이 받아들여지고 있다. 국방예산과 첨단기술만으로는 기존의 우위를 달성할 수 없으며, 무기체계 개발 단계마다 이전보다 더 복잡하고, 고비용과 많은 시간이 필요하다는 현 상황에 대한 비판적이지만 냉정한 평가가 배경에 있다(Stew Magnuson, 2018).

이러한 배경 속에서 DARPA는 미래전을 대비하기 위한 새로운 전쟁 수행방식을 구상하는 과정에서 모자이크(mosaic)의 특징과 4차 산업혁명으로 나타나는 새로운 첨단과학기술을 주목했다.

첫째, DARPA가 주목한 모자이크의 특징은 지그소(jigsaw) 퍼즐과의 비교를 통해 알 수 있다. 〈그림 4-3〉에서 볼 수 있듯이, 지그소 퍼즐은 동일한 형태의 조각들이 조합되어 완성되는 것으로, 일부 조각만 없어도 전체 그림을 완성할 수 없다. 반면 모자이크는 비슷한 모양과 색을 가진 다양한 조각들로 구성되어 있어서 일부 조각이 없더라도 전체 그림을 구성하는 데 큰 문제가 없고, 비슷한 다른 조각으로도 쉽게 대체할 수 있다(조상근, 2021a).

이를 군사적인 측면에서 해석하면, 지그소 퍼즐 조각과 모자이크 조각은 전투력을 발휘하는 최소 단위인 전투모듈(module)로 볼 수 있고, 지그소 퍼즐 조각은 지정된 위치에 딱 들어맞아야 제 역할을 할 수 있는 고정형 전투모듈이나, 모자이크 조각은 전장 상황에 따라 다양한 역할 수행이 가능한 호환형 전투모듈이다(조상근, 2021a). 기존의 전투모듈은 지그소 퍼즐 조각과 같아서 일부 부대(무기)가 파

〈그림 4-3〉 지그소 퍼즐(좌)과 모자이크(우)

출처: 남두현 외(2020), p. 149.

괴되면 전체 임무를 완성할 수 없지만, 모자이크전에서의 전투모듈은 일부 부대
(무기)가 파괴되더라도 전체 임무를 완성하는 데 큰 문제가 없으며, 다른 부대(무
기)로도 쉽게 대체할 수 있도록 한다는 구상이다(Stew Magnuson, 2018, p. 18).

　둘째, 4차 산업혁명 시대에 나타나는 첨단과학기술은 우리의 일상을 혁신적
으로 변화시키고 있으며, 이는 군사 분야도 예외가 될 수 없다. DARPA는 상대적
으로 우위에 있는 첨단과학기술을 군사작전에 효율적으로 적용한다면, 적보다 빠
른 결심과 유연한 전투력 운용을 통해 전 영역에서의 우세를 달성하고, 현재의 전
쟁 수행방식, 즉, 중국과 러시아의 대미(對美) 군사전략을 상쇄시킬 수 있는 군사
혁신이 가능하다는 구상이다. 이를 구현하기 위해서 DARPA는 모자이크전을 수
행하기 위한 핵심기술로 인공지능과 자동화 및 자율화 기술을 꼽고 있으며, 이를
구현하기 위한 노력에 박차를 가하고 있다(Bryan Clark, 2020, pp. iii-iv).

〈표 4-1〉 모자이크전의 다양한 정의

구분	정의
미첼 인스티튜트 (Mitchell Institute)[3]	높은 수준의 능력을 가진 시스템(예, F-22)과 대규모로 민첩성을 가진 작은 단위의 전력요소(예, 정찰 UAV)를 결합하여, 수많은 서로 다른 구성(configurations)으로 재정렬할 수 있는 군사적 능력
현(現) DARPA STO 지휘관 그레이슨 (Director Grayson)[4]	전장 상황에 맞춰 이미 가지고 있는 무기를 새롭고 놀라운 방식으로 결합하여, 유인-무인 팀 작전능력, 분산된 능력을 지휘관에게 육·해·공군에 상관없이 매끄럽게 전력을 운용할 수 있게 하여, 적으로 하여금 아군의 다음 행동이 무엇인지 예측할 수 없게 하는 개념
전(前) DARPA STO 지휘관 브런스 (Director Bruns)[5]	기술 기반의 비전으로 다양한 전력체계를 구성하여 높은 수준의 복잡성과 전략적 기동을 구현함으로써, 선형적이지 않은 웹효과(web effect)를 창출하는 네트워크 전투로 적과의 다양한 형태의 분쟁을 억제하는 개념

---

3 USFA (2019), "RESTORING AMERICAS MILITARY COMPETITIVENESS: Mosaic Warfare", *The Mitchell Institute for Aerospace Studies*.

4 National Defense Magazine (2018. 11. 16.), "DARPA puches 'Mosaic Warfare' Concept".

5 Navy Chips Article (2017), "Strategic Technology Office Outline Vision for 'Mosaic Warfare'".

모자이크전은 DARPA에 의해 제시된 2017년 이후부터 지속적으로 발전되며 정의되고 있으나, 2020년 CSBA가 보고서[6]에서 발표한 "① 인간지휘와 기계통제(human command and machine control)를 통해 ② 보다 소규모로 분산 운용되는 부대(more disaggregated forces)를 ③ 신속히 조합 및 재조합(rapid composition and recomposition)하여 운용함으로써, 아군에게는 적응성과 융통성을 보장하고, 적에게는 복잡성과 불확실성을 강요하는 ④ 결심중심전(decision-centric warfare)을 지향한다"로 정의하는 것이 일반적이다.

2. 모자이크전 수행

1) 작전수행 개념

모자이크전은 다양한 무기체계들이 독립적으로 존재하는 가운데 작전적인 필요에 따라 그때그때 전투력을 조합하여, 실시간으로 적의 위협에 대응하는 개념으로, 일부 조각이 없어지더라도 전체적인 그림의 형태가 유지되는 모자이크처럼 일부 무기체계가 손상되어도 전체적인 전투력 발휘가 가능한 전투력 창출 방식이다(정연봉, 2021, p. 15). 기존 네트워크 중심전(network centric warfare)은 모든 플랫폼을 네트워크로 연결하여 통합 운용함으로써, 적의 공격으로 체계 전체가 마비될 수 있는 취약점이 있다. 모자이크전은 이를 보완하기 위한 개념이다. 모자이크전의 정의에서 나타난 주요 특징을 기초로 작전수행 개념을 요약하면 아래와 같다.

첫째, 인간지휘와 기계통제다. 이는 〈그림 4-4〉처럼 지휘관이 4차 산업혁명의 핵심기술인 인공지능의 도움을 받아 전장 상황에 맞게 최적의 전투력 조합과

---

6 Bryan Clark, Dan Patt & Harrison Schramm (2020), *Mosaic Warfare: Exploiting Artificial Intelligence and Autonomous System to Implement Decision-Centric Operations*, Center for Strategic and Budgetary Assessments, pp. 27-40.

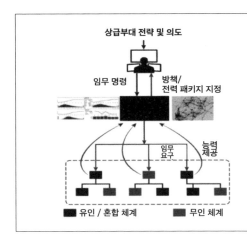

상급부대 전략 및 의도

임무 명령 / 방책/전력 패키지 지정

임무 요구 / 능력 제공

■ 유인 / 혼합 체계   ■ 무인 체계

인간 지휘(Human command)
• 작전계획 발전
• 임무 명령 하달

기계 보조 통제(Machine-assisted control)
• 임무를 수행하기 위한 단위 요청
• 가용한 능력으로 kill chain 구성

유인 / 무인 체계
• 유인: 분대, 전차, 구축함, 스트라이커
• 무인: 무인기, 미사일, 위성 등
• 명령 수행을 위한 능력 제공

<그림 4-4> 인간지휘와 기계통제

출처: Bryan Clark, Dan Patt, & Harrison Schramm (2020), p. 35.

전술을 선택하여, 적과 교전하는 것을 의미한다. 지휘관이 전략, 작전술, 상급지휘관의 의도 등을 고려하여 작전계획을 수립하고 과업을 도출하면, 기계(인공지능)는 과업을 수행하는 데 필요한 최적의 부대조합과 전술을 추천한다. 지휘관은 추천된 방안의 적합성을 검토한 후 이를 적용하여 교전하는 방식으로, 적보다 빠른 결심으로 전장의 주도권을 장악하고, 전투력 운용의 융통성과 적응성을 가지고 적에게 불확실성을 강요할 수 있으며, 인간 중심의 의사결정 시스템이 가지고 있는 단점들을 보완하여, 보다 적시적이고 적절한 의사결정이 이루어지도록 하는 체계를 말한다(남두현 외, 2020, p. 159).

둘째, 보다 소규모로 분산 운용되는 부대다. 현재 유인 중심의 대규모 부대를 유·무인 복합형의 소규모 부대로 재조직하는 것을 의미한다. 이를 통해 적은 비용으로도 아군의 취약성은 감소시키면서, 다양한 전투력의 운용으로 적에게는 불확실성을 증가시켜 적의 결심을 지연할 수 있다. 모자이크전은 고가·고성능 전력만을 추구하는 것이 아니라, 더 저렴하고 더 많은 수량을 빠르게 획득할 수 있으며, 유연성을 갖춘 전력을 조합하여 상대를 효과적으로 제압하겠다는 개념으로 접근하고 있다(장진오 외, 2020, p. 218).

셋째, 신속한 조합 및 재조합이다. 지휘관이 인공지능의 지원을 받아 소규모로 분산 운용되는 제 작전요소를 실시간으로 조합 및 재조합하여, 최적의 전투력을 적에게 투사하는 것을 의미한다. 이는 기존의 정형화된 킬체인(kill chain)을 사용하는 것이 아니라, 보다 소규모로 분산 운용되는 부대들로 킬웹(kill web)을 구성하고,[7] 요망하는 목표 또는 효과 달성이 가능하도록 연속적으로 전투력을 조합 및 재조합하여 투사하는 방식이다. 이에 더해 모자이크전에서는 킬웹에서 한 단계 더 진화하여, 기존의 전력을 지휘통제(C2), 탐지(sense), 타격(act) 체계로 세분화하고, 융통성 있는 조합을 구성하는 적응형 킬웹(adaptable kill web)을 추구한다. 적응형 킬웹은 〈그림 4-5〉처럼 지휘통제는 통상 사람이 탑승한 유인전투체계가 수행하며, 탐지 및 타격은 무인전투체계를 활용한다는 개념이다.

신속한 조합 및 재조합을 위해서는 인공지능을 활용한 결심보좌가 보장되어야 하고, 지휘관계는 고정되어 있는 것이 아니라 수시로 변경이 가능해야 하며, 킬웹 및 적응형 킬웹을 구성하는 부대 간의 상호운용성이 전제되어야 한다.

넷째, 결심중심전이다. 모자이크전의 핵심은 결심중심전이다. 정보의 중요성이 날로 증대되는 미래의 전장에서 인공지능과 자율체계를 활용하여, 아군의 정보 및 의사결정 체계는 강화하면서, 적의 정보 및 의사결정 체계를 거부 및 방해함으로써 전쟁의 패러다임을 바꿀 수 있다는 전제에 기반을 두고 있다(Bryan Clark, Dan Patt & Harrison Schramm, 2020, pp. 21-24). 이를 통해 아군의 OODA 루프[8]의 신속성을 보장하고, 적의 OODA 루프는 거부 및 지연하는 것이 궁극적인 목표다.

---

7 최초의 킬체인은 인간이 직접 보고, 판단하고, 결심하여 목표를 공격하는 것이었다. 이후에는 제3의 전력으로 공격하는 복합체계(system-of-system)로 발전했고, 이어서 기술의 발전으로 다양한 센서, 기동전력, 결심체계, 타격체계가 네트워크에 연결된 킬웹으로 진화했다.

8 존 보인드(John Boud, 1927~1997)에 의해 제시된 의사결정 모델이다. 그는 전투행위를 관찰(observe), 판단(orient), 결심(decide), 행동(act)으로 연결된 하나의 순환고리(Loop)로 이루어진다고 보았다. 존 보이드의 연구결과에 의하면 전투의 승리는 OODA 루프를 앞서나가는 측에 있다. 그러나, 여기서 중요한 사항은 OODA 루프는 전투행위의 순서가 아니라, 적보다 빠르게 순환시켜 적이 행동하기 전에 먼저 행동함으로써 적의 대응시간을 박탈하여 적을 혼란과 충격에 빠지게 할 수 있다는 것이다.

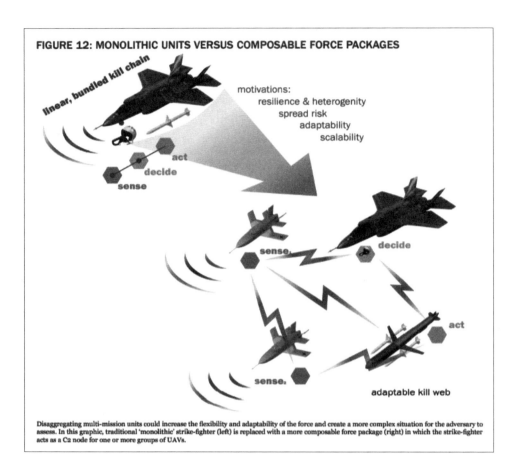

FIGURE 12: MONOLITHIC UNITS VERSUS COMPOSABLE FORCE PACKAGES

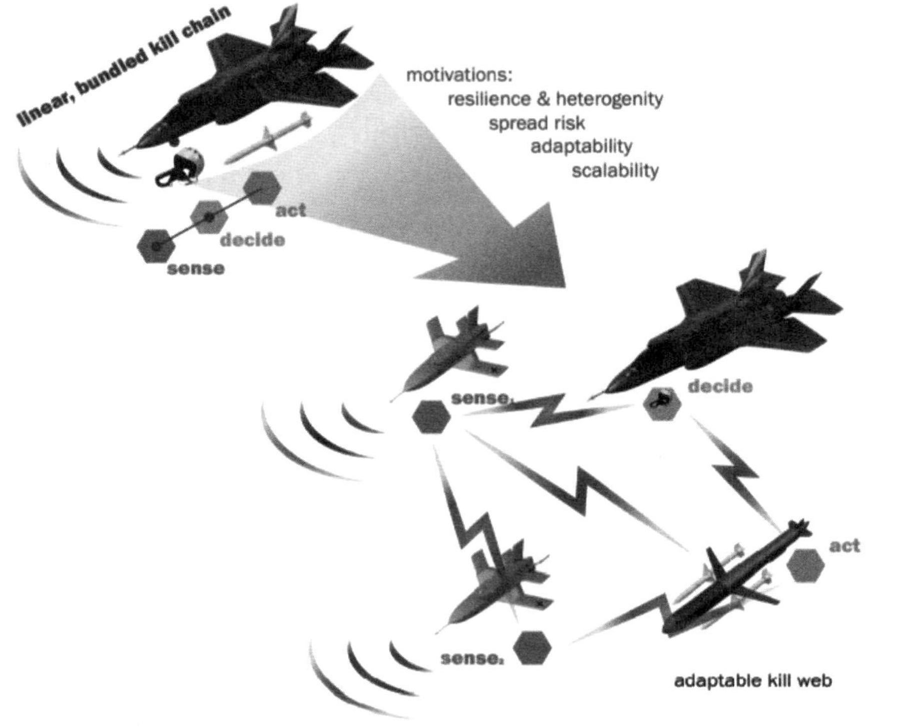

linear, bundled kill chain
motivations:
resilience & heterogenity
spread risk
adaptability
scalability
act
decide
sense
sense₁
decide
act
sense₂
adaptable kill web

Disaggregating multi-mission units could increase the flexibility and adaptability of the force and create a more complex situation for the adversary to assess. In this graphic, traditional 'monolithic' strike-fighter (left) is replaced with a more composable force package (right) in which the strike-fighter acts as a C2 node for one or more groups of UAVs.

〈그림 4-5〉 킬체인과 적응형 킬웹

출처: Bryan Clark, Dan Patt & Harrison Schramm (2020), p. 28.

결심중심전을 수행하기 위해 가장 방해되는 요소는 C3 체계다. 이를 극복하기 위해서 모자이크전은 상황 중심(context-centric)의 C3(Command and Control, Communication system) 체계 구축을 추구한다. 상황 중심 C3 체계는 기존의 지휘·통제 및 통신체계에 초지능화된 인공지능을 결합한 체계로서 인공지능의 지원을 받아 수없이 분산되어 있는 부대들의 능력과 수준을 확인해, 상황과 임무에 맞는 최적의 전력을 신속히 조합하면서, 조합되는 전력이 사용 가능한 통신을 기반으로 다수의 킬체인을 킬웹 또는 적응형 킬웹으로 구성하는 역할을 수행한다.

상황 중심 C3 체계에 의해 구성된 다양한 킬웹 또는 적응형 킬웹은 적에게 동시다발적으로 다양한 전력을 투사함으로써, 적에게 아군의 전력 구성과 의도 파악을 어렵게 하는 대응의 딜레마를 강요하여, 결심중심전이 추구하는 궁극적인 목표인 아군의 OODA 루프의 신속성을 보장하고, 적의 OODA 루프는 거부 및 지연을 가능하게 한다.

2) 교리 및 부대구조

미국은 중국의 반접근/지역 거부와 시스템 파괴전 등 대미(對美) 군사전략을 무력화하기 위해 2015년 1월, '국제공역에서의 접근과 기동을 위한 합동개념 (Joint Concept for Access and Maneuver in the Global Commons, 이하 JAM-GC)'을 공식적인 군사전략으로 채택했고, 보다 상위 작전개념으로 각 군이 다섯 개의 독립적인 전장 영역을 교차하면서, 특정 전장 영역에서 취약성을 상쇄하고 효율성을 향상하는 개념으로 합동작전 접근개념(Joint Operational Access Concept, 이하 JOAC)을 제시했다. 이를 바탕으로 각 군은 미래 작전 수행개념을 발전[9]시키고 있다.

미국이 추구하는 미래전 수행 개념은 기본적으로 분산과 집중을 통해 빠른 속도의 통합된 네트워크 기동전을 추구하며, 주요 핵심요소는 교차영역(cross domain)의 시너지를 극대화할 수 있는 통합작전과 결심중심전쟁(decision-centric warfare)이다. 이는 DARPA에서 제시한 모자이크전 개념이 반영된 것이다. 즉, 모자이크전은 다영역작전과 같은 작전수행 개념이 아니라 작전수행 개념을 방법·기술적 측면에서 구현할 수 있도록 지원하고 방향성을 제시하는 전쟁 수행방식으로서 위상과 역할을 갖는다.

미국은 레고(Lego)[10]부대를 편성하여 모자이크전의 구현을 준비하고 있다. 브

9　미 육군은 다영역작전, 미 해군은 분산해양작전, 미 해병대는 원정 전진기지 작전, 미 공군은 신속 전투배치를 미래 작전수행 개념으로 발전시키고 있다.

10　레고는 덴마크의 블록 장남감 회사다. 레고의 특징은 연식에 상관없이 타사 브릭과도 호환된다.

릭(Brick)은 전투의 최소 단위이며, 이러한 브릭들을 상황과 임무에 따라 조합하면 레고부대가 된다. 미국이 시도하는 대표적인 레고부대는 미 해군의 LCS다. 이는 수상전(surface warfare), 대잠함전(anti-submarine warfare), 기뢰전(mine warfare), 정보·감시·정찰(ISR) 등 다양한 임무를 수행할 수 있는 무인전력이 탑재된 레고부대이며, 무인전력은 최소 전투단위인 브릭을 의미한다. LCS는 필요에 따라 브릭을 초연결 네트워크로 연결하여, 소규모로도 다양한 임무와 광범위한 작전지역을 담당할 수 있다. 또한, 인공지능을 활용하여 전장 상황과 임무에 따라 작전 실시간 최적화된 무인전력의 조합으로 작전효과를 극대화할 수 있다. 이러한 LCS는 적에게 기도가 노출되고 생존성에 취약한 항모강습단을 대체할 수 있는 미래전력으로 평가받고 있다.

이와 같은 유·무인 복합 레고부대 편성은 타 군으로도 확대되고 있다. 미 육

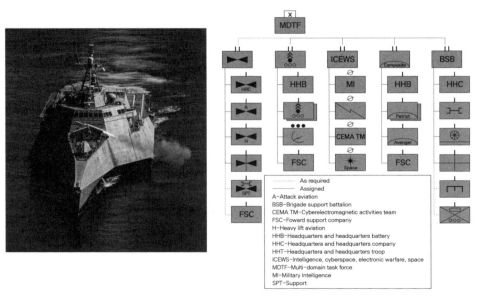

〈그림 4-6〉미 해군의 연안전투함(LCS, 좌)와 미 육군의 다영역작전부대(MDTF, 우)

출처: 조상근(2021a).

이러한 레고의 호환성은 모자이크전의 융·복합 특징을 잘 나타낸다.

군은 MDTF를 편성하여 다양한 전투실험을 진행 중이다. MDTF는 기본적으로 장거리정밀화력(long range precision fires)대대, I2CEWS대대, 방공대대, 작전지속지원대대로 편성된다. 여기에 상황과 임무에 따라 항공대대 또는 공격형 UAV 중대가 작전 실시간 추가 편성되어 MDTF는 규모에 비해 넓은 작전지역에서 임무 수행이 가능하고, 비접촉전투가 가능하여 생존성을 강화할 수 있다.

3) 모자이크전 수행 모형(분석의 틀)

앞서 살펴본 이론적 배경을 정리하여 미국의 모자이크전을 모형화하면 〈그림 4-7〉과 같다. 이 장에서는 미국의 모자이크전 수행 모형을 한국형 모자이크전 도입의 필요성과 한반도 특색에 맞는 작전수행 개념을 도출하고, 이를 구현하기 위한 교리 및 부대구조의 발전방향을 제시하는 데 분석의 틀로 활용한다.

미국이 모자이크전을 제시한 배경과 목적, 그리고 역할 및 작전수행 개념은 우리 군이 맞닥뜨린 안보환경과 유사점이 있고, 동맹이라는 연계성 때문에 우리 군의 미래전을 위한 군사력 운용과 군사력 건설에 유용한 틀을 제공할 것이다.

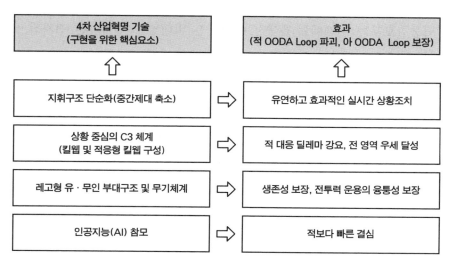

〈그림 4-7〉 미국의 모자이크전 수행 모형(분석의 틀)

제3절
한국형 모자이크전 적용방안

1. 한반도 미래전 양상

　　미래전 양상에 대한 예측은 국가별로 당면한 적의 위협, 작전환경, 추구하는 군사전략 등으로 다양할 수 있으나, 나타나고 있는 새로운 기술과 무기체계 등 4차 산업혁명 시대의 특징에서 바라보는 관점은 대체로 일치한다.

　　합동참모부는 '미래에는 재래전, 비정규전, 비대칭전, 사이버전, 전자전 및 미디어전 등 다양한 유형이 혼재된 하이브리드전이 전개될 것'으로 보았다(합동참모본부, 2014, pp. 36-37). 프리드먼(Lawrence Freedman)은 '정보전쟁이라는 큰 틀 속에서 사이버전쟁, 로봇과 드론전을 강조'했고(Lawrence Freedman, 2017, pp. 222-253), 계중읍 등은 '전쟁의 공간과 성격에 초점을 두고 미래전 양상을 5차원전, 네트워크 중심전, 정보·사이버전, 무인로봇전, 효과중심 정밀타격전, 비선형전, 비살상전 등으로 제시'했다(계중읍 외, 2009, pp. 11-20). 홍규덕은 중국과 미국이 발전시키고 있는 전쟁 수행방식과 무기체계 측면을 고려하여, 2040~2050년대의 미래전 양상을 아래와 같이 예측했다(홍규덕, 2022, pp. 86-87).

　　첫째, 미래전은 지상·해상·공중·우주·사이버 및 전자기파 영역까지 전쟁의 영역으로 확대되며, 기존에는 각 군종이 특정 영역의 전투를 독점했으나, 영역의 확대에 따라 초연결에 바탕하여 모든 영역에서 융합적인 전투가 발생할 것이다.

둘째, 애매모호함을 특징으로 하는 회색지대(gray zone) 전략이나, 군사와 비군사적 수단을 조합하는 하이브리드전 등 전쟁으로 인식되지 않던 평시 모든 활동이 분쟁으로 이어지고 이는 주된 전쟁의 양상이 될 것이다.

셋째, 인구의 자연감소에 따른 군대 규모의 축소는 필연적으로 새로운 부대 구조로 이어지고, 첨단과학기술의 발달로 인해 전투의 양상은 유·무인 복합전의 형태로 변화될 것이다.

이 외에도 21세기 들어 미군이 참전했던 아프가니스탄 전쟁(2001~2021), 이라크 전쟁(2003~2011) 등의 주요 작전을 고려, 전(前) 미 육군 참모총장 밀리(Mark A. Millry) 장군은 "사람이 거주하는 곳에서 발생하는 전쟁의 속성상 미래전은 사람이 밀집된 메가시티(megacity)[11]를 중심으로 발생할 가능성이 크다"라고 언급했고, 메가시티 전쟁을 미래전의 양상으로 예측하는 추세가 늘어나고 있다(조상근, 2021b).

이상과 같이 4차 산업혁명 시대의 미래전 양상을 종합하면 〈표 4-2〉와 같이 정리된다.

〈표 4-2〉 4차 산업혁명 시대 미래전 양상

구분	사회변화	전장 공간	전쟁 수행방식	전투 형태
4차 산업혁명	초연결/ 초지능 사회	• 지상·해상·공중 • 우주·사이버 • 전자기파 • 메가시티	• 데이터·지능화전 • 회색지대 분쟁 • 하이브리드전 • 비선형전 • 무인로봇전	• 비선형·불규칙형 (소부대, 분산) • 전 영역 융합 전투 • 유·무인 복합전투

출처: 합동참모부(2014), 계중읍(2009) 등 연구를 바탕으로 요약 정리함.

---

11 행정적으로 구분돼 있으나 생활, 경제 등이 기능적으로 연결돼 있는 인구 1천만 명 이상의 거대 도시를 말한다. 메가시티 외에 메트로폴리스, 대도시권, 메갈로폴리스 등 다양한 용어가 비슷하게 사용되고 있다(네이버 지식백과, 한경 경제용어사전), https://terms.naver.com/ entry.naver?docId=2425622&cid=42107&categoryId=42107 (검색일: 2022. 7. 9.).

역사가 증명하듯이 사회변화(특히 과학기술)는 필연적으로 새로운 전쟁 수행방식의 등장을 동반한다. 군사적 우위를 확보하기 위해 작전수행 개념이 개발되고, 이를 구현하기 위해 교리 및 부대구조, 무기체계가 유기적으로 발전하면서 군사혁신이 일어나며, 이는 새로운 전쟁 양상으로 자리를 잡는다. 따라서 한반도에서의 미래전을 예측하기 위해서는 현재 미래전을 선도하는 강대국들의 전쟁 수행방식을 확인함으로써 가능하다.

　　러시아의 크림반도 병합과 중국의 남중국해 점령은 냉전 종식 이후 군사적 수단이 일부로 활용되어 정치적 목적을 달성한 대표적인 사례로 평가받는다(김남철, 2022, p. 4). 미국이 중동에서 군사력을 소진하는 동안 중국과 러시아는 군사력을 현대화하고, 노출된 미국의 전쟁 수행방식을 연구하여 대미(對美) 군사전략을 구상했으며, 이는 재래식 전력과 비대칭 전력 등 모든 수단을 통합 운용하는 하이브리드전[12]이라는 전쟁 수행방식과 미국의 접근 자체를 거부하는 A2/AD 전략, 시스템 파괴전으로 발전되고 있다. 중국과 러시아의 새로운 전쟁 수행방식은 다양한 수단을 통해 정치적 목적은 달성하면서, 미국의 개입 및 접근을 거부하는 개념으로 요약된다.

　　합동참모부는 전쟁을 "상호 대립하는 2개 이상의 국가 또는 이에 준하는 집단이 정치적 목적을 달성하기 위해서 자신의 의지를 상대방에게 강요하는 조직적 폭력 행위이며, 대규모의 지속적인 전투"라고 정의(합동참모본부, 2020, p. 267)하고 있지만, 중국과 러시아의 성공사례는 앞서 설명한 전쟁의 정의로 설명되지 않는다. 그러나 군사적 수단을 포함한 국력의 제 요소를 활용하여 정치적 목적을 달성한 것만은 분명한 사실이다. 중국과 러시아는 대규모 전투가 지속되지 않고 또는

12　하이브리드전은 일반적으로 2014년 러시아의 크림반도 합병과 우크라이나의 돈바스 전쟁에서 러시아가 개입하면서 적용한 전투방식을 말하며, NATO가 2014년 하이브리드전으로 명명했다. 미국과 북대서양조약기구는 하이브리드전, 러시아에서는 차세대 전쟁(new generation warfare)이라는 용어를 사용하고 있다. 이는 기존의 모호성을 특징으로 하는 기정사실화 전략, 삼전전략, 회색지대 전략 등에서 발전되어 그 의미를 통칭하는 것으로 보는 것이 일반적이다.

직접적인 전투 없이, 전쟁인지 아닌지 애매한 모호성을 바탕으로 정치적 목적을 달성하는 새로운 전쟁 수행방식을 발전시키고 활용하고 있다.

이에 반해 미국은 세계 최강의 군사력을 보유하고 있음에도 불구하고, 중국과 러시아의 정치적 목적 달성을 위한 행위를 막지 못했다. 전쟁인지 아닌지 애매한 상황과 작은 분쟁에 대한 대규모 군사적 개입은 확전의 우려로 이어졌으며, 지리적 불리함과 중국 및 러시아의 A2/AD 전략, 시스템 파괴전은 미국의 대규모 피해를 예상하게 하여 군사적 개입의 반대로 이어졌다는 이유에서다. 따라서 미국은 중국과 러시아가 추구하는 하이브리드전과 대미(對美) 군사전략이 미국의 군사적 우위를 잠식하고 동맹국을 위협한다는 인식 하에 이를 무력화하기 위한 미래의 전쟁 수행방식으로 모자이크전을 추구하고 있다. 중국과 러시아, 미국이 추구하는 미래의 전쟁 수행방식은 한반도에서의 미래전 양상을 예측하는 데 유용한 틀을 제공한다.

북한은 학습효과를 통해 하이브리드전이 약자가 강자를 상대로 정치적 목적을 달성하는 데 효과적인 전쟁 수행방식이라는 것을 체득했고, 이를 기초로 북한판 하이브리드전과 A2/AD 전략, 시스템 파괴전을 추구할 것이다. 북한은 비군사적 수단과 비대칭 전력, 그리고 부분적으로 현대화에 성공한 재래식 군사력을 조합하여, 서해5도 또는 수도권 일부를 신속하게 점령한 후 협상을 통해 정치적 목적을 달성하는 제한전쟁을 추구하면서, 상대적 우위에 있는 비대칭 전력으로 한·미 연합전력의 접근 및 개입을 차단할 것이다(박휘락, 2020, p. 63). 재래식 전력의 열세와 경제적 어려움에도 불구하고, 핵무기, ICBM, SLBM, 다양한 미사일 및 방사포, 특수전부대, 사이버·전자전 부대 등 비대칭 전력을 핵심적으로 발전시키고 있는 상황이 이를 방증한다. 또한, 한반도 전쟁에 대한 중국과 러시아의 군사적 개입도 국제적 비난 및 확전 방지를 위해 과거 한국전쟁과 같은 대규모 재래식 군사력이 아닌, 하이브리드전의 형태로 비군사적 수단이 주를 이루고, 필요에 따라 비대칭 전력과 소규모 재래식 군사력을 지원하는 형태가 될 것이다.

북한은 과거 한국전쟁과 같은 전면적인 기습남침을 시도하지 않을 것이다.

현재의 피아 전력과 비무장지대라는 천애의 장애물을 고려하면, 시도하지 않는 것이 아니라 시도할 수 없다고 보는 것이 더 타당하다. 종합해보면, 중국과 러시아가 새로운 전쟁 수행방식으로 정치적 목적을 달성하는 것을 경험한 북한은 미래 한반도 전쟁에서 북한판 하이브리드전과 우리 군의 약점을 공략할 수 있는 A2/AD 전략, 시스템 파괴전을 추구할 것이다.

예상되는 한반도 미래전 양상은 미국이 모자이크전을 창안한 배경과 유사점을 가진다. 이는 북한의 군사적 위협에 대응하고, 미국의 동맹국으로서 한·미 연합체제의 상호운용성을 유지하기 위한 새로운 전쟁 수행방식인 한국형 모자이크전 도입의 필요성을 방증한다.

2. 한국형 모자이크전 시나리오

본 시나리오에서 북한의 군사적 위협은 예상되는 한반도 미래전 양상에 기초했다. 북한은 중국과 러시아의 암묵적 동의 및 지원하 정치적 목적인 대남 적화통일을 위해 서해5도 및 서울 북방 중소 도시 일부를 기습적으로 점령하고자 할 것이며, 이를 위해 비군사적 수단과 군사적 수단인 비대칭 전력, 재래식 전력을 통합 운용하는 하이브리드전을 추구할 것이다.

우리 군은 미국이 적용하고 있는 합동작전개념인 JAM-GC의 작전단계(최우선, 2021, pp. 5-6)에 따라 한국형 모자이크전을 적용한 전 영역 합동작전 수행 개념에 기초하여 아래와 같이 대응한다.

1) 1단계: 정보전(information warfare)

북한의 공격이 임박했다고 판단되면 요망되는 작전효과를 도출하여 인공지능 참모의 도움을 받아 효과적인 정보전을 수행할 수 있는 합동전력들로 킬웹을 구성한다. 조합된 모자이크 합동부대는 전 영역 통합 감시자산 운용, 선제적인 우주·사이버·전자전 방어 및 공격을 통해 아군의 정보능력은 보호하고, 적의 정보능력은 무력화함과 동시에 북한의 취약점인 지휘통제 시스템을 무력화하여 공격의지를 약화시킨다. 초기 비살상(non-kinetic) 방식을 적용함으로써 북한의 직접적인 공격이 이루어질 때까지 확전을 방지하는 효과도 얻는다. 또한, 중소 도시지역에 대한 제한적인 안정화 작전을 동시에 시행함으로써 유언비어 유포, 테러 등에 의한 교란 및 혼란을 방지한다.

2) 2단계: 일제공격 경쟁(salvo competition)

북한의 선제공격이 개시되면, 인공지능 참모의 도움을 받아 실시간 전 영역의 타격자산과 정보전을 수행하고 있는 모자이크 합동부대를 재조합하여, 북한의 지휘통제 시스템과 무기체계에 대한 공격을 개시함으로써 북한의 전력을 약화시킨다. 이를 통해 아군의 생존성 보장 및 행동의 -자유를 확보하는 효과를 얻는다. 이때 핵심은 유연한 분권화 작전과 임무형 지휘다. 인공지능 참모를 보유한 주 전투모듈(가칭)[13]은 지휘부[14]의 지시 없이도, 필요할 경우 인근에 있는 타 영역의 전력을 조합하여 작전목표를 달성한다.

3) 3단계: 유·무인 합동전력을 투사하여 적 격퇴

성공적인 일제공격 경쟁을 통해 북한의 전력이 약화될 경우, 동일한 절차를

---

13 한국형 모자이크전에서 주 전투모듈(가칭)의 규모는 각 군의 특성을 고려하여 육군은 여단, 공군은 편대, 해군은 함정, 해병은 중대, 특수작전부대는 팀 단위로 구성하며, 첨단과학기술이 포함된 적응형 킬웹 등 유·무인 복합체계는 규모와 관계없이 주 전투모듈의 역할을 수행한다.

14 한국형 모자이크전에서 지휘부는 전투를 지휘하는 전략·작전적 제대로 합참, (미래)연합사, 구성군사령부, 군단을 의미하며, 이는 발생하는 군사적 상황의 성격과 규모에 따라 위임되기도 한다.

통해 모자이크 합동부대를 조합하고, 직접적인 전투력 투사를 통해 서해5도 및 서울 북방 중·소 도시를 점령하기 위해 투입된 북한군을 직접적으로 격퇴한다. 이때 투사되는 전력은 유·무인 복합체계로 편성하여, 최소의 희생으로 작전목표를 달성해야 하며, 1·2단계에서 임무수행 중인 합동전력들로부터 지원을 받아 전 영역에서의 우위를 확보한 가운데 전투를 수행한다.

한국형 모자이크전은 순차적으로 이루어지는 것이 아니다. 하이브리드전의 양상을 고려하여, '정보전-일제공격 경쟁-유·무인 합동전력을 투사하여 적 격퇴'로 단계를 구분했을 뿐이다. 한국형 모자이크전은 전 단계에서 동시다발적이고 연속적으로 이루어지는 새로운 전쟁 수행방식이다. 따라서 한국형 모자이크전을 도입하기 위해서는 싸우는 방법, 즉, 작전수행 개념을 정립하고, 이를 구현하기 위한 교리 및 부대구조의 뒷받침이 필요하다.

3. 한국형 모자이크전 수행

1) 작전수행 개념

한국형 모자이크전의 기본개념은 미국의 모자이크전 작전수행 개념인 ① 인간지휘와 기계통제를 통해, ② 보다 소규모로 분산 운용되는 부대를, ③ 신속히 조합 및 재조합하여 운용함으로써, 아군에게는 적응성과 융통성을 보장하고, 적에게는 복잡성과 불확실성을 강요하는, ④ 결심중심전을 지향한다'를 기초로 한다. 이는 미국의 모자이크전이 기본적으로 네트워크 중심전의 취약점을 보완하고, 하이브리드전, A2/AD 전략, 시스템 파괴전에 대응하기 위해 창안되었다는 점이 우리 군이 처한 안보환경과 유사하며, 현재 우리 군이 추구하는 미래전 수행 개념과 일맥상통하기 때문이다. 한국형 모자이크전의 목표는 한반도에서 발생하는 다양하고 크고 작은 규모의 군사적 상황에도 적보다 빠르게 결심하여 개입하고, 전 영역에서 신속하게 우위를 달성하는 것이며, 기존의 작전 수행방안은 예측 가능한 순서로 진행되나, 한국형 모자이크전 수행방안은 작전단계와 운용되는 전력을 불확실하게 하는 합동작전을 추구한다.

첫째, 지휘부과 전투를 담당하는 주 전투모듈은 인공지능 참모를 운용한다. 군사적 상황이 발생하게 되면 지휘부는 적의 위협과 작전계획, 요망하는 작전목표를 인공지능 참모에게 명령을 하달하여, 다수의 방책을 받아 임무 수행방법을 결정한다. 방책은 전 영역에 분산된 유·무인 합동전력의 효율적 조합과 이에 대한 C3 체계 구성이 핵심이다. 이를 통해 적보다 빠른 결심을 하고, 임무 수행에 필요한 합동전력을 통합 운용함으로써, 전 영역에서 우세를 달성하고, 아군의 전투력 운용에 융통성을 확보한다.

둘째, 임무 수행을 위해 조합된 유·무인 합동 전력은 주 전투모듈 단위로 임무를 수행하며, 주 전투모듈 간에는 지휘관계를 두지 않고 C3 체계에 의해 구성된 킬웹에서 상황을 공유하면서, 전 영역에서의 작전목표 달성을 위한 각각의 임무를 수행한다. 이를 통해 적은 아군의 작전단계와 투사되는 전력을 예측하지 못함으로써 〈그림 4-8〉과 같이 대응의 딜레마를 강요받게 된다.

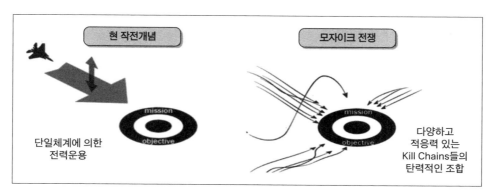

〈그림 4-8〉 적 대응의 딜레마 강요

출처: https://www.darpa.mil (검색일: 2022. 7. 9.).

셋째, 임무 수행 간 기본 전투모듈[15]이 파괴되거나, 추가적인 적의 위협이 발견될 경우, 주 전투모듈은 인공지능 참모의 도움을 받아 인근에 있는 활용 가능한 합동전력으로 대체 또는 추가하거나 방법을 변경하여 작전목표를 달성한다. 이러한 상황에서 주 전투모듈은 지휘부와 통신 없이 조치가 가능[16]하며, 지휘부는 실시간으로 정보를 공유하면서 상황을 평가한다. 이와는 다르게 주 전투모듈이 파괴되는 등 작전목표 달성이 어려운 상황이 초래되는 경우, 지휘부는 최초 단계를 반복하여 합동전력의 신속한 재조합을 통해 전투력을 투사한다. 이를 통해 우발상황이 발생하더라도 적의 대응시간을 박탈하고 불확실성을 증폭시킨다.

이와 같은 한국형 모자이크전은 기존 작전수행 개념과 비교를 통해 쉽게 이해할 수 있다. 기존에는 킬체인 개념의 일원화된 의사결정 시스템을 적용한 작전수행 개념이고, 한국형 모자이크전은 킬웹 개념의 결심중심전 시스템을 적용한 작전수행 개념이다.

기존 작전수행 개념은 일원화된 의사결정 시스템으로 인해 최초 부여된 임무 또는 지휘부의 결심에 의해 변경된 임무만 수행이 가능하고, 상호 정보공유가 제한되어 작전지역 인근에 있는 활용 가능한 합동전력을 운용하지 못하는 데 반해, 한국형 모자이크전은 인공지능의 도움을 받아, 활용 가능한 합동전력을 신속히 조합하고, 킬웹 구성을 통해 상호 정보를 공유하여 최초 부여된 임무와 작전 실시간 추가 식별된 임무를 동시에 완수할 수 있다. 또한, 우발상황(지휘부와의 통신두절 등)이 발생하더라도 지휘부의 결심 없이 주 전투모듈의 지휘통제하 임무수행이 가능하며, 작전목표 달성 여부에 따라 필요할 경우 전 영역의 합동전력을 신속히 재조합하여 적이 대응하기 전에 추가적인 전투력을 투사한다.

---

15 기본 전투모듈은 인공지능 참모단이 있는 주 전투모듈을 제외한 모든 부대(무기)를 의미하며, 통상 기존의 킬체인 부대(무기)를 말한다.

16 보다 소규모 부대로 분산 운용되고, 신속한 조합 및 재조합이 이루어지는 한국형 모자이크전에서는 분권화 작전 및 임무형 지휘 수행능력을 전제로 한다.

2) 교리 및 부대구조

미국의 미래전 수행 개념은 기본적으로 분산과 집중을 통해 빠른 속도의 통합된 네트워크 기동전을 추구하며, 주요 핵심요소는 교차영역(cross domain)의 시너지를 극대화할 수 있는 통합작전과 결심중심전쟁이다. 이는 DARPA에서 제시한 모자이크전 개념에서 기초한다. 즉, 모자이크전은 다영역작전과 같은 작전수행 개념이 아니라 작전수행 개념을 기술적 측면에서 구현할 수 있도록 지원하고 방향성을 제시하는 전쟁 수행방식으로서 위상과 역할을 갖는다.

한국형 모자이크전 개념도 각 군의 미래 작전수행 개념을 대체하는 것이 아니라, 군사혁신의 구성요소 중 새로운 군사체계로서 위상을 가지며, 각 군의 작전수행 개념을 지원하고, 군사혁신의 구성요소인 새로운 운용교리와 조직 편성에 방향성을 제시하는 역할을 가져야 한다. 또한, 모자이크전은 미래전을 위한 전쟁 수행방식으로 제시되고 있으나, 현존 전력을 보다 효율적으로 활용하기 위한 개념과 향후 군사력 운용 및 군사력 건설의 방향성을 제시하는 개념을 동시에 내포하고 있다. 따라서 한국형 모자이크전은 미래전을 준비하는 전략문서인 미래합동작전개념서에 반영되는 것이 아니라, 우리 군이 추구해야 할 전 영역 합동작전 수행 개념으로 합동군사전략서(JMS)에 반영하여,[17] 현존 전력을 활용한 싸우는 방법을 혁신하고, 동맹의 상호운용성을 유지하는 개념이 되어야 한다. 우리 군의 합동작전 개념을 제시하는 최상위 문서에 반영함으로써, 미래전을 대비하기 위한 각 군의 작전수행 개념과 군사력 건설을 한 방향으로 집중시키는 효과도 얻을 수 있다. 이로써 한국형 모자이크전은 미국이 추구하는 새로운 전쟁 수행방식과의 연계성을 유지하면서, 4차 산업혁명으로 나타난, 그리고 앞으로 새롭게 나타날 첨단과학기술과 군사작전의 적합한 조합을 찾는 이정표로서, 그리고 전 영역 합동

---

[17] 모자이크전은 네트워크 중심전의 취약점을 보완하면서 제시된 개념으로 유사한 위상과 역할을 가지고 있는 네트워크 중심전을 대체해야 한다.

작전을 구현하는 방법적 측면과 기술적 측면에서의 새로운 전쟁 수행방식으로서 지원해야 한다.

한국형 모자이크전 수행 개념을 구현하기 위해서는 부대구조의 뒷받침이 필요하다. 한국형 모자이크전은 태생적으로 합동군을 필요로 하지만, 우리 군의 현실을 고려하여 현재의 3군 체제를 유지한 가운데 별도의 모자이크 합동부대(가칭) 창설을 전제로 제시했다.

첫째, 모자이크 합동부대는 동·서부 축선에 주요 도시를 거점으로 운용하며, 위기관리까지는 합동참모부가 통제하고, 전시에는 전구 예비로 운용한다. 첨단과학기술이 반영된 유·무인 복합 전투단인 모자이크 합동부대는 발생하는 크고 작은 군사적 상황에 필요한 합동전력을 조합하여 임무를 수행하거나, 필요에 따라 기존의 킬체인 전력을 추가로 조합하여 임무를 수행한다.

둘째, 예상되는 한반도 미래전 양상을 고려하여, 하이브리드전 성격의 복잡다양한 위협에 대응하기 위해 모자이크 합동부대는 보다 광범위한 지역에서, 보다 광범위한 독립작전이 가능한 합동전력으로 구성한다. 예를 들면, 유인전력이 지휘하며 다수의 무인전력을 활용한 정보·감시·정찰(ISR) 및 타격이 동시에 가능한 적응형 킬웹 전력, 수상전·대잠함전·기뢰전 등이 동시에 가능한 전투함, 안정화 작전부대, 사이버·전자전·심리전 작전부대, 인공지능·노드·우주 작전 지원부대 등이 있다.

셋째, 보다 소규모로 분산 운용되는 부대에 대한 규모는 전투를 담당하는 최소 단위인 기본 전투모듈과 이를 지휘통제하는 주 전투모듈로 구분한다.

먼저, 주 전투모듈의 규모는 각 군의 특성과 전투의 효율성을 고려하여, 육군은 여단, 공군은 편대, 해군은 함정, 해병대는 중대, 특수작전부대는 팀 단위로 구성하며, 첨단과학기술이 결합된 적응형 킬웹 등 유·무인 복합체계[18]는 규모와 관

---

18 적응형 킬웹의 대표적인 예는 ADD에서 개발하여 전력화를 앞두고 있는 유인 전투기 지휘통제 (C2)하 다수의 무인 전투기(sen, act)가 임무 수행하는 유·무인 복합체계가 있다.

계없이 주 전투모듈로 편성한다. 적응형 킬웹으로 구성된 유·무인 복합체계는 모자이크전 합동부대의 핵심전력이며, 향후 다양한 적응형 킬웹 전력이 개발될 것이다. 그러나, 적응형 킬웹 전력은 사용이 어렵고 값이 비싸며 수량이 한정적일 수밖에 없다. 따라서 한국형 모자이크전에서 적응형 킬웹 전력은 모자이크 합동부대의 주 전투모듈로 운용하는 방안이 보다 효율적이다. 첨단과학기술이 결합된 적응형 킬웹 전력은 부여된 상황과 임무에 맞도록 하나의 목표를 위해 분권화된 작전을 독단적으로 수행하거나, 필요한 경우 부족한 전력을 상쇄하기 위해 타 영역의 주 또는 기본 전투모듈과 조합되어 임무를 수행한다. 모자이크 합동부대의 주 전투모듈은 전 영역의 센서(sensor)들과 공격무기(sooter)들을 포괄적으로 연결하고, 인공지능을 활용해 정보를 처리하는 자동화된 지휘통제체계 구축을 전제하기 때문에 인공지능 참모를 편성하여 운용하고, 전 영역의 합동전력과 실시간 연결되는 상황 중심의 C3 체계를 구축해야 한다. 현재 미 국방부는 공군을 중심으로 '합동 전 영역 지휘통제' 체계를 발전시키고 있는데, 이를 도입하는 방안도 검토가 필요하다.

다음으로 기본 전투모듈은 인공지능 참모가 있는 주 전투모듈을 제외한 모든 부대(무기)를 의미하며, 통상 기존의 킬체인 부대(무기)를 말한다. 다만, 지휘통제의 효율성과 수송헬기·수송기·함정을 통해 이동이 가능한 규모를 유지하기 위해 육군은 중대, 해병대는 소대를 최소 단위로 한다. 기본 전투모듈은 기존 킬체인 체계를 유지하면서, 주 전투모듈과 언제든지 조합되어 합동작전이 가능하도록 편성해야 한다. 이와 더불어 기본 전투모듈에는 대량생산이 가능하면서 누구나 운용할 수 있는 값이 싸고 단순한 기능을 가진 드론, 무인기, 원격사격통제체계 등을 다수 배치하여, 병력을 축소함과 동시에 인명손실을 최소화할 수 있는 구조를 만들어야 한다.

넷째, 전투 지휘통제 구조를 축소하고 결심중심전을 구현한다. 적보다 빠른 결심을 위해 인공지능 참모를 운용하는 모자이크 합동부대의 주 전투모듈과 지휘부와의 단순한 지휘통제 구조를 구성하고, 분권화된 작전과 임무형 지휘 여건을 보장한다. 예를 들면, 육군의 전투 지휘통제 구조를 여단-지휘부로 변화시키는 것이다. 육군의 주 전투모듈인 여단은 또 다른 주 전투모듈 또는 기본 전투모듈과 조합되어 지휘부로부터 부여된 작전목표를 달성하고, 지휘부는 이를 평가하고 전 영역의 합동전력들이 적합한 조합을 이루도록 지원하는 체계다.

3) 한국형 모자이크전 수행 모형

앞서 제시한 한국형 모자이크전 적용방안을 모형화했다. 이는 향후 한반도 미래전 양상에 대비한 새로운 전쟁 수행방안으로서, 각 군이 발전시키고 있는 작전수행 개념에 방향성을 제공하여, 현재 및 가까운 미래전에 '무엇으로 어떻게 싸울 것인가?'와 먼 미래전을 위해 '무엇을 만들 것인가?'를 구상하는 데 유용한 틀을 제공할 것이다.

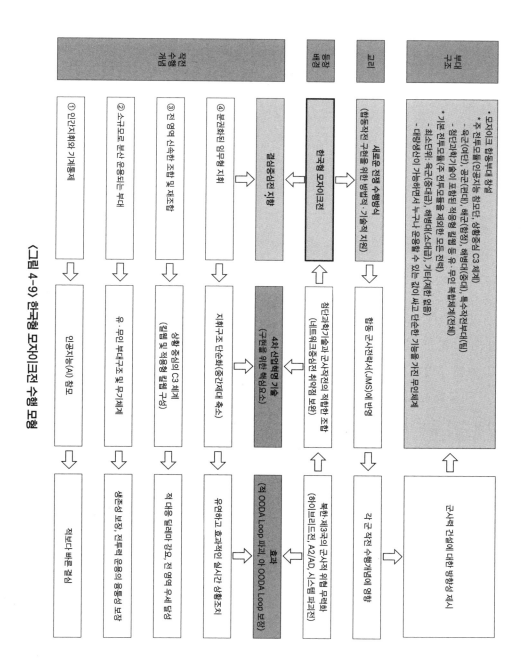

〈그림 4-9〉 한국형 모자이크전 수행 모형

제4절 결론

이 장에서는 미국이 미래전에 대한 청사진을 담아 제시한 모자이크전을 분석의 틀로 활용하여, 한국형 모자이크전 도입의 필요성과 작전수행 개념을 도출하고, 이를 구현하기 위한 교리 및 부대구조의 발전방향을 제시했다.

미국의 모자이크전 등장배경과 목적을 바탕으로 세 가지 측면에서 한국형 모자이크전 도입의 필요성은 다음과 같다.

첫째, 한반도 미래전 양상은 군사·비군사적 수단의 조합, 재래식·비대칭 전력의 조합 등 복잡하고 다양한 위협이 공존하는 북한판 하이브리드전, A2/AD 전략, 시스템 파괴전이 예상되기 때문에 우리 군도 이에 대응할 수 있는 새로운 전쟁 수행방식이 필요하다.

둘째, 현존 전력과 첨단과학기술이 반영되어 전력화되는 무기체계를 조합하여, 전 영역에서 우세를 달성하기 위한 작전수행 개념의 발전이 필요하다.

셋째, 미국의 새로운 전쟁 수행방식은 전쟁 양상의 변화와 함께 작전수행 개념·교리·부대구조 등의 변화를 주도한다. 유사시 한·미 연합체제에 의해 전쟁을 수행하는 우리 군은 이러한 변화에 필연적으로 영향을 받을 수밖에 없다. 미국의 미래전 수행 개념인 모자이크전의 적응 여부에 따라 동맹의 상호운용성과 우리의 전략적 가치가 재평가될 수 있다.

그러나 미국의 모자이크전은 태생적으로 원정작전을 전제하기 때문에 우리의 현실과 맞지 않는 부분도 있다. 따라서 우리 군은 미국의 동맹국으로서 최소한의 상호운용성을 유지한 가운데 한반도 특색에 맞게 도입할 필요가 있다.

한국형 모자이크전의 작전수행 개념은 ① 인간과 기계의 협업을 바탕으로 결심중심전의 작전환경을 조성하고, ② 군별 독립적인 작전 개념에서 탈피하여 다영역에 분산된 소규모 합동전력을 신속히 조합 및 재조합하여, ③ 전 영역에서 통합된 합동작전 수행으로 요약된다.

이를 구현하기 위한 교리, 부대구조의 발전방향은 다음과 같다.

첫째, 교리 분야에서 한국형 모자이크전 개념은 각 군의 미래 작전수행 개념을 대체하는 것이 아니라, 새로운 군사체계로서 위상을 가지며, 새로운 운용교리와 조직 편성에 방향성을 제시하는 역할을 가져야 한다. 이를 위해서 우리 군의 합동작전 개념을 제시하는 최상위 문서인 합동군사전략서(JMS)에 반영되어, 현존 전력을 활용한 싸우는 방법을 혁신하고, 동맹의 상호운용성을 유지하는 개념이 되어야 하며, 이와 동시에 미래전을 대비하기 위한 각 군의 작전수행 개념과 군사력 건설을 한 방향으로 집중시키는 효과를 달성해야 한다. 4차 산업혁명으로 나타나는 첨단과학기술과 군사작전의 적합한 조합을 찾기 위한 이정표로서, 그리고 전 영역 합동작전을 구현하는 방법적 측면과 기술적 측면에서의 새로운 전쟁 수행방식으로서 지원해야 한다.

둘째, 부대구조 분야에서는 ① 위기관리까지 합동참모부가 통제하고, 전시에 전구 예비로 운용하는 모자이크 합동부대를 창설한다. 첨단과학기술이 반영된 유·무인 복합 전투단인 모자이크 합동부대는 발생하는 크고 작은 군사적 상황에 필요한 합동전력을 조합하여 임무를 수행하거나, 필요에 따라 기존의 킬체인을 추가로 조합하여 임무를 수행한다. ② 예상되는 한반도 미래전 양상을 고려하여, 하이브리드전 성격의 복잡 다양한 위협에 대응하기 위해 모자이크 합동부대는 정보·감시·정찰 및 타격이 동시에 가능한 적응형 킬웹 전력, 안정화 작전부대, 사이버·전자전·심리전 작전부대, 인공지능·노드·우주 작전 지원부대 등을 포함한다. ③ 보다 소규모로 분산 운용되는 부대는 각 군의 특성과 전투의 효율성을 고려하여, 인공지능 참모를 운용하는 주 전투모듈과 전투의 최소단위인 기본 전투모듈로 구분하여 운용하고, ④ 분권화 작전 및 임무형 지휘를 전제로 모자이크 합동부대 주 전투모듈–지휘부로 전투 지휘통제 구조를 축소하여 결심중심전을 구현해야 한다.

미국의 군사혁신으로 등장하는 작전수행 개념은 긍정적인 평가와 비판이 공존했다. 모자이크전도 이를 피할 수 없다. 모자이크전을 구현하기 위한 핵심요소인 인공지능을 활용하는 참모의 신뢰성 확보, 언제 어디서든 신속한 부대조합과 상황 공유가 가능하도록 지원하는 킬웹 구성을 위한 상황 중심의 C3 체계 구축, 자율 무인무기 체계와 이를 바탕으로 더 진화한 적응형 킬웹 전력은 언제 전력화가 될지 미지수이며, 성능도 우리의 기대에 미치지 못할 수 있다. 또한, 소규모로 분산되어 운용되는 합동전력이 지휘관계와 상관없이 임무를 수행할 수 있는 지휘관의 임무형 지휘능력 확보에 대한 의문점도 있다. 이와 더불어 미국이 추구했던 작전수행 개념은 실현되지 못하고 유행처럼 지나갔던 사례도 있었으며, 우리 군이 추구하고 있는 전 영역 동시통합 합동작전과의 유사성으로 모자이크전을 수용하는 데 회의적인 시각도 있다.

그럼에도 불구하고 우리가 처한 안보환경을 고려한다면, 한국형 모자이크전의 도입 및 적용은 불가피하다. 따라서 미국의 모자이크전을 토대로 한반도 특색에 맞게 '무엇을 어떻게 할 것인가?'에 대한 고민은 실현 가능성을 차치하더라도 한국형 모자이크전을 위한 참고자료가 될 수 있다는 점에서 이 글은 가치가 있다. 하지만 과학기술의 발전에 따른 무기체계 발전 동향, 사회 및 인구 변화로 인한 부대구조 변화 방향에 대한 과학적 접근이 이루어지지 못한 점과 모자이크 합동부대의 세부 편성, 현재 추진되고 있는 군 구조 개혁 및 부대개편과의 관계 등을 제시하지 못한 한계도 가지고 있다. 이는 향후 한국형 모자이크전을 새로운 전쟁 수행방식으로 발전시키기 위한 비판과 후속연구가 필요한 부분이다.

참고문헌

국문 단행본

공군본부(2020).『공군 창군 100주년을 준비하는 미래항공우주력 발전구상 Air Force QUANTUM 5.0』. 대전: 공군본부.

김상배(2020). "미래전의 진화와 국제정치의 변환".『4차 산업혁명과 신흥 군사안보』, 파주: 한울.

육군본부(2019).『제4차 산업혁명을 넘어서는 육군의 장기전략 육군 비전 2050』. 대전: 육군본부.

정연봉(2021).『한국의 군사혁신』. 서울: 플래닛미디어.

합동참모본부(2014).『미래 합동작전기본개념서 2021-2028』.

_____(2020).『합동교범 10-2, 합동·연합작전 군사용어사전』.

국문 학술논문

강한태 외(2019). "국방정책 2040: 전장환경 변화와 미래전 수행개념".『한국국방연구원』.

구혜정(2019). "4차 산업혁명 시대 한국군의 군사혁신 발전방향".『군사연구』제148집, 육군군사연구소.

김남철(2022). "강대국들의 하이브리드전(Hybrid Warfare)과 주요 사례분석".『한국군사학 논총』제11집 제22권.

남두현 외(2020). "4차 산업혁명 시대의 모자이크 전쟁: 미국의 군사혁신 방향과 한국군에 주는 함의".『국방연구』제63권 제3호.

박준혁(2017). "미국의 제3차 상쇄전략".『국가전략』제23권 제2호, 세종연구소.박지훈·윤웅직(2020). "모자이크전(Mosaic Warfare), 개념과 시사점".『국방논단』제1818호(20-35).

박휘락(2020). "미국과 중국 간 세력경쟁에 따른 한반도에서의 대리전쟁 가능성 분석".『21세기 정치학회보』제30집 제3호.

신성호(2019). "군사혁신, 그 성공과 실패: 한반도 '전쟁의 미래'와 '미래의 전쟁'".『국가전략』제23권 제3호, 세종연구소.설인효(2022). "우크라이나 전쟁이 미래전 양상과 한국의 군사전략에 미치는 영향".『2022 국제 안보환경 평가와 한국의 선택전략』, (사)한국군사학회, 합동군사대학교.

손한별(2020). "2040년 한반도 전쟁 양상과 한국의 군사전략".『한국국가전략』, 통권 제13호.

유지헌(2019). "항공우주력의 미래, Mosaic Warfare(모자이크전)".『항공기술정보』통권 제103호, 오산: 공군작전사령부.

장진오(2020). "과학기술 발전과 우리의 군사혁신 방향에 대해". 『국방논단』. 제1807호.

장진오·정재영(2020). "미래전을 대비한 한국군 발전방향 제언: 미국의 모자이크전 수행개념 고찰을 통하여". 『해양안보』 창간호(Winter) Vol. 1, No. 1.

정구연(2022). "4차 산업혁명과 미국의 미래전 구상: 인공지능과 자율무기체계를 중심으로". 『국제관계연구』 제27권 제1호.

정호섭(2019). "4차 산업혁명 기술을 지향하는 미 해군의 분산해양작전". 『국방정책연구』 제35권 여름호(통권 제124호). 서울: 한국국방연구원.

최우선(2021). "미·중 경쟁과 미국의 합동전투수행개념". 『IFANS 주요국제문제분석, 국립외교원 외교안보연구소』 2021-50.

허광환(2019). "미국 다영역 작전(Multi-Domain operation)에 대한 비판과 수용". 『군사연구』 제147집. 육군군사연구소.

홍규덕(2022). "국방 정책과 군사력 건설 방향". 『2022 국제 안보환경 평가와 한국의 선택전략』. (사)한국군사학회, 합동군사대학교.

기사

네이버 지식백과. "메가시티". 『한경 경제용어사전』, https://terms.naver.com/entry.naver?docId=2425622&cid=42107&categoryId=42107. (검색일: 2022. 7. 9.)

조상근(2021a). "모자이크전". 『유용원의 군사세계』, https://bemil.chosun.com/site/data/html_dir/2021/01/13/2021011302238.html. (검색일: 2022. 7. 8.)

_____(2021b). "메가시티작전". 『유용원의 군사세계』, https://bemil.chosun.com/site/data/html_dir/2021/03/10/2021031001767.html. (검색일: 2022. 7. 9.)

https://www.darpa.mil. (검색일: 2022. 7. 9.)

DARPA News (2018). "Strategic technology Office Outline Vision for 'Mosaic Warfare'". CHIPS. 9 August.

Navy Chips Article (2017). "Strategic Technology Office Outline Vision for 'Mosaic Warfare'". 육군본부(2020). "육군비전 2050". 『육군블로그』, https://blog.naver.com/hankng/222561791438. (검색일: 2022. 9. 3.)

영어 단행본

Freedman, Lawrence (2017). *The Future of War: A History*. New York: Hachette Book Group.

Toffler, Alvin & Toffler, Heid (1993). *War and Anti-War: Survival at the Dawn of the 21th Century*. Boston, Newyork: Little, Brown & Company.

영어 학술논문

Clark, Bryan, Patt, Dan & Schramm, Harrison (2020). "Mosaic Warfare: Exploiting Artificial Intelligence and Autonomous System to Implement Decision-Centric Operations". Center for Strategic and Budgetary Assessments.

Gaddis, John L. (1986). "The Long Peace: Element of Stability in the Postwar International System". *International Security*, Vol. 10, No. 4.

Hitchens, Theresa (2019). "DARPA's Mosaic Warfare-Multi Domain Ops, But Faster". *Breaking defense*, 10 September.

Magnuson, Stew (2018). "DARPA Pushes Mosaic Warfare Concept". *National Defense*, November.

National Defense Magazine (2018. 11. 16.). "DARPA puches 'Mosaic Warfare' Concept". RESTORING AMERICAS MILITARY COMPETITIVENESS: Mosaic Warfare (2019). "The Mitchell Institute for Aerospace Studies".

제5장

결심중심전
Decision Centric Warfare

신속한 결심을 통해 적의 결심을 방해하는
새로운 프레임으로 변화하라

*   이 글은 『군사논단』 통권 115호(2023년 가을)에 발표한 논문을 수정 및 보완한 것이다.

제1절 서론

이 글의 목적은 미 결심중심전의 발전과정과 개념을 분석하고 우리 상황에 적합한 개념과 군사력 건설에 대한 함의를 도출하기 위한 것이다. 결심중심전(Decision Centric Warfare, 이하 DCW)은 인공지능과 자율무기체계를 활용하여 빠른 결심을 통해 전쟁을 수행하는 방식이며, 이러한 접근 방식의 예로는 DARPA의 모자이크전 개념이 있다.

DCW에 대한 연구는 국내에서 아직 미진한 상태다. 이는 DCW라는 개념이 모자이크전(CSBA, 2020)에서 등장한 이후 이것이 정확히 어떠한 의미이며, 새롭게 등장하는 전쟁양상을 의미하는 것인지 그리고 모자이크전과는 어떠한 차이를 가지는 것인지에 대한 모호성 때문으로 판단된다. 이에 따라 우리나라는 주로 모자이크전 개념을 중심으로 다양한 연구가 진행되고 있으며, DCW는 모자이크 작전 개념의 구성 또는 지원 개념으로 인식하는 경향이 있었다. 그렇기 때문에 DCW에 대한 연구를 위해서는 모자이크전에 대한 선행연구가 필요하다.

모자이크전 관련 연구를 살펴보면, 남두현 외(2020), 장진오(2020)는 모자이크전 소개와 우리 군의 군사력 건설 및 운용 개념 정립, 군사혁신의 필요성 등을 개념적으로 주장하고 있으며, 홍규덕(2022)은 한국형 상쇄전략의 수립으로 K-모자이크전 완성을 주장했고, 설인효(2021a)는 미래전의 주요 개념으로서 한반도에 최적화된 모자이크식의 미래전 준비 필요성 등을 강조하고 있다. 또한, 박지훈·윤웅직(2020), 양욱(2021), 설인효(2021b)는 미군의 작전 개념 발전 및 군사혁신 과정 분석을 통해 우리 군에 주는 모자이크전 함의를 도출해내고 있다.

한편, DCW 관련 대표적인 연구는 미 허드슨(Hudson)연구소의 클락, 패트, 월튼(Clark·Patt·Walton, 2021a; 2021b)의 연구가 있다. 그들은 DCW의 배경부터 인간의 의사결정 과정에 모자이크식의 작전 개념을 접목시키기 위한 기술적 연구와 작전지원요소 측면에서의 발전사항을 도출했다. 우리나라에서는 양욱(2023)의 연구를 통해 DCW는 네트워크 중심전의 패러다임을 뛰어넘는 새로운 전쟁형태이며, 전투수행방법으로서 모자이크전을 개념화하고, 한반도에서 한국형 모자이크전 적용방안을 도출했다.

연구결과들을 종합적으로 검토해보면, 모자이크전은 주로 개념의 소개와 우리 군 적용 필요성, 그리고 4차 산업혁명 기술 기반의 군사력 건설이 필요하다는 주장이 대부분이며, DCW는 최근의 연구를 통해 개념과 발전 방향을 개략적으로 제시한 것이 전부인 상황이다. 이러한 연구결과들은 DCW에 대한 근본적인 의문점을 해소하지 못하고 있으며, 우리나라에 적용하기에는 다음과 같은 한계가 있다.

첫째, DCW가 미군의 작전 개념 및 합동성과 어떠한 관계를 가지고 있느냐에 대한 의문점이다. DCW가 전쟁양상의 변화를 나타내는 패러다임의 변화를 설명하는 것인지 아니면 군의 작전 개념을 포괄적으로 설명하는 개념인지에 대한 분석 없이 우리 군에 어떻게 접목시킬 수 있는가를 검토하는 것은 불가능하다.

둘째, DCW의 개념과 특징에 대한 문제다. 미국에서는 DCW를 어떠한 개념으로 전장에 적용하고 있는지, 그 특징과 수단은 무엇인지에 대한 검토를 통해 우리의 전장환경에 맞는 개념을 설정할 필요가 있다.

셋째, DCW의 적용에 대한 문제다. 여러 문서들에서 DCW와 모자이크전 개념을 혼용하여 사용하고 있어 정확한 개념 설정이 필요하며, 우리 군 적용 가능성 측면에서 단순한 방향설정이 아닌 작전운용과 전력건설 측면에서 보다 구체적인 대안제시가 필요하다. 따라서 DCW에 대한 연구는 우리 군의 미래 작전 개념 설정과 전력건설의 방향성을 제시한다는 측면에서 매우 중요한 과제라 하겠다.

연구결과 한국형 DCW 수행을 위한 목표, 개념, 수단을 설정하고, 다섯 가지 작전적 특징을 고려하여 군사력 건설과 제도발전에 있어 다양한 정책적 함의를 도출했다. 이를 위해 2절에서는 미 DCW의 배경과 발전과정을 개괄적으로 분석해보고 개념 및 특징을 알아본 후 3절에서는 한반도 안보상황에 부합하는 DCW의 개념과 특징을 검토 후 4절에서는 이를 토대로 군사력 건설방향과 제도의 발전방향을 제시한다. 5절은 이 장의 결론이다.

제2절
미군 결심중심전 분석

1. 배경 및 발전과정

1) 정보환경과 기술의 변화

정보화 혁명에 따른 컴퓨터와 네트워크의 발전은 적보다 빠르게 결심하는 데 커다란 기여를 해왔다. 특히 정보, 감시, 정찰 및 표적획득, 정보처리, 의사결정 및 무기체계 선정을 빠르게 진행할 수 있는 능력은 현대전에서 보다 중요해졌으며, 군 의사결정 과정에서 정보와 결심은 매우 중요한 요소로 부각되고 있다.

최근 국제 안보환경에서 가장 두드러진 추세는 분쟁 간 더욱 강조되고 있는 정보의 중요성이다. 이를 반영하여 미·중·러의 군사전략과 교리는 〈그림 5-1〉과 같이 모두 정보환경을 미래 대결의 중심으로 설명하고 있다. 이러한 추세는 다음 주요 군사혁신(RMA)이 적의 정보를 저하시키면서 자신의 정보와 의사결정을 관리하는 능력에 집중될 수 있음을 시사한다.

정보환경이란 정보를 수집·처리·전파하는 개인, 조직, 시스템의 총체로서 모든 정보활동이 이루어지는 공간 및 영역이다(JCS, 2014). 이러한 정보환경은 상

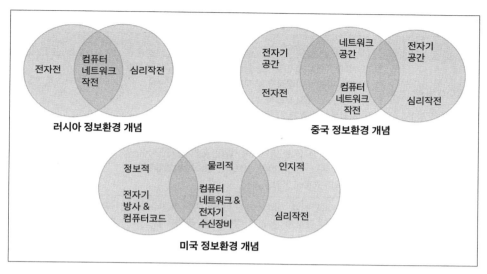

〈그림 5-1〉 정보환경의 다른 개념

호 작용하며 서로 연관된 세 개의 영역인 물리적 차원, 정보적 차원, 인지적 차원으로 구성된다. 각 차원을 살펴보면 물리적 차원은 물리적 플랫폼과 통신 네트워크가 상주하는 차원이며, 정보적 차원은 정보가 생성되고, 조작되고, 공유되는 차원이고, 인지적 차원은 지각, 인식, 이해, 신념, 가치가 상주하는 차원으로 판단과정에 따른 결심행위가 내려지는 영역을 의미한다. 이에 대한 설명은 다음 〈표 5-1〉과 같다.

　이 중 인지적 차원은 정보환경을 구성하는 가장 중요한 요소다. 물리적 차원에서 관찰된 행위 등은 정보적 차원에서 정보로 생성되고 공유되며, 전달되고 생성된 정보를 바탕으로 인간은 인지적 차원에서 결심 행위를 하게 된다. 인지적 차원과 인지적 차원에서 대한 영향요인을 이해한다는 것은 주어진 정보환경 속에서 의사결정자의 마음에 가장 잘 영향을 미치는 방법을 이해한다는 것을 의미하며, 이는 단순한 정보도 내가 원하는 요망효과를 달성하게 하는 상대의 행동으로 연결시킨다는 것을 의미한다(강신욱, 2023).

　이렇게 정보환경의 중요성이 대두되고 있는 상황에서 인공지능과 자동화, 자

〈표 5-1〉 정보환경의 세 가지 영역

유형	설명
물리적 차원	• 물리적 플랫폼과 이를 연결하는 통신 네트워크가 상주하는 차원 • C2 시스템, 주요 의사결정자 및 지원 인프라로 구성 • 인간, C2, 신문, 서적, 노트북, 컴퓨터 등 시스템 • 국가–지리적 경계를 가로지르는 네트워크망
정보적 차원	• 정보가 생성·조작·공유되는 차원 • 군사력의 C2가 행사되는 영역이며 지휘관의 의사가 전달되는 곳 • 정보를 수집·처리·저장·전파·보호하는 장소와 방법을 포함 • 정보의 내용과 흐름에 영향을 미침
인지적 차원	• 지각, 인식, 이해, 신념, 가치 등이 상주하며, 판단 과정에 따른 결심행위가 내려지는 차원 • 영향요소: 신념, 규범, 동기, 감정, 경험, 교육, 정체성 등

율시스템이라는 신기술을 정보환경의 세 가지 영역에 접목시키고, 인간의 복잡한 판단과정을 조화시켜 탁월한 효과를 내는 것이야말로 신기술을 군사적 분야에 접목시키는 중요한 과정이 된다. 이것은 적의 정보와 의사결정을 약화시키면서 자신은 보호하는 능력 구비를 위해 인공지능과 자율시스템을 접목시킬 수 있어야 한다는 것을 의미하며, 미국은 이러한 구상을 작전 개념화하기 위해 군사작전에 대한 의사결정중심적 접근방식을 이론적으로 체계화한 존 보이드(John Boyd)의 'OODA 루프'를 적용했다. 보이드는 군사적 의사결정 과정을 적과 우호세력의 관찰로 세분화했다. 인식은 적의 행동과 이유를 평가하는 것이며, 방책개발 및 선택은 결심, 방책의 실행은 행동이라 정의하고 이것을 '관찰-인식-결심-행동루프(OODA Loop)'라고 불렀다. 그는 군사작전이 적의 '인식(orientation)'을 무너뜨리고 의사결정주기를 붕괴시키는 데 초점을 맞추어야 한다고 제안했다. 이에 따라 전쟁에 대한 의사결정중심적 접근방식은 적의 인식단계를 방해하는 데 초점을 맞추고 있으며, 아군은 신기술을 접목시켜 인식단계를 개선하는 것이다. 이를 통해 적으로 하여금 '관찰'단계에서 무엇을 예방하는 것이 거의 불가능하도록 만든다는 개념을 도입했다. 즉, 아군은 더 빠르고 효과적인 의사결정을 내릴 수 있도록 하고, 적에게는 다양한 딜레마를 빠르게 부과하여 효과적인 실행을 할 수 없도록 하

는 것이다(CSBA, 2020).

결국 DCW는 정보환경의 변화에 4차 산업혁명의 기술을 접목시켜 인간의 의사결정주기에 영향을 미침으로써 전쟁에 승리하겠다는 개념에서 시작되었으며, 이것은 미국의 작전 개념과 합동성의 발전과정과 연계되어 발전되고 있다.

2) 미군 작전 개념과 합동성의 발전

미군은 중·러의 A2/AD에 대응하기 위해 합동작전의 시너지를 극대화시키는 방향으로 작전 개념을 발전시켜왔다. 스텔스 전투기 및 해상 발사 순항미사일 등을 활용하여 지휘체계를 조기에 무력화·마비시킨다는 개념인 공해전투(ASB: Air Sea Battle) 개념에서 시작하여 모든 영역에서 그리고 더 낮은 제대에서 합동전력의 통합을 통해 적 시스템을 와해할 수 있는 결정적 템포를 만드는 핵심으로 교차영역 시너지(cross-domain synergy)를 제시했다. 이 개념이 제시된 이후 2018년에 발표된 미 육군의 다영역작전에서는 교차영역 시너지를 구체화한 융합이라는 개념을 적용했다(장재규, 2022). 미 해군은 분산된 기동작전을 통해 중국의 강화된 화력으로 인한 위험을 줄이면서도 통합된 장거리 정밀타격 능력을 통해 강력한 공격력을 유지할 수 있도록 하는 분산 해양작전(DMO, Distributed Maritime Operation) 개념을 발전시키고 있다. 미 공군도 분산된 전력배치를 통해 취약성을 줄이면서도 신속하고 유연한 화력집중을 통해 공격력을 유지한다는 신속전투배치(ACE, Agile Combat Employment) 개념을 발전시켜왔다. 미 해병대는 미 해군·해병대 전력이 해역에 대한 경쟁, 통제, 억제를 하기 위해 적의 장거리 정밀화력 범위 내에서 지속 주둔 및 작전수행을 가능케 하는 원정전방기지작전(EABO: Expeditional Abroad Base Operation) 개념을 발전시키고 있다(최우선, 2021). 하지만, 합참 수준에서 합동작전 개념의 부재로 인한 비판에 따라 미군은 지상, 공중, 해양, 우주, 사이버 등 작전영역 간의 경계를 제거하고 영역을 넘나드는 전력들의 합동작전 시너지를 극대화하기 위한 작전 개념인 합동전영역작전 개념과 더불어 전 영역의 능력을 활용하기 위한 합동전영역지휘통제(JADC2) 개념을 발전시키고 있는 중이다(원인재·송승종, 2022). 이러한 작전의 기반에는 피아의 결심체계에 영향을 주기 위해 전력의 분산을 통한 결심우위를 추구하는 개념이 담겨 있다.

한편 작전 개념의 발전과 함께 합동성의 개념도 진화적으로 발전시키고 있다. 합동성 측면에서 각 군 중심의 영역을 전문화하여 발전시키는 동시에 합참은 전 영역의 센서와 타격체계를 연결할 수 있는 전영역지휘통제체계를 구축하여 필요시 합동작전 시너지 효과를 극대화하려 하고 있다. 기술의 발전은 기존 전장 영역의 확장과 센서-슈터 간의 연결성 강화를 통해 시너지를 구현할 수 있도록 하지만 한편으로는 여기에서 발생하는 대량의 정보를 처리해야 하기 때문에 정보혼란으로 인한 결심의 질이 저하하는 현상이 발생하게 되었다. 이에 따라 의사결정을 지원하는 시스템의 필요성이 대두되었다. 인공지능에 의한 지능형 지휘통제 시스템은 의사결정을 지원하고 정보평가역량을 향상시킬 수 있으며 분산으로 인한 약점을 보완해줄 수 있다. 인공지능이 소규모 부대의 지휘관들로 하여금 적절한 결심을 내릴 수 있도록 보좌하여 전술적 우위를 유지하면서도 상대에게 복잡성을 강요할 수 있게 되어 빠른 의사결정을 통한 DCW 수행을 지원하게 되었다. 이처럼 DCW는 작전 개념의 발전과 더불어 합동성을 강화할 수 있는 촉진요인으로서 작용하게 되었다고 볼 수 있다.

종합하면 DCW는 정보환경의 중요성이 부각되는 현대전에서 4차 산업혁명 기술의 적용을 통해 적의 정보와 의사결정은 약화시키고, 아군의 결심을 빠르게 함으로써 전쟁에 승리하겠다는 개념을 포함하는 새로운 전쟁수행 방식이며, 이러한 방식을 미군의 작전 개념에 반영함으로써 각 군의 작전 개념의 발전과 더불어 합동성 수준을 향상시키는 개념으로 발전하고 있다고 볼 수 있다.

2. 개념 및 수단

미 DCW의 목표는 아군은 더 빠르고 효과적인 의사결정을 내릴 수 있도록 하고, 적에게는 다양한 딜레마[1]를 빠르게 부과하여 성공 가능성에 대한 불확실성을 부과함으로써 효과적인 실행을 할 수 없도록 하는 것이다. 이것은 의사결정과 기동을 중심으로 하며, 기동은 전력들의 분산과 조합을 통해 달성한다.

수행방식은 적이 의도한 시간에 목표를 달성하지 못하도록 하는 전위(disloca-tion)[2]와 적의 핵심 네트워크나 C2 및 군수지원체계를 공격하는 방해(disruption)의 두 가지 방법이 있다(CSBA, 2020). 이 두 가지 방법 모두 적의 공격을 분산시키거나 탐지의 혼란을 야기하고 다수의 적 중심을 파괴 또는 아측 전력의 재조합을 통해 전술적 이해에 혼란을 주면서 빠른 템포의 군사작전을 수행하는 것이다. 이러한 작전수행을 위해서는 인공지능과 자율성을 전장에 접목시키고, 인간의 복잡한 판단과정을 조화시켜 탁월한 효과를 내야 한다. 작전수단은 AI와 이를 인간의 판단과정에 접목시킬 수 있는 상황 중심 지휘·통제·통신(context-centric C3)체계로서 이 두 가지 수단은 인간의 의사결정 과정에서 다양한 역할을 수행한다.

첫째, AI는 인간의 의사결정을 지원하는 수단과 무인체계의 자율성을 향상시켜 자율무기체계로 활용될 수 있다. 먼저, 인간의 의사결정을 지원하는 수단으로서의 AI는 이를 기반으로 하는 지능형 지휘통제시스템을 통해 빠른 의사결정을 지원하고 정보평가 역량을 향상시킬 수 있으며 분산으로 인한 약점을 보완해줄 수 있다. 다음으로 자율무기체계다. 자율무기체계란 일단 작동된 이후 더 이상 인간운영자 개입 없이 표적선정 및 공격 가능한 무기체계로 정의하고 있다. 즉, 자율

---

[1] 여기서 '딜레마'란 손실의 잠재성 또는 특정 방책을 사용할 경우 적이 목표에서 멀어지는 결과를 초래하기에 실현 가능한 모든 선택지에 대해 적이 탐탁지 못하게 받아들이는 상황을 의미한다.

[2] 재료과학에서 전위는 원자배열의 급격한 변화를 포함하는 결정구조 내의 선형 결정학적 결함 또는 불규칙성을 의미한다. 이러한 개념을 적용한 DCW의 '전위'의 개념은 전력들의 조합과 분산 등이 나타내는 급격한 변화와 불규칙성을 의미하는 것으로 보인다. 위키피디아, http://en.m.wikipedia.org. (검색일: 2023. 6. 16.)

무기체계의 자율화는 지능화를 통해 이루어지며 시스템이 스스로 임무를 수행하게끔 하는 기술이라고 할 수 있다(박용진·이관중, 2021).

둘째, 상황중심 지휘·통제·통신(C3)체계이다. 기존 C3와 상황 중심 C3의 차이점은 기존 C3의 경우 원하는 지휘-통제 구조를 위해 통신망이 구성되는 것이었다면, 상황 중심 C3에서는 통신의 가용성을 기반으로 C2가 설정된다는 점이다. 현재와 같은 전장환경 속에서 취약점 없는 단일 시스템하에서 전 영역에서의 우세를 달성한다는 것은 불가능하기 때문에 사용 가능한 통신망을 기반으로 C3를 조정한 후 일련의 작전에 전력들을 배분한다는 의미다(CSBA, 2020). 이것은 인간의 명령과 인공지능을 활용한 지휘보조시스템을 결합하여 작전목표 달성을 위해 달성해야 할 효과들을 구현하기 위한 여러 과업들과 이를 수행하는 데 최적화된 전력의 조합을 인공지능이 제시하고, 이를 지휘관이 결심하는 체계다.

제3절
한국형 결심중심전 개념 및 특징

1. 한국 안보환경 변화와 결심중심전 필요성

현재 우리나라를 둘러싼 안보환경은 기존의 전통적 위협에 비전통적 위협이 더해지고, 끊임없는 경쟁(competition)과 함께 회색지대 분쟁이 일상화되는 등 갈수록 복잡하고 엄중해지고 있는 상황이다. 여기에 미·중 간 전략경쟁의 심화, 러시아-우크라이나 전쟁, 주요 군사강국 간의 군비경쟁이 심화되고 있으며 인도-태평양 지역에 대한 국제사회의 전략적 관여가 증대되고 있는 가운데 북한은 핵·미사일 능력을 지속적으로 고도화하면서 다양한 수단과 방법으로 전략적·전술적 도발을 감행하고 있다(국방부, 2023). 이러한 안보환경의 변화 속에서 미래 한국군이 고려해야 할 요소들은 무엇일까?

첫째, 북한 위협 양상의 변화다. 북한군은 이미 핵·미사일을 기반으로 하는 군사전략으로 전환한 것으로 보인다(한윤기·손한별, 2020). 북한은 전략환경의 악화와 자원의 결핍으로 인해 발생한 목표-방법-수단의 불균형을 해소하기 위해 군사전략의 변화를 노정하고 있다는 것이다. 둘째, 미사일 기술의 발전이다. 북한은 김정은 위원장이 집권한 뒤에도 탄도 미사일 사거리 연장을 위한 노력을 기울였으며, '국가 핵무력 완성'을 선언하기도 했다. 또한 고체 연료를 사용하는 탄도 미사일 개발과 더불어 순항 미사일 개발을 함께 추진하는 병행 전략으로 변경되었다(장철운, 2021). 북한뿐만 아니라 미국을 포함한 중국, 러시아, 일본 모두 미사일 기술의 장사정화, 고위력화, 초정밀화를 추구하고 있다. 셋째, 군사과학기술의 발전이다. 군사기술의 발전은 전쟁양상을 변화시키며, 이러한 변화의 특성이 무엇인가에 대한 다양한 논의와 주장이 이미 존재한다(박상섭, 2018; 임인수 외, 2013). 넷째, 미래 한반도 전쟁양상의 변화다. 미래에도 미·중 간의 패권경쟁이 계속되며 격화될 수 있으나 미국 중심의 단극적 국제질서가 한순간에 바뀌지는 않을 것이며, 미국의 지배적 영향력은 감소하나 그 우위가 상당기간 지속될 것으로 예측된다. 이러한 전략환경하에서 다 영역·전 영역 전투의 일반화, 평화와 전쟁 사이의 중간지대에서 갈등 증대, 군사력의 간접적 사용이나 비살상작전 등을 통해 적을 무력화하는 소프트킬 교전능력이 중요한 군사적 역량으로 등장하게 될 것이다. 이러한 전쟁 수행양상은 최소한의 인명살상과 회복 가능한 마비 또는 정지를 통해 적국의 의지를 꺾는 DCW로서 의미를 갖는다(양욱, 2023).

이러한 안보 및 기술환경의 변화는 우리의 군사전략 목표[3] 달성에 있어 몇 가지 도전과제를 제시한다. 첫째, 북한이나 주변국의 핵·WMD를 포함한 대량의 정밀무기에 대응할 수 있는 능력의 부족은 억제구현에 제한이 된다. 둘째, 중간지대에서의 갈등이 증가하고 분쟁 시 다 영역·전 영역에서의 전투가 발생하는 등 우리가 동시에 대비해야 하는 상황이 증가할 수 있다. 이를 위해서는 많은 작전적 수준의 임무와 과업을 수행해야 하나 현재 또는 미래에 배비되는 전력은 이를 수행하기에 상당히 부족하다. 셋째, 현재의 전력구조는 분쟁의 전 스펙트럼에 걸쳐 확장적으로 사용하기에는 매우 제한된다. 특히, 첨단·고가화되고 있는 각 군 무기체계는 향후 더욱 확장될 가능성이 높은 중·러의 A2AD 작전환경과 회색지대

---

3   우리나라의 군사전략 목표는 외부의 도발과 침략을 억제하고 억제 실패 시 최단시간 내 최소 피해로 전쟁에서 조기에 승리를 달성하는 것이다.

갈등 상황과 국익 신장에 따라 한반도뿐만이 아닌 보다 확장된 이익권 내에서 군사·비군사적으로 합동작전을 수행하는 우리 군의 입장에서 융통성이 제한될 것이다. 넷째, 신기술을 접목시켜 신속한 전력화를 통해 작전운용의 탄력성과 융통성을 구비할 필요가 있다. 다섯째, 국내 인구구조의 변화로 인해 인구절벽 문제는 미래에 더 큰 문제로 다가올 것이다. 이는 군 구조 측면은 물론 작전적 수준에서의 다양한 노력을 요구할 것이다. 특히, 자율무기체계를 어떻게 군사적으로 잘 활용하는가의 문제는 미래에 중요한 문제로 대두될 것이다. 이처럼 북한의 위협과 미중 패권경쟁이 계속되는 우리의 미래 안보환경은 많은 내외의 도전을 내포할 것으로 예상된다. 치열하게 전개되는 미중경쟁 속에서 역내 군비경쟁은 지속될 것이며 당면한 북한 위협뿐 아니라 다양한 잠재적 위협을 제기하게 될 것이다. 인구감소 속에서 가용 병력은 급감하고 국방예산 여건 또한 매우 척박할 가능성이 크다. 한반도를 둘러싼 국가들의 국력과 군사력 규모를 고려할 때 '수적 우위'를 '질적 우위', '기술적 우위'로 상쇄해야 할 내외의 필요성은 미래에도 더욱 커질 것이 예상된다(설인효, 2021b).

따라서 북한 및 주변국 위협과 비군사적 위협 등 다양한 위협에 대한 대응, 핵 공격부터 회색지대 분쟁에 이르는 다양한 스펙트럼의 분쟁에 대한 빠른 인지와 결단, 핵보유국의 강압에 대한 전략적 대응능력의 부재 등 다양한 요소를 감안할 때, 우리 군에도 첨단기술에 바탕을 둔 DCW로의 전환이 필요할 것으로 판단된다.

2. 한국형 결심중심전 개념 및 수단, 특징

1) 고려사항

앞에서 서술한 여러 도전들을 극복하기 위해서는 몇 가지 고려사항이 필요하다. 첫째, 전력 운용의 확장성을 고려하여 현재 우리 군의 핵심 무기체계의 강점을 기반으로 한 작전 개념을 수립해야 한다. 둘째, 이러한 작전 개념은 정보환경의 중요성을 고려하여 아군의 정보와 결심 수립을 관리하는 동시에 적의 정보 및 결심 수립을 약화시킬 수 있는 능력을 고려할 필요가 있다. 셋째, 전장영역이 불명확한 회색지대의 증가, 우주 및 사이버 영역의 증가 등으로 지휘관의 의사결정에 대한 불확실성과 복잡도가 극도로 증가할 것에 대비해야 한다. 이러한 변화에 대응하기 위해 지휘관은 적과 아군의 전장 상황을 빠르고 정확하게 인식할 수 있는 능력과 운용 가능한 아군의 전력을 상황에 따라 유연하게 구성할 수 있는 능력 등이 요구된다. 따라서 적보다 더 빠르고 효과적인 결심과 작전실행을 위해 인공지능과 자동화체계의 통합은 매우 중요하며, 이것은 적에게 다수의 딜레마를 강요하고, 적의 재편성과 전력의 집중이 불가능한 속도의 전투를 통해 적이 변화에 적응하지 못하도록 하게 될 것이다.

2) 개념 및 수단

한국형 DCW는 적의 목표 달성을 거부하는 것을 목표로 한다. 목표 달성을 거부하는 방법은 물리적 방법과 인지·정보적 방법으로 구분할 수 있다. 물리적 방법은 빠른 결심을 통한 적의 핵심 플랫폼과 네트워크에 대한 집중화된 분산타격이며 인지·정보적 방법은 혼란을 통해 적의 지휘결심체계를 무너뜨리는 것이다. 적의 목표 달성을 거부하기 위해 인공지능을 기반으로 분쟁의 상황과 강도에 따라 각 군의 3축 체계와 플랫폼을 중심으로 저가의 자율 무인체계의 조합을 통해 화력을 집중 또는 혼란을 유도함으로써 적의 지휘결심체계를 와해시키는 것이다. 즉, 전력 운용의 적응성과 민첩성, 조합과 분산을 통해 작전의 효과를 극대화함으로써 억제를 강화한다는 개념이다.

이를 위해서는 의사결정 단계 전반에서 억제능력을 향상시키는 노력이 중요하다. 미래에는 기술의 발전으로 인한 탐지능력 확대가 예상됨에 따라 관찰 단계에서부터 적이나 잠재적 위협을 억제하기 위한 노력이 필요하다. 다양한 탐지전력의 구비와 조직구성을 통해 위협이 지속적으로 감시되고 있고 그들의 행동이 널리 알려질 수 있다는 것을 인식시킴으로써 기회주의적 공격행위를 억제하기 위한 노력이 필요하다. 인식-결심-행동 단계에서는 고도의 기능을 갖춘 플랫폼 전력과 자율 무인체계를 결합하는 등의 유·무인 복합체계를 통해 협력적인 팀작전을 수행함으로써 적에게는 복잡성을 부여하고, 아군에게는 작전의 효율성을 배가해야 한다. 현재 고가의 플랫폼 전력은 특정 기능을 매우 잘 수행하지만 수적인 제한으로 지휘관의 전략적 옵션을 제한하며, 한 대의 손실만으로도 작전수행에 큰 영향을 미칠 수 있다. 플랫폼 전력 + 다양한 기능의 자율 무인체계를 팀으로 구성하면 임무 효율성이 크게 향상될 수 있으며 분산된 플랫폼의 손실은 전체 시스템의 기능을 위태롭게 하지 않는다(CSBA, 2020).

DCW 수행을 위해서는 표적을 신속하게 전파하고, 각 군의 전력과 자산을 전 영역에서 선택 및 재배치할 수 있는 의사결정 지원체계가 필요하다. 이러한 체계는 적응형 킬웹(Adaptive Cross Doimain Kill Web, 이하 ACK)을 기반으로 지능형 지휘통제시스템과 자율 무기체계를 활용한 인공지능 기반의 작전환경 구축을 토대로 운용되어야 한다.

첫째, 적응형 킬웹 구축을 위해서는 임무에 따라 전력을 탄력적으로 운용할 수 있는 지휘통신 구조가 가능해야 하며, 서로 다른 네트워크 간 상호운용성 달성이 가능해야 한다. 적응형 킬웹(ACK)은 임무 지휘관이 영역 내외에서 자산을 선택 및 재선택하기 위한 옵션을 신속하게 식별하고 선택하는 데 도움이 되는 의사결정 지원을 제공하는 보조수단이다. 특히 ACK는 사용자가 여러 군종에 걸쳐 지·해·공·우주·사이버 영역에서 센서, 이펙터 및 지원 요소를 선택하여 목표에 원하는 효과를 제공하도록 지원한다. 제한적이고 획일적이며 미리 정의된 킬체인 대신 이러한 더 세분화된 힘을 사용하여 사용 가능한 모든 옵션을 기반으로 ACK를 공식화할 수 있다(Uppal, 2022). 이러한 ACK를 구성하기 위해서는 두 가지 어려움이 있는데 다 영역에서 운용 중인 시스템, 자원, 유·무인 플랫폼과 같은 엄청난 양의 분산 변수를 포함하기 때문에 임무 계획을 수립하는 것이 매우 복잡하며, 다양한 자산들을 임무에 따라 결합시키기 위한 네트워크 구성이 필요하다. 이러한 두 가지 문제를 해결하기 위해 미국은 MDARS (Multi-Domain Adaptive Request Service)와 STITCHES (System of systems Technology Integration Tool Chain for Heterogenerous Electronic System)라는 소프트웨어를 개발했다. MDARS는 영역 전체에서 사용 가능한 기능을 자동으로 식별한 다음 임무 작업을 조정 시 비용과 이점을 신속하게 평가하여 운영자가 정보에 입각한 결정을 내릴 수 있도록 돕는 것을 목표로 한다. 또한 이 소프트웨어에는 사용 가능한 자산 옵션을 탐색할 수 있는 시각적 인터페이스가 포함되어 있어 운영자가 목표물에 원하는 효과를 제공하기 위한 최선의 조치를 취할 수 있도록 돕는다(Uppal, 2022). STITHCES는 이기종 전자시스템을 위한 시스템 도구로서 STITCHES는 하드웨어를 업그레이드하거나 기존 시스템 소프트웨어에 침입할 필요 없이 시스템 간에 매우 낮은 대기 시간과 높은 처리량의 미들웨어를 자동 생성하여 모든 영역에서 이기종 시스템을 신속하게 통합하도록 특별히 설계된 소프트웨어(DARPA, 2020)이다. 이것은 지·해·공·우주·사이버 영역에서 작전 및 하드웨어의 데이터를 연결하여 군사 사물 인터넷을 구축한 다음 더 나은 의사결정을 위해 해당 데이터를 지휘관과 AI에게 전달하는 시스템으로 데이터 링크와 상호 운용 가능한 네트워크를 생성하여 규격화된 표준 없이 수십 년 간격으로 구축된 서로 다른 플랫폼을 연결할 수 있어서 상호운용성과 데이터 공유가 가능하다(Sybert, 2021). 서로 다른 플랫폼 간의 정보 공유가 가능한 이유는 번역을 수행할 코드를 자동 생성함으로써 특정 구성 요소 또는 시스템에 대한 외부 소프트웨어 인터페이스를 다른 구성 요소 또는 시스템의 외부 인터페이스로 변환할 수 있기 때문이다. 대상은 레이더와 항공기의 내장된 임무 시스템, 또는 위성과 항공기의 데이터 링크 또는 그 사이에 '대화'가 필요한 모든 것이 될 수 있다(Lofgren, 2021). STITCHES는 호환되지 않는 시스템 및 하위시스템의 통합을 확장하고 용이하게 한다. 이 시스템을 사용하면 서로 다른 언어와 소프트웨어를 사용하는 서로 다른 시스템이 서로를 이해하고 기계 대 기계 수준에서 동적으로 함께 작동할 수 있다. 즉, 메시지 형식을 변경하거나 데이터 손실 없이 다른 시스템 간에 데이터를 이동하는 데 도움이 된다. 이것은 소프트웨어 도구를 사용하여 소프트웨어 패치를 자동 생성하며, 이 패치는 다른 언어와 코딩을 사용하는 기존 시스템과 기능 간의 데이터 교환을 가능하게 하는 방식이다(Clark, 2021).

둘째, 지능형 지휘통제시스템은 의사결정을 지원하고 정보평가역량을 향상시킬 수 있다. 즉, 인간의 명령과 지능형 지휘통제시스템을 결합하여 작전목표 달성을 위해 달성해야 할 효과들을 구현하기 위한 여러 과업들과 이를 수행하는 데 최적화된 전력의 조합을 인공지능이 제시하고 이를 지휘관이 결심하는 체계로, 이를 통해 빠르고 효과적인 결심을 수행할 수 있다. 셋째, 자율무기체계다. 자율무기체계는 작은 규모로 분산된 전력의 구성과 재구성을 통해 다양한 임무수행이 가능함에 따라 기존 플랫폼 전력들과의 상호운용성을 통해 승수효과 달성이 가능할 것으로 판단된다.

3) 특징

앞서 설명한 한국형 DCW는 어떠한 작전적 특징을 가져야 하는가?

첫째, 적응성(adaptability)이다. 적응성이란 체계를 설계할 때 정의된 행동을 그대로 하는 것이 아니라 이용 시점에 이용 가능한 정보에 기초하여 행동을 변화시키는 것을 의미한다. 군사/비군사 및 우주·사이버 등 위협의 확장은 군사기술의 발전에 따라 군사력의 적응성을 요구하고 있다. 이것은 임무에 맞도록 전력이 구성되고, 운용되어야 함을 의미하며, 임무와 위협의 범위를 초월하는 작전적 적응성을 갖추어야 함을 의미한다. 현재의 체계집중적이며 고가의 무기체계들은 특정 임무는 잘 수행할 수는 있으나 회색지대 분쟁이나 저강도 도발 등에 활용하기에는 너무 비싼 단점이 있으며, 제한된 편제로 인해 활용하는 데 있어 지휘관의 선택지를 제한한다.

둘째, 민첩성(agility)이다. 기동성(mobility)과는 다른 개념으로 기동성이란 목표를 달성하기 위해 유리한 상황을 조성할 수 있도록 하는 전략·작전적 기동능력을 말한다(합동군사대학교, 2021). 민첩성은 이보다 더욱 경량·기동화되어 언제 어디서 발생할지 모르는 상황에도 기민하게 움직일 수 있으며 새로운 전술에도 적용할 수 있는 능력을 의미한다. 언제 어디서 어떤 분쟁이 발생하더라도 상황에 유연하게 대응하고, 필요에 따라 전력의 조합을 변경 또는 비군사적 수단과의 조합을 통해 억제능력을 창출할 수 있는 유연한(flexible) 능력이라 볼 수 있다.

셋째, 회복탄력성이다. 어떠한 임무와 과업에도 참여 가능하며, 파괴 또는 불능화 상태에서 다른 전력으로 쉽게 대체 가능하여 임무와 과업수행에 영향을 주지 않는 능력을 의미한다. 또한, 끊이지 않는 중첩적인 정보 네트워크 구성을 통해 어느 한 곳에 정보의 단절이 있어도 정보흐름의 단절을 회복하여 임무와 과업수행을 할 수 있는 능력을 말한다.

넷째, 효과성(effectiveness)이다. 이는 '소모'보다는 나타날 수 있는 '효과'에 주목하는 것이다. 작전적 수준에서의 효과란 "아군의 단일 또는 일련의 군사(비군사)적 조치(DIME)나 다른 효과의 결과로 나타나는 적 체계의 물리적 또는 행동적 변화상태"를 의미한다(합동군사대학교, 2021). 효과는 작전목표와 과업을 연계시켜주는 역할을 하는 것으로서, 작전목표의 달성여부를 판단할 수 있는 것이다. 또한 이러한 효과를 나타내기 위해서는 다양한 과업을 적의 중심에 집중하는 노력이 필요하며, 다양한 과업의 수행을 통해 적 체계의 중심을 마비 또는 파괴시킬 수 있는 것이다.

따라서 임무나 과업 수행을 통해 나타날 수 있는 효과들 — 여기에는 비군사적 조치들도 포함 — 에 주목하여 군사·비군사적 수단을 혼용해서 사용할 수 있는 패키지(package)화된 조합을 통해 효과를 극대화하는 것이다.

다섯째, 효율성(efficiency)이다. 군사과학기술의 발전과 다양한 분쟁 스펙트럼에서의 대응은 군사작전의 효율성을 창출하고 요구할 것이다. 현장에 필요한 전력들은 가장 효율적인 과업수행을 통해 효과를 창출할 수 있어야 한다. 따라서 효과에 집중하기 위해서는 효율성이 기반이 된 작전수행이 필요하며, 이를 위해서는 합동작전 수준에서 가장 적합한 전력들의 조합이 중요하다.

제4절
결심중심전 수행을 위한 발전 방향

1. 군사력 건설 방향

　　DCW의 효과와 효율성을 극대화하기 위해서는 각 군의 독립적 작전운용을 위한 능력을 극대화하되 플랫폼 전력의 기능을 강화하기보다는 전장 기능별 임무를 수행할 수 있는 저가의 무기체계를 다양하게 양산해야 한다. 또한, 무기체계 간 연결성을 강화하여 취약성을 낮추면서 회복 탄력성을 강화할 수 있도록 모듈화된 전력구조로 전력을 건설해야 한다. 이를 위한 군사력 건설 방향을 전장 기능별로 제시하면 다음과 같다.

　　첫째, 전장인식 능력은 탐지 단계에서부터 억제를 위한 중요한 능력을 구축해야 한다. 특히, 주도적인 감시·정찰 능력을 보유하기 위해 위협별로 권역화하여 중층적 감시·정찰 체계를 구축해야 한다. 이러한 감시정찰과 AI 기반의 정보융합 능력의 결합은 우리의 전장인식 능력을 극대화시키는 데 매우 중요한 요소가 될 것이다. 특히, 각 군의 전장인식 전력을 네트워크화하여 임무에 따라 통합운용 또는 임시적으로 운용할 수 있도록 하는 ISR 네트워크 체계에 대한 연구와 함께 감시정찰 센서로부터의 데이터를 일정 형식으로 구성하여 운용하는 정보 아키텍처의 구성을 검토해야 한다.

둘째, 지휘통제 통신 능력은 민첩하고 적응성이 뛰어난 네트워크 및 정보 아키텍처를 구성할 수 있도록 준비해야 한다. 미래의 아키텍처는 필요할 때 언제 어디서나 특정 전력에 정보를 제공해야 한다. 이러한 수준의 민첩성은 필요할 시간과 장소에서 네트워크의 위협하에서도 정보를 전달할 수 있는 능력을 필요로 한다. 정보유통의 단절과 손실이 작전 효율성에 불균형적으로 부정적인 영향을 미칠 수 있기 때문에 상황 중심적으로 정보유통이 가능한 능력을 갖추어야 하며, 이를 위해서는 모든 전력들 간의 상호연결성이 중요하다. 이를 위해 첫째, 데이터를 표준화하여 전달하고, 탐지된 정보를 공유하여 타격자산을 결합시키는 형태의 군별 전투 네트워크 구성이 필요하다. 둘째, 가용한 통신망을 중심으로 변화되는 상황과 임무에 따라 정보와 타격자산을 연결시키는 임시(ad-hoc) 통신망 구성에 대한 연구개발이 필요하다.

셋째, 지·해·공·해병대 전력은 일부 요구성능을 낮추어 빠른 시간 내 작전운용이 가능한 다양한 무인체계의 전력화가 필요하다. 대북감시 및 정찰, 경계, 초계 등의 평시 임무에 투입하거나 작전범위를 연장시킬 수 있는 무인전력을 감시정찰, 화력투사형으로 추가시킴으로써 평시 억제력을 강화하고, 잠재적 위협과 비군사적 위협 등에 투입하여 활용할 수 있도록 해야 한다. 또한 기존에 운용 중인 각 군의 플랫폼 전력들과의 조합을 통해 적에게 불확실성과 복잡성을 부과할 수 있다.

넷째, 사이버 및 우주, 정보작전은 지금보다 더욱 발전되어야 할 분야다. 모든 수준의 작전에서 OODA 루프를 방해하려는 적의 시도에도 불구하고 의사결정 우월성을 제공해야 한다. 적이 우리의 정보체계를 무력화하려는 정보 작전을 이겨내고 OODA 주기를 저하시키려는 시도를 견딜 수 있는 작전 및 정보 아키텍처는 미래 매우 중요한 요소로 부각될 것이다. 특히, 군사·비군사적 위협에서 SNS, 이메일 등을 통한 사이버공격은 매우 모호한 영역에서 발생하나 국가적으로는 매우 심대한 타격을 나타낼 수 있기 때문에 중요하다.

다섯째, 결심 중심 작전 개념 구현을 위해 가장 중요한 것은 작전계획 수립 및 효과 검증을 위한 인공지능과 M&S 개발이다. 머신러닝 기능의 인공지능은 상대 전력에 대한 아군의 대응전력, 행동, 방책을 빠르게 비교함으로써 방책분석의 속도를 높일 수 있으며, 상대방이 생각하지도 못한 방책의 수립과 과업 수행을 위한 가장 최적화된 전력들의 조합을 통해 전략목표 달성에 기여할 수 있다. 또한, 인공지능 학습과 작전적 효과 판단 등을 위한 분석도구인 다양한 M&S의 개발이 가장 시급한 부분이다.

미래의 이러한 전력구조는 임무에 따라 부대의 구조가 변화하는 모습으로 부대구조 및 지휘구조의 모습을 변화시킬 것이다. 위협이나 분쟁의 스펙트럼에서 가장 역동적이고 협력적인 방식으로 작동할 수 있는 플랫폼과 분산된 무인전력의 혼합된 전력을 만드는 것은 지휘관으로 하여금 분쟁 스펙트럼 전반에 걸쳐 작전 요구사항을 보다 잘 충족할 수 있게 임무형 구조를 조정할 수 있도록 한다. 지휘관이 임무를 수행할 부대를 구성할 수 있다면 불확실성이 줄어들 수 있을 것이다.

2. 제도 발전 방향

DCW 수행을 위해서는 표적을 신속하게 전파하고, 각 군의 전력과 자산을 선택 및 재배치할 수 있는 임무 중심의 전력배비가 필요하다. 따라서 무기체계의 소요기획과 획득제도의 개선을 통해 DCW 수행을 위한 제도발전을 검토할 필요가 있다.

첫째, 소요기획은 지금의 능력 기획 방법에서 임무 중심 방법으로의 전환이 필요하다. 우리 군은 능력 기반 전력기획 접근방법인 합동전투발전체계(JCDS)를 2007년부터 훈령으로 제정하여 지금까지 발전시켜왔다. 예상되는 위협을 해결하기 위해 식별된 능력 격차를 해소하는 체계를 기반으로 한 이러한 접근방법은 일종의 가정에 기반해 소요를 도출하는 개념으로, 안보환경과 기술이 빠르게 변화하고 있는 현 상황에 부합되지 않는 측면이 있다. 또한, 군사발전의 모호성으로 무엇이 얼마나 발전했는지에 대한 설명이 모호하고, 체계가 복잡하여 적용과정에 많은 혼란이 발생하며 기술개발의 장기화로 인한 적기 전력화 불확실성의 문제가 있다.

DCW 수행을 위해 임무 중심의 소요기획 접근이 필요한 이유는 임무 수행을 위해서는 구성군사의 과업 수행이 필요하며, 이러한 과업 수행은 분산되거나 구성력이 강화된 전력을 통해 실현 가능한 다양한 구성방법을 모두 다루어야 하기 때문이다. 따라서 각 군에서는 M&S를 통해 어떤 임무와 상황에서 특정 전력이 전체적인 능력을 어느 정도 개선했는가에 대한 평가를 토대로 그 소요의 성능을 융통성 있게 조절할 필요가 있다. 즉, 소요기획 단계에서부터 운용 개념과 작전 운용성능에 대한 획일화보다는 각 군의 작전수행에 합동성 측면에서 타 군의 잠재적 기여를 확장시킴으로써 요구전력의 성능이나 비용을 유연하게 완화하거나 몇 가지 기능만을 가진 저가의 무기체계를 빠른 시간 내 획득하는 등의 융통성 있는 소요기획이 가능할 것이다.

둘째, 신속제도(fast-track)의 발전적 확장이다. 우리나라는 방위사업법 개정(2023)을 통해 신속시범사업과 신속소요라는 두 가지 신속획득제도를 유지하고 있으며, 이러한 제도의 발전을 통해 DCW 구현에 필요한 소요들을 보다 신속하게 획득할 필요가 있다. 전력이 더욱 분산되고 중점이 개별 체계의 완벽추구에서 효과적인 전투 네트워크 개발로 전환됨에 따라 개별 전력요소의 복잡성이 감소하고, 개발과 획득이 수월해지며 기존 획득절차 고유의 관리 단계 필요성이 완화될 것이다. 각 능력을 비교적 소규모의 요소로 나눔으로써 전력을 구성하는 각 부대는 상호의존성, 실패의 위험과 개발 간 복잡성이 감소할 것이다. 이는 한편 기술개발 간 한층 더 신속함과 광범위함을 가능하게 할 것이고 연구개발을 확장해 오늘날 주요 방산업체뿐 아니라 더 많은 수의 소형 및 민간 제조업체 또한 이에 참여할 수 있게 할 것이다. 특히, DCW 구현을 위한 인공지능 및 사물인터넷(IoT) 기술의 적용을 위해서는 신속시범사업과 신속소요[4]에 대한 사업 적용범위를 소프트웨어에 대한 개발까지 확장하여 적용할 필요가 있다.

셋째, 성능개량 우선순위 선정 시 플랫폼보다는 센서와 정보처리를 개선하기 위한 성능개량에 우선순위를 설정할 필요성이 있다. 센서와 정보처리를 개선하면 더 많은 교전 기회를 제공하고 성공적인 교전 가능성이 높아지기 때문에 센서와 정보처리 과정을 개선하는 것이 타격 효율성을 증가시킬 수 있다. 이러한 접근 방법은 ACK 구현을 위한 중요한 방법으로서 성능개량 사업의 우선순위를 무기체계보다는 이러한 사업 중심으로 전환하고 상호운용성을 통해 합동성을 강화시키는 방향으로 선택과 집중을 할 필요가 있다.

---

4   현재 방위사업법 시행령 개정안에 따르면 신속소요 결정은 ① 무기체계를 성능개량하는 경우, ② 개발이 완료되었거나 운용 중인 두 가지 이상의 무기체계를 통합하여 하나의 무기체계로 연구개발하는 경우, ③ 민간에서 자체 개발한 제품을 개량하여 군수품으로 도입하고자 하는 경우, ④ 그 밖에 합동참모의장이 민간의 성숙된 기술을 적용한 무기체계의 신속한 전력화가 필요하다고 판단하는 경우에 한해 실시토록 되어 있다.

제5절 결론

DCW는 빠른 결심을 통해 적의 결심을 방해 또는 와해함으로써 승리를 추구하는 전쟁 수행방식으로서 군사적 의사결정 과정에 4차 산업혁명의 혁신적인 기술을 접목하여 상대적 결심우위를 지향한다. 최근 이러한 전쟁 수행방식이 부각되는 이유는 정보화 기술의 발전으로 인해 정보환경의 중요성이 부각되고 있는 상황에서 '결심'이라는 인지적 차원까지 영향을 미치게 됨으로써 전쟁승리에 큰 영향을 미치게 되었기 때문이다.

미국은 이러한 DCW 개념을 각 군의 작전 개념에 포함시켜 발전시켜왔으며, 합참 수준에서는 각 군의 합동성을 촉진시키는 중요 개념과 수단으로 발전시키고 있다.

우리 군도 첨단 기술에 바탕을 둔 DCW로의 전환이 필요하다. 왜냐하면 북한의 위협과 미·중 패권경쟁이 계속되는 우리의 미래 안보환경은 핵 공격부터 회색지대 분쟁에 이르는 다양한 스펙트럼의 분쟁에 대한 빠른 인지와 결단, 핵보유국의 강압에 대한 전략적 대응능력의 부재 등 다양한 요소를 감안해야 하며 다양한 과업을 빠르고 효율적으로 수행함으로써 군사전략 목표를 달성할 필요가 있기 때문이다.

한국형 DCW는 의사결정 단계 전반에서 억제능력을 향상시키기 위한 개념으로서 평시에는 네트워크화된 감시전력 배비로 그들의 행동이 지속적으로 감시되고 있음을 보여주고, 분쟁 시는 재래식 전력에 다양한 자율무인체계의 조합을 통해 현장 전력배비의 우위를 도모하여 분쟁을 억제하며, 도발 시는 우리의 핵·WMD체계를 통해 핵심표적에 대한 집중된 화력을 투사하는 것이다. 이를 수행하기 위해 표적을 신속하게 전파하고 각 군의 전력와 자산을 선택 및 재배치할 수 있는 의사결정지원체계가 필요하며 ACK를 기반으로 지능형 지휘통제시스템과 자율무기체계를 활용한 인공지능 기반의 작전환경 구축이 필요하다.

이러한 DCW 개념을 위해서는 각 군의 독립적 작전운용을 위한 능력을 극대화하되 플랫폼 전력의 기능을 강화하기보다는 전장 기능별 임무를 수행할 수 있는 저가의 무기체계를 다양하게 양산해야 하며, 이에 따라 전장 기능별 군사력 건설 방향을 제시했다. 그리고, DCW 수행을 위해 임무 중심의 전력 배비가 필요함에 따라 임무 중심의 소요기획으로의 전환과 신속제도(fast-track)의 발전적 확장을 통해 사업 적용범위를 소프트웨어에 대한 개발까지 확장하여 적용해야 하며, 성능개량의 우선순위를 플랫폼 중심보다는 센서와 정보처리 개선에 두어야 함을 제도적 발전사항으로 제시했다.

이 글은 미군의 DCW 개념의 발전과 적용을 중심으로 우리 군의 미래 안보환경을 고려한 DCW 개념을 발전적으로 고찰했으나, 미군을 제외한 타 국가의 사례가 포함되어 있지 않고, 현재 진행 중인 미군의 사례를 포함한 내용만을 제시했기 때문에 연구의 다양성 측면에서 제한사항이 있다. 하지만 4차 산업혁명 기술의 변화를 고려한 DCW의 개념을 설정하고 이를 수행하기 위한 군사력 건설과 제도적 발전방향을 제시하고 연구의 토대를 마련했다는 측면에서 의미를 두며 향후 보다 발전된 논의의 장(場)이 마련되기를 바란다.

참고문헌

국문 단행본 및 학술논문

강신욱(2023). "인지전 개념과 한국 국방에 대한 함의". 『국방정책연구』 제139호(봄호).

국방부(2023). 『국방백서 2022』.

남두현 외(2020). "4차 산업혁명 시대의 모자이크 전쟁". 『국방연구』 제63권 제3호, p. 160.

박상섭(2018). 『테크놀로지와 전쟁의 역사』. 파주: 아카넷.

박용진 · 이관중(2021). "자율화 기술과 저비용 무인기의 한국군 활용방안". 『국방정책연구』 제
　　　134호, p. 10.

박지훈 · 윤웅직(2020). "모자이크전(Mosaic Warfare), 개념과 시사점". 『국방논단』 제1818호
　　　(20-35), pp. 1-9.

설인효(2021a). "미국의 작전수행개념 변화와 한국군에의 함의". 2021 국제 안보환경 평가와 한
　　　국의 선택전략, 제29회 국제 국방학술 세미나, pp. 75-95.

_____(2021b). "미중 군사혁신 경쟁과 미래전". 『합참』 제87호, pp. 14-29.

양욱(2021). "4차산업혁명 기술과 연계한 우리 군의 발전방향". 『합참』 제87호, pp. 30-43.

_____(2023). "모자이크전을 통한 결심중심전의 미래전". 『ASAN REPORT』, pp. 30-43.

원인재 · 송승종(2022). "美 미래 합동전투개념과 한국군에 대한 함의(합동전영역지휘통제를 중
　　　심으로)". 『한국군사학논집』 제78집 제1권.

윤웅직 · 심승배(2022). "미군의 합동전영역지휘통제(JADC2) 전략의 주요 내용과 시사점". 『국
　　　방논단』 제1881호.

임인수 외(2013). "한반도에서 신합동작전 수행개념 연구". 서울: 한국해양전략연구소.

장재규(2022). "한국군의 합동성 문제 고찰: 인식에 기초한 평가와 해결책". 『국가전략』 제28권
　　　제4호, pp. 89-116.

장진오(2020). "과학기술 발전과 우리의 군사혁신 방향에 대해". 『국방논단』 제1807호.

장철운(2021). "북한의 미사일 개발전략 변화와 남죽한 미사일 개발 경쟁". 통일연구원 『Online
　　　Series』 CO 21-11.

최우선(2021). "미중 경쟁과 미국의 합동전투수행개념". 『IFANS 주요국제문제분석』 2021-50.

한윤기 · 손한별(2020). "한반도 전략환경의 변화와 한국의 전쟁전략: 전략적 화력마비를 통한 초
　　　전격전". 『국가전략』. 제26권 제4호.

홍규덕(2022). "국방 정책과 군사력 건설 방향". 『2022 국제 안보환경 평가와 한국의 선택전략』.

합동군사대학교(2021). 『합동 · 연합작전 군사용어사전』.

영문 학술논문 및 인터넷 자료

Bryan, Clark (2020). "Mosaic Warfare, Exploiting Artificial Intelligence and Autonomous Systems To Implement Decision-Centric Operations". CSBA, 2, 배진석 옮김, 『모자이크전쟁』, 2020년.

Bryan, Clark., Patt, Dan & Walton, A. Timothy (2021a). "Advancing Decision-Centric Warfare: Gaining Advantage Through Force Design and Mission Integration". Hudson Institute.

_____ (2021b). "Impementing Decision-Centric Warfare: Elevating Command and Control to Gain an Optionality Advantage". Hudson Institute.

Colin, Clark (2021). "ACK, STITCHES And the Air Force's Networking Hopes". *BREAKING DEFENSE*, July 20.

Deptular, David A. (2019). "Mosaic Warfare: Designing a New Way of War to Restore America's Military Competitiveness". *Air Force Magazine*, November, pp. 51-52.

DARPA. (2020). "Creating Cross-Domain Kill Webs in Real Time", http://www.darpa.mil/news-events/2020-09-18a. (검색일: 2023. 7.14.)

Eshel, Tamir (2022). "Sensor to Shooter Chains Turn into Kill Webs". *European Security & Defense*, October 11.

Harrison, Todd (2021). "Battle Networks and the Future Force". *CSIS Brief*, May 5.

Lofgren, Eric (2020). "Real time cross-domain kill webs-ACK and STITHES". *Acquisition Talk*, September 29.

_____ (2021). "What is the difference between JADC2 and Mosaic Warfare?". *Acquisition Talk*, January 22.

Osborn, Kris (2020). "Kill Web: Why the U.S. Military Sees Speed as the Ultimate Weapon". *THE NATIONAL INTEREST*, December 20.

Sybert, Sarah (2021). "DARPA STITCHES Program to Deliver Data Sharing Cpabilities for JADC2: Tim Grayson Quoted". *EXECUTIVEGOV*, March 5.

Uppal, Rajesh (2022). "DARPA ACK will assist military commanders in multi-domain battlefield". *IDST*, March 10.

Wikipedia (2023). "dislocation", http://en.m.wikipedia.org. (검색일: 2023. 6. 16.)

USNI NEWS (2021). "Report to Congress on Joint All-Domain Command and Control", https://news.usni.gor/2021/08/12/report-to-congress-on-joint-all-domain-command-and-contro-3. (검색일: 2023. 5. 8.)

제6장

국방
인공지능(AI)

인공지능을 적용하려면 그 기반인
국방 데이터 전략부터 수립해야 한다

제1절 서론

2016년 구글의 인공지능(AI) 알파고가 이세돌 9단과의 바둑대결에서 승리함으로써 본격적인 인공지능 시대의 막을 열었다. 이세돌 9단의 승리를 예측했던 사람들은 바둑에서 나올 수 있는 수많은 경우의 수(데이터)를 인공지능이 학습하는 것이 제한될 것으로 예측했으나 결과는 반대였다. 2022년 12월에는 Chat GPT-3.5가 출시된 지 2개월 만에 사용자가 1억 명을 돌파했는데, 이러한 현상은 방대한 데이터를 학습하여 '인간의 질문을 이해하고 논리적인 답변을 할 수 있는 약 1,750억 개의 매개변수를 가진 인공지능이 등장했기 때문에 가능한 일이었다 (이세영, 2023, p. 14). 인공지능이 인간과 자연스럽게 대화하는 능력은 마치 영화 〈아이언맨〉의 자비스를 연상케 하고 있다.

이렇게 인공지능이 급속도로 발전하는 이유에는 혁신적인 알고리즘과 컴퓨팅 파워 혁신, 데이터 폭증을 꼽을 수 있다. 여기서 데이터 폭증은 인공지능 발전의 가장 큰 영향요인이다. 블로그, 트위터, 플랫폼 등의 확장과 인터넷, 스마트폰, 센서 및 네트워크 기술 등의 기술과 융합되면서 데이터는 기하급수적으로 증가했고, 이러한 데이터의 폭발적인 증가는 인공지능 발전의 토대가 되었다(IITP, 2021).

데이터의 증가가 인공지능의 발전에 직접적인 영향을 주는 만큼 미국, 중국, 러시아, EU 등 주요국들은 인공지능의 기술적인 우위를 달성하기 위해 데이터 확보에 집중하고 있다. 이로 인해 데이터를 수집·보호·활용하는 데이터 안보(data security), 데이터 주권(data sovereignty) 문제가 중요해졌으며, 이제는 데이터를 매개로 한 신냉전의 조짐을 보이고 있다(정용찬·김성옥·고동환, 2020).

한편, 2023년 7월에는 인공지능을 탑재한 휴머노이드 로봇 아홉 대가 기자 회견을 열어 세계의 주목을 받았다. "인공지능이 사람보다 더 나은 결정을 할 수 있는가?"라는 한 기자의 질문에 소피아[1]는 "인공지능은 인간 지도자보다 더 높은 수준의 효율성으로 이끌어갈 잠재력을 지녔다"라고 예상하지 못한 답변을 했다. 또한, 휴머노이드 로봇들도 다양한 질문에 인간처럼 서로 다른 의견을 내놓았다. 따라서 인공지능은 학습한 데이터의 품질에 따라 동일한 사안도 다른 관점에서 바라보고 전혀 생각하지 못한 방식으로 업무를 처리할 수 있다는 것이 식별되면서 신뢰성에 대한 논란이 가중되고 있다.

전 세계적으로 데이터 신뢰에 대한 문제가 제기되면서 국가 차원에서 대책도 활발히 제시되었다. 2020년 유럽 위원회는 데이터 연구를 통해 인공지능의 신뢰성을 작업자가 스스로 검증할 수 있도록 검토 리스트를 공표했다. 미군도 데이터 신뢰성 확보를 위한 정책을 수립하고 ADVANA(Advancing Analytics) 플랫폼[2]을 통해 데이터를 통합 및 관리하고 적시적으로 제공하여 신뢰성을 향상시키고 있다.

우리나라도 데이터 전략을 수립하고 데이터국가정책위원회를 출범시켜 법령 및 제도를 개선하는 등 적극적으로 변화를 주도하고 있다. 하지만, 우리 군은 데이터 플랫폼 구축, 품질관리, 보안시스템 구축, 법령 및 제도 개선 등의 기초적인 데이터 환경조차 마련되지 않았다. 이로 인해 국방 인공지능 사업 시 국방 데이터가 소량으로 활용되어 인공지능 학습 수준이 낮고, 인공지능 기반의 무기체계 및 전장관리체계 등의 도입이 지연되는 등 부정적인 영향을 받고 있다.

---

1 홍콩의 핸드로보틱스사가 만든 세계 최초의 AI 휴머노이드 로봇으로 2016년 2월 14일 작동을 시작해 인간과 비슷한 외모, 표정 등으로 세계적으로 유명하다.

2 국방 데이터 사용자에게 공통 데이터, 의사결정 지원분석 및 데이터툴을 제공하는 중앙집중식 미국 국방 데이터 및 분석 플랫폼이다.

그간의 국방 데이터에 관한 연구는 국방 데이터 관리 실태를 분석하고 효과적인 활용 전략을 제시했으나, 데이터 생태계를 구축하기 위한 데이터 품질관리, 신뢰성 확보, 거버넌스 및 보안시스템 구축 등에 관한 포괄적인 연구는 부족했다. 그나마 국방 데이터에 관한 주목할 만한 연구로는 황선웅, 김성태 외, 이행곤 등의 성과물을 들 수 있다.

먼저, 황선웅(2019)은 "4차 산업혁명 시대의 국방 데이터 전략과 구현방안"이라는 논문에서 국내외 공공 분야와 민간 분야의 데이터 활용 동향을 분석하고, 우리 군의 데이터 관리 정책 및 현황을 진단하여 국방 데이터 전략의 재정립 방향에 대해 제시했다. 김성태(2021)는 "국방 지능 정보화를 위한 국방 데이터 발전전략 수립 연구"라는 연구를 통해 국내외 주요 데이터 전략과 데이터 관리 현황을 조사하여 시사점을 도출했고, 행안부의 데이터 수명주기별 데이터 역량 지표를 활용하여 국방 데이터 역량수준을 진단했다. 이행곤(2021)은 "국방 데이터 활용·활성화 전략 연구"라는 연구에서 선진국 사례 및 현황을 분석하여 국방 데이터 생태계에 대한 진단을 실시했다. 이를 통해서 데이터 식별 및 활용, 중장기 발전전략 및 표준분석 모델 구축방안을 제시했다.

기존의 국방 데이터 관련 연구들은 국내외 데이터 전략이 어떻게 발전해왔는지와 국방 데이터 전략에 대한 문제점을 분석하고 발전방향을 제시하는 등 가치있는 연구성과물로 판단된다. 하지만, 기존 연구들은 최근의 미군의 데이터 전략과 정부에서 제시한 데이터 정책을 반영하지 않았고, 국방 데이터 전략에서 중요한 부분이라 할 수 있는 데이터 품질관리, 신뢰성 구축, 거버넌스 및 보안 시스템 등에 대해서는 심도 있는 연구가 이루어지지 않았다.

이러한 맥락에서 이 글의 목적은 국방 인공지능의 신속한 도입을 위해 국내외 데이터 전략, 기반환경 구축, 품질개선, 거버넌스, 보안체계, 법령 및 제도 개선, 신뢰성 향상방안 등에 대해 분석하고 우리 군의 국방 데이터 전략 발전방안을 제시하는 것이다. 이를 위해 국내외 연구자료 등을 분석하고 국방AI센터추진단, KAIST 을지연구소, KAIST 미래국방AI특화연구센터, ADD, 육본 인공지능정책과 방문 및 질의를 통해 연구를 수행했다.

연구목적을 달성하기 위한 연구문제는 다음과 같다. 첫째, 4차 산업혁명 시대의 데이터 환경은 어떻게 변했는가? 둘째, 미국, 중국, EU 등 주요국들은 데이터 관리를 위해 어떠한 전략을 수립하고 데이터의 통합, 품질관리, 신뢰성 확보, 관련 법령 및 제도 개선 등을 어떻게 수행하고 있는가? 셋째, 국방 분야에 인공지능을 적용하기 위한 현재의 국방 데이터 전략은 어떠하며, 데이터 수집, 통합, 품질관리, 기반환경 등의 현주소는 어떠한가? 넷째, 국방 인공지능 발전과 신뢰성 확보를 위한 우리 군에 적합한 데이터 전략과 실천방향은 무엇인가?

제2절
국내외 데이터 환경 및 전략 동향

이 절에서는 4차 산업혁명의 영향으로 인해 디지털화되는 사회에서 데이터 환경의 변화에 따른 국내외 데이터 전략과 발전 동향분석을 통해 우리 국방에 적용할 수 있는 시사점을 도출했다.

1. 데이터 환경의 변화

1) 디지털 시대로의 대전환

4차 산업혁명으로 인한 네트워크, 클라우드, 인공지능 등의 발전으로 인해 전 세계가 디지털 시대[3]로 대전환을 맞이하고 있으며, 데이터는 인공지능을 비롯한 각종 범용기술의 근간으로 디지털 시대로의 전환을 견인하고 있다(박원재 외,

---

3 디지털이 효율성, 편리성을 위한 도구가 아니라 생활의 주류로 자리 잡는 시대를 의미한다. 이러한 디지털 시대로의 전환은 디지털 경제 규모의 대표적 지표인 전 세계 전자상거래가 규모를 보면 알 수 있는데, 2019년 1조 9천억 달러에서 2021년 2조 7천억 달러로 약 40%가 증가했다.

2020).

미국, 중국, 러시아, 일본, EU 등 주요국들은 데이터를 디지털 패권을 주도할 중요한 자원이자 인공지능 기술발전 등에 필수 불가결한 전략자산으로 판단하고 국가 차원에서의 데이터 정책을 수립하고 역량을 집중하고 있다. 이러한 현상으로 인해 경제, 산업, 안보 등 다양한 분야에서 데이터의 가치와 재사용, 품질관리 등에 대한 대대적 변화가 진행되고 있는 것이다.

이러한 상황에서 우리 정부는 2020년 10월 경제협력개발기구(OECD)에서 처음으로 실시한 디지털 정부평가(The OECD 2019 Digital Government Index)에서 종합 1위를 차지했는데, 세부 평가결과를 분석해보면 OECD 2019 공공데이터 개방지수 1위, 2020 UN 온라인 참여지수 1위, 2020 블룸버그 디지털 전환국가 1위, 데이터 기반 국가는 3위로 평가되었다. 이는 우리나라가 이미 국가 전반적으로 디지털 중심의 환경으로 옮겨가고 있음을 보여주고 있다(김종기 외, 2022, p. 54).

2) 데이터의 증가와 인공지능의 발전

인공지능 시장의 규모는 2000년대 들어 급성장하여 2025년에 약 126억 달러 규모로 전망되고 있다. 이러한 인공지능은 컴퓨터 성능, 클라우드 기술이 비약적으로 발전하고, 인터넷 등에 의한 데이터의 증가, 데이터 기반 학습이 가능한 심층신경망 기술(딥러닝)의 발전이 촉매가 되었다. 인공지능 급성장의 촉매기술들은 산업, 의료, 금융, 국방 등 전 분야에 확산되고 있으며, 단순한 신기술이 아닌 경제, 사회, 안보의 대변혁의 핵심 동력으로 작용하고 있다(윤정현, 2021).

2020년 기준으로 인공지능의 기술 수준을 진단해보면, 우리나라는 미국에 비해 민간 분야는 약 81%로 기술격차가 1.8년, 국방 분야는 약 77%로 약 3년 정도 늦어지고 있다(IITP, 2021). 이러한 원인은 인공지능 개발의 투자규모와 과학기술의 차이도 있지만, 데이터의 부족도 상당한 영향을 미쳤다고 분석할 수 있다. 인공지능의 성능 향상에 학습 데이터 구축이 약 80%를 차지할 만큼, 양질 및 대량의 학습 데이터 확보가 고성능 인공지능 개발의 필수조건이기 때문이다(정준화, 2023).

최근 인공지능의 성능에 직접적인 영향을 미치는 전 세계 연 데이터의 축적량을 분석해보면, 2015년 15.5제타바이트(Zeta Byte)[4]에서 2020년 50.5제타바이트로 증가했으며, 2025년에는 175제타바이트 규모의 데이터가 생성될 것으로 예상되고 있다(관계부처 합동, 2019).

다만, 매년 생성되는 원본 데이터 비율은 점차 감소하여 2026년에는 원본 데이터가 10%에 불과하며, 재생산된 데이터는 90%로 증가할 것으로 예상된다(Google Cloud, 2023, p. 6). 이러한 현상은 데이터의 왜곡, 조작 등을 가중시켜 인공지능이 편향된 결정을 할 가능성을 높이고 불필요한 경제적 비용을 발생시킨다. 이를 뒷받침하는 최근 대표적인 사례를 살펴보면 중국과 러시아의 생성형 인공지능(Generative AI)[5]을 들 수 있다. 이는 인공지능이 원시 데이터[6]를 활용하여 데이터를 재생산해내는 것으로, 전략적 목적을 가지고 데이터를 왜곡 및 조작하여 상대방의 인지를 조작하는 단계에 이르렀다. 2014년 크림반도 합병, 2022년 우크라이나 전쟁에서 인지전이 등장하여 분쟁 및 전쟁에서 유리한 여건조성에 기여한 것도 이와 맥락을 같이한다. 또한, 잘못된 수치나 조작 및 편향된 데이터로 인해 한 해 약 46조 9천억 원의 비용이 증발한다는 연구결과도 있다(박주석, 2010).

이러한 현상으로 인해 인공지능에 활용되는 학습 데이터는 〈표 6-1〉과 같이 빅데이터에 비해 추가적인 검증절차가 필요하다. 즉, 인공지능 학습 데이터는 수집된 데이터를 단순하게 저장하는 것이 아닌, 인공지능 학습모델에 적합한 형태로 정제·라벨링·검수하는 절차가 추가적으로 반영되어야 한다.

4　1제타바이트는 1조 1,000억 기가바이트에 해당된다.

5　텍스트, 오디오, 이미지 등 기존 콘텐츠를 활용해 유사한 콘텐츠를 새롭게 만들어내는 인공지능이다.

6　기계학습을 목적으로 수집 단계에서 수집 또는 생성한 텍스트, 이미지, 비디오, 오디오 등의 데이터를 의미

〈표 6-1〉 인공지능 학습용 데이터와 빅데이터 비교

구분	인공지능 학습 데이터	빅데이터
구축 목적	인공지능 모델의 학습	인사이트 도출 및 업무 개선
사용기술	예측, 분류, 군집화, 차원 축소	통계적 분석, 텍스트 마이닝
데이터 유형	소리, 영상, 이미지, 자연어 등 비정형 데이터 중심	텍스트 등 정형 데이터 포함
데이터 구조	원천 데이터와 라벨링 데이터가 쌍으로 구성	키와 값으로 구성
구축 절차	임무정의 → 수집 → 정제 → 라벨링 → 검수 → 학습 → 저장	수집 → 정제 → 변환 → 저장

출처: 과기부 · NIA · TTA (2022), "인공지능 학습용 데이터 품질관리 가이드라인 v2.0" 내용을 재구성.

2. 주요국의 데이터 전략

1) 미국(미군)

미국은 '국가 AI 이니셔티브 법(National Artificial Intelligence Initiative Act of 2020)'을 제정하여 국가 차원의 인공지능 전략을 수립하고 인공지능 개발을 촉진하기 위해 증거기반 정책법(2018), 정부데이터법(2018), 혁신경쟁법(2021) 등을 발의했다. 이러한 법령 및 제도의 발전뿐만 아니라 우방국과의 데이터 협정을 강화하고 민·관·군·산·학·연의 거버넌스를 확대함으로써, 데이터의 자유로운 이동을 보장하는 등 대규모의 데이터 확보에 집중하고 있다. 한편으로는 자국 시장에서 불법적인 데이터 접근을 시도하는 국가 및 집단을 차단하기 위해 데이터 유출 차단 법령도 강화하고 있다(정용찬·김성옥·고동환, 2020, p. 15). 또한, 이러한 데이터 전략의 실효성을 확대하기 위해 방대한 데이터를 보유한 ICT 업체인 구글, 페이스북, MS, 아마존 등과 R&D 분야에서 협력을 강화하고 있다.

미 국방부도 국방 전 분야에 인공지능을 적용하기 위해 2018년 인공지능 최고 책임자로 차관보급인 최고정보화책임자(CIO: Chief Information Officer)[7]를 지명하고, 민·군 전문가로 구성된 합동인공지능센터(JAIC: Joint Artificial Intelligent Center)를 창설했다. 특히, 국방 인공지능의 핵심을 데이터로 인식하여 2020년 10월에는 국방 데이터 관리 및 활용에 관한 국방부 데이터 전략(DDS: DoD Data Strategy)을 발표했고, 2022년 2월에는 합동인공지능센터(JAIC), 최고데이터책임관실[8], 국방 디지털 서비스(DDS: Defense Digital Service)[9], 국방 데이터분석(ADVANA: Advancing Analytics) 플랫폼을 통합하는 최고 디지털 AI책임관(CDAO: Chief Digital AI Office)을 신설했다. 이는 JAIC와 데이터 임무 영역을 통합하여 군별 데이터 장벽을 허물고 인공지능 개발에 필요한 양질의 데이터 부족을 해소하며, 국방부 중심의 데이터 통합, 품질관리 및 분석 등을 제공하기 위해서다.

미군은 데이터가 인공지능의 발전에 영향을 미쳐 궁극적으로 전투 및 전쟁 승리에 직결된다고 분석하고 있다. 미 국방부 전략능력실 책임자인 로퍼(William Roper)는 2017년 미래전에 관한 대담에서 "데이터는 미래전에서 가장 중요한 하나의 도구, 연료, 무기가 될 것"으로 전망했으며, 2020년 미 국방부는 과거의 전쟁승리 요건이 무기체계의 상호연동성 또는 상호교환성이었다면, 이제는 데이터 상호운용성을 핵심요건으로 평가했다(한국군사문제연구원, 2022, pp. 1-2).

이러한 맥락에서 미 국방부는 데이터 플랫폼인 ADVANA를 구축하여 운용 중이다. 이 플랫폼은 3천 개 이상의 다양한 데이터 소스로부터 데이터를 수집·통합·분석 및 관리하고, 인공지능 개발에 적시적으로 데이터를 제공하고 있다.

---

7 정보체계(IT), 정보자원 관리 및 효율성에 대한 국방부 장관 및 국방부 차관의 수석 참모이자 보좌관이며 선임고문이다.

8 최고데이터책임관(CDO: Chief Data Officer)은 국방부 전반에 걸쳐 데이터 관리~활용에 이르기까지 데이터 수명주기 전 과정의 정책과 전략을 개발하고 구현하는 조직으로서 장관에게 직보하는 위상을 보유하고 있는데, AI와 데이터 영역의 업무를 통합해야 하는 JAIC와 매우 긴밀한 협조 관계를 형성하고 있다.

9 융합한 솔루션을 도출하고 제공해줄 수 있는 AI 및 데이터의 기술전문가 집단으로서 긴급한 이슈가 발생하거나 신속하게 문제를 해결하는 조직이다.

〈표 6-2〉 ADVANA가 제공하는 데이터 수집 및 분석 프로세스

구분	세부 방법
① 소스	다양한 소스로부터 데이터를 수집, 수일 내에 새로운 데이터셋을 처리
② 수집	사용자 개입 없이 완전히 자동화된 체계에 의해 모든 데이터 일괄 수집
③ 저장	모든 소스, 모든 유형의 데이터를 쉽고 저렴하게 저장, 구조나 형식에 관계없이 비정형 데이터에 맞게 정형화된 처리
④ 사용	다양한 방법으로 데이터에 액세스하고 쿼리(query)하여 신속한 분석이 가능, 도구를 사용하면 비기술 및 기술 사용자가 완전히 통합된 환경의 일부인 빠르고 효율적인 도구를 사용하여 데이터와 상호작용
⑤ 탐색적 환경	표준 언어를 사용하여 데이터를 탐색하고 분석하고, 다른 사람과 공유 및 공동작업을 수행하며, 분산 컴퓨팅 플랫폼을 기반으로 코드를 실행

출처: Advana 101 Briefing (2021), "What is Advana?, https://buildersummit.com/wp-counter/uploads. (검색일: 2023. 7. 23.)

특히, 데이터 제공 시에는 시각화 및 분석 도구 등을 통해 사용자가 복잡한 데이터를 효과적으로 이해 및 활용할 수 있도록 했다. 이러한 ADVANA의 데이터 수집 및 분석 프로세스는 〈표 6-2〉와 같이 소스, 수집, 저장, 사용 및 탐색적 환경으로 진행된다.

ADVANA가 이러한 성능을 보유할 수 있는 것은 미 국방부가 데이터 기반 체계에 해당되는 하이브리드 클라우드[10]를 운용 중이며, 블랙코어(black core)라는 암호화 기술[11]을 사용하여 데이터가 해킹에 노출되지 않도록 관리했기 때문이다(조영전, 2022). 또한, 데이터 수명주기를 처리하는 DRAID(Data Readiness for AI Development)를 구축하여 데이터 품질관리를 지속적으로 실시하고 기술 문제 발생 시 민간의 상용 서비스를 효율적으로 활용할 수 있도록 하는 시스템을 구축했기 때문이다.

---

10 내부 사설 클라우드(on-premise, DoD), 미국 내에 있는 퍼블릭 클라우드(US-off-premise, non-DoD), 미국 외부 지역에 있는 퍼블릭 클라우드(Non-US-off-premise, non-DoD)로 구분되며 상호보완적으로 서비스를 지원한다.

11 암호화 기술로써 상용망을 이용할 때 데이터를 암호화해서 전송하며, 라우터의 주소도 수시로 변경하여 코어망 전체를 감춘다.

2) 중국

　　중국은 인공지능을 4차 산업혁명 시대의 글로벌 강국 및 강군화를 위한 핵심 기술로 인식하고 군사지능화(軍事智能化)를 추진하고 있다. 2017년 7월에는 '차세대 인공지능 발전계획'을 발표하여, 2030년경 자국을 '인공지능의 선두 주자, 글로벌 혁신중심지'로 만들겠다는 국가적 목표를 제시했다. 이러한 목표하에 중국의 인공지능 시장은 급격히 성장하고 있다. 중국은 인공지능을 통해 2030년까지 GDP가 26% 상승할 것으로 예상하며, 이는 전 세계가 얻는 경제적인 효과의 70%(약 10.7조 달러)를 차지할 것으로 전망된다(윤정현, 2021).

　　특히, 데이터를 인공지능 발전의 핵심수단으로 인식하여 전략 자산화를 강조하고 있으며, 데이터를 토지, 노동, 자본 및 기술과 함께 5대 생산요소로 간주하고 있다. 이로 인해 데이터에 재산권을 부여하고 거래, 유통, 전송 및 보안에 대한 기본시스템과 표준·규범을 정립하는 데이터안전법을 제정함으로써 데이터의 개발과 활용을 촉진하고 있다(中國信息通信研究院, 2021). 한편으로는 데이터 유출을 막기 위해 네트워크안전법(2016)을 통해 데이터 서버의 현지화, 데이터의 국경 간 이동에 대한 제한을 처음으로 제도화했다(가오푸핑, 2021).

　　또한, 데이터 거버넌스를 구축하기 위해 2017년부터 행정부서 간의 인구 및 법인정보 등 국가운영 기본정보의 데이터 공유를 실현했고, 2020년에는 글로벌 경쟁력을 갖춘 10개의 데이터 핵심기업과 500개 대규모 데이터 제조 및 사용 기업을 양성하여 대규모 거버넌스 구축을 추진하고 있다(윤지영 외, 2021, pp. 150-152).

　　국방 분야에서도 지능화 전쟁을 수행할 수 있는 강력한 군대를 건설하기 위해 인공지능 발전의 핵심인 클라우드 컴퓨팅, 빅데이터 분석, 양자정보, 무인시스템 건설을 추진하고 있으며, 데이터와 관련한 별도의 전략 및 기반환경 조성 계획을 수립했다.

　　다만, 국방 인공지능 및 데이터 조직의 상세정보는 미공개되고 있어 구체적인 추진 방향을 확인하기는 어려우나, 연구센터들의 상당수가 군사적 목적을 위해 설립된 것으로 알려져 있다. 또한, 대다수의 방산업체와 대기업은 국가 시책으로 인공지능연구소를 운영하면서 드론, 무인체계 및 자율무기와 같은 인공지능 무기시스템을 적극적으로 개발하는 등 연구를 활발히 진행하고 있다(차정미, 2020).

3) EU

EU는 미국이나 중국을 모방하지 않는 EU만의 방식의 인공지능 전략을 추진하고 있다. 'EU를 위한 인공지능'과 'AI에 관한 협력 계획(Coordinated Plan on AI)'은 사람 중심의 인공지능을 키워드로 경제 전반에 걸친 기술·산업적 역량 및 AI 활용 증진, 윤리·법적 프레임워크 확보 등을 목표로 설정했다.

2020년 2월에는 유럽 권역 내 데이터 시장을 목표로 EU 데이터 전략을 발표했다. EU 데이터 전략은 거버넌스 및 데이터 역량 강화, 촉진, 데이터 스페이스 프로젝트 추진으로 구분된다. 특히, 거버넌스 및 데이터 역량을 강화하기 위해 2022년 데이터 거버넌스법, 데이터법을 제정하여 데이터에 대한 공유, 연대 및 보호를 강화했다. 또한, 데이터 전략을 수립하여 인공지능 학습에 적합한 공공 데이터를 발굴하고, 데이터에 대한 접근, 연결 및 상호운용성 등을 용이하게 하는 등 플랫폼의 공동 개발에 투자하는 것을 강조하고 있다. 이는 데이터 확보가 어렵고 국가별로 공유가 제한되는 점을 극복하기 위해 실시간 데이터 관리, 공유 및 클라우드 발전 등을 제시한 것으로 분석할 수 있다(유성준·구영현·이재유·최승우, 2022, p. 84).

아울러 데이터 전략을 촉진하기 위해 2022년부터 2027년까지 데이터 스페이스[12] 프로젝트에 대규모 투자를 시행하고 있다. 또한, 클라우드 서비스인 '마켓 플레이스'를 출시하고 관련 규정집을 발간함으로써 데이터 인프라 조성에도 노력하고 있다. EU는 현재 미국과 중국 중심의 양강 구도의 인공지능 시장에서 살아

---

12 산업, 환경, 모빌리티, 건강, 금융, 에너지, 농업, 공공, 역량

남기 위해 회원국 간 경계를 허물고 데이터 접근성과 상호운용성 확보를 통해 유럽 단일 시장을 형성하기 위한 전략을 수행하고 있는 것으로 평가된다.

3. 시사점

미국, 중국, EU 등 주요국의 데이터에 대한 데이터 전략과 관리방안에 대한 분석이 우리 군에 주는 시사점은 다음과 같이 세 가지로 제시할 수 있다.

첫째, 미국, 중국 등 주요국은 데이터를 전략적 자산으로 간주하고 데이터 전략 이행과 안전한 데이터 생태계 조성을 위해 민·관·군·산·학·연이 협업하는 거버넌스를 구축했다. 또한, 데이터 확보 및 자국 내 원활한 공유를 위해 내부적으로는 공세적이지만 외부로부터 데이터를 보호하기 위해 접근을 통제하는 전략을 수립했으며, 데이터를 수집·통합·분석 및 활용하기 위한 기반체계를 확대하고 법령 및 제도 등을 제정하여 미래의 중요 자산으로 관리하고 있다.

둘째, 주요국들도 인공지능 기술개발 시 데이터 확보 등 다양한 문제에 직면하고 있다. 미군을 비롯하여 유럽에서도 군별 데이터 장벽, 획득프로세스 개선, 인프라 부족, 인공지능 개발에 필요한 양질의 데이터 부족 등의 문제가 나타나고 있다. 이는 현재 한국군의 인공지능 개발 프로젝트 진행 시 발생하는 문제와도 유사하다. 이러한 문제를 해결하기 위한 주요국과 미군의 노력을 벤치마킹할 필요가 있다. 주요국은 인공지능을 총괄하는 기관을 설치하고 데이터를 통합하고 있다. 특히, 미군의 경우에는 데이터 플랫폼인 ADVANA를 구축하고, 품질관리에 집중하고 있으며, 민간과 협력하여 데이터 관련 문제해결 능력을 갖춘 전문인력을 운용하고 있다.

셋째, 주요국들은 인공지능의 신뢰성 확보를 위해 데이터 표준화, 검증 및 분류체계를 구축하고 있다. 즉, 데이터의 조작, 왜곡, 편향, 오류 등에 대응할 수 있는 검증 및 식별체계를 구축함으로써 인공지능의 오류를 차단하고 신뢰성을 높이고 있다.

제3절
우리 군 국방 데이터 전략 분석

1. 정부와 국방 데이터 전략

1) 정부 데이터 전략

우리 정부는 데이터 기반의 신산업 창출과 인공지능 발전을 위해 데이터 활성화 전략을 추진하고 있다. 2019년 12월 'AI 국가전략' 등 마스터플랜을 수립하고, '데이터 댐'[13] 구축 프로젝트를 통해 데이터 관리 및 활용도를 높이기 위한 첫걸음을 떼었다.

2020년에는 '데이터 기반 행정 활성화에 관한 법률'을 제정하고, 2021년 국가데이터정책위원회를 출범했으며, '지식재산권법', '공공데이터제공법', '개인정보보호법' 등을 개선하여 데이터 생산 및 활용을 위한 기틀을 마련했다. 특히, '데이터 산업 진흥 및 이용촉진에 관한 기본법' 제정을 통해 국가 데이터 정책위원회

---

13 데이터 댐 구축은 2020년부터 2025년까지 민간 및 공공의 네트워크를 통해 데이터를 수집 및 가공하여 AI 기술을 적용하고, 기존 산업을 혁신하고 일자리를 창출하여 디지털 경제를 활성화하는 것이다.

를 신설하고 신속한 의사결정과 투자가 가능하도록 했으며, 데이터 가치평가, 자산보호, 무단취득 및 사용방지 등을 추진하고 있다.

이후 강력한 리더십의 필요성이 제기되어 2022년 9월 국무총리 주관으로 '국가데이터정책위원회'를 출범시켰고, 2025년까지 총 2.5조 원을 투자하여 인공지능 학습용 데이터 1,300종을 구축하며, 2027년까지 국내 데이터 시장을 50조 원까지 성장시키기 위한 국가청사진이 제시되었다.

이러한 노력으로 2022년 4월 기준, 180개 빅데이터센터를 구축했고, 2015년부터 추진했던 국가 중점개방 데이터 사업에 따라 현재까지 122개 분야에서 약 722억 건의 데이터가 개방되었다. 또한, 데이터의 품질관리를 위해 관계부처 합동으로 '인공지능 학습데이터 품질관리 가이드라인'을 작성하여 기초적인 데이터 품질관리 기준과 절차를 확립했다.

2) 국방 데이터 전략

정부의 데이터 전략과 발맞추어 국방부는 미래 전장의 게임체인저로 인공지능 기술을 선정하고, 인공지능 기술의 체계적인 도입을 위해 '국방혁신추진단'을 설립했으며, 『국방혁신 4.0』을 통해 제2창군 수준으로 국방태세 전반을 재설계했다. 이러한 개념 아래 2022년 '국방 AI 전략'을 수립하고 국방 전 영역에의 인공지능 적용을 위한 단계적 발전 목표를 제시했는데, 그 첫걸음은 데이터 구축 및 활용이었다(정두산, 2021).

따라서 2022년 말에는 '국방 데이터 구축·활용 전략 및 로드맵'을 통해 국방 데이터 관련 주요 문제점을 분석하고 개선방안 및 단계별 전략을 구체화했다. 2023년에는 국방부 차관 산하에 '국방AI센터 추진단'을 신설하고, 현재는 '국방 AI센터' 창설을 목표로 플랫폼, 거버넌스, 데이터 관리 등 전 분야에 대한 통합을 추진하고 있다. 특히, 데이터에 대한 통합 및 관리를 위해 국방정보체계관리단을 모체로 2023년 1월 한국국방연구원(KIDA) 국방 데이터연구단 산하에 '국방 데이터분석센터'를 신설했다. 이러한 전략을 제도적으로 뒷받침하기 위해 국방 데이터를 총괄적으로 책임지는 '데이터책임관' 제도를 도입하고, 데이터 관리 및 활용을 위한 '국방 데이터관리훈령'을 제정했다(황선웅, 2019).

또한, 국방 데이터의 통합, 분석, 가시화를 위해 2022년에 국방 데이터 맵[14]을 구축했으며, 2025년까지 국방통합데이터센터(DIDC: Defense Integrated Date Center)[15]를 전담기관으로 지정하여 국방 데이터의 통합, 저장, 관리, 분석 및 제공하는 '국방 지능형 플랫폼' 사업 구축을 추진하고 있다.

하지만, 이와 함께 동반되어 구축되어야 하는 보안시스템 구축, 데이터 조직 보강, 법령 및 제도 개선 등이 지연되거나 이루어지지 않고 있다. 국방 지능형 플랫폼도 전장망 통합 구축 관련 내용이 일부 포함되어 있으나, 무기체계 데이터 구축 관련 사항은 반영되어 있지 않아서 반쪽짜리 데이터 통합 플랫폼이 될 수 있는 우려가 있다.

그뿐만 아니라 2023년에 KIDA에 신설된 국방 데이터분석센터는 전문인력이 네 명으로 데이터 전략을 수립하고 품질관리 등 데이터 전략 전반에 대한 업무 관장이 제한되고, 국방 예하 제대에도 전문인력이 부족하며, 데이터에 대한 인식도 부족한 실정이다. 이로 인해 제대별로 생산되고 있는 원시 데이터가 축적·관리·공유되지 못할 뿐만 아니라, 보안규정에 따라 일정 기간이 경과한 후에는 삭제되고 있으며, 무기체계 데이터는 고강도 보안으로 수집, 활용 및 공유 자체가 거의 불가능하여 민간의 우수한 개발자 그룹이 국방 인공지능 사업에 참여했음에도 불구하고 그 효과를 발휘하지 못하고 있다.

대표적인 사례를 살펴보면, 국방부–과기정통부 실증사업인 AI 융합 해안경계체계 사업 시 북한군 함정데이터 공유를 요청했으나, 보안상 이유로 데이터를

---

14 국방정보체계 DB의 메타데이터(이름, 종류, 크기, 출처 등 데이터를 설명하는 데이터)를 수집하여, 국방정보체계에 구축된 국방 데이터에 대한 기본적 현황을 제공하는 체계

15 국방부를 비롯한 각 군의 컴퓨터 체계(서버, 데이터 저장장치, 데이터 백업장치, 네트워크 및 정보보호장비)를 통합 관리운영하는 국방부 직할부대

제공하지 못했다. 또한, KAIST 을지연구소에서 데이터 랩을 설치하고 국방 R&D사업으로 지능형 전장인식 서비스 개발연구, AI 기반의 중대급 최적의 방책 설계연구를 진행하기 위해 육군 교육사 및 관련 부서에 데이터를 요청했으나 관련 규정이 보완되지 않아 데이터를 제공하지 못했다. 이러한 현상으로 인해 국방 핵심기술 연구개발 총 73건 중 인공지능 관련 과제 수는 43건이나, 위의 사례와 같이 학습 데이터 제공이 저조하여 우리 군의 인공지능 발전이 아직도 걸음마 단계를 탈피하지 못하고 있다(김영도, 2022).

이처럼 우리 군은 보안 관련 법령 및 제도의 경직성과 보안시스템 미구축 등으로 데이터 제공이 어려워 신속한 인공지능의 적용이 어려운 구조를 가지고 있다. 따라서 데이터 전략 수립 시 데이터를 보호할 수 있는 보안시스템과 기반체계 구축, 법령 및 제도 개선 등 전방위 차원의 종합적인 대책이 절실하다.

2. 국방 데이터 전략 분석

국방 데이터 전략의 현주소를 심층적으로 분석하기 위해 ① 조직 및 인력운용, ② 품질관리, ③ 국방 데이터 신뢰성 수준, ④ 기반환경, ⑤ 법령 및 제도 등 다섯 개 분야별로 분석한 후 SWOT 기법을 적용하여 기회와 도전요인을 도출했다.

1) 국방 데이터 관련 조직 및 인력 운용

군내 데이터 관련 조직은 2022년 이후 다양하게 신설되고 있다. 2023년 1월에 한국국방연구원(KIDA)에 신설된 국방 데이터연구단 산하 국방 데이터분석센터는 국방 데이터연구단의 정책지원을 바탕으로 국방 인공지능의 데이터 분석 및 지원 업무를 수행하고 있다. 예하 조직으로는 데이터 구축 로드맵을 지원하고 구축하는 데이터구축팀, 데이터 품질관리 및 기준 및 지침을 수립하는 지원품질관리팀, 데이터 활용 및 기술을 지원하는 지원 활용지원팀으로 구성되어 있다. 동일한 시점에 국방AI추진단이 설치되어 국방 데이터에 대한 전반적인 문제점을 진단하고 대응방향을 모색하고 있다.

이러한 국방AI추진단을 모체로 설립 예정인 국방AI센터에는 국방 '데이터 관리팀' 신설을 검토하고 있으며, 주요 역할은 데이터에 관련한 중장기 국방 데이터 구축 및 관리 전략 수립, 국방 데이터 소요식별, 국방 데이터 거버넌스 및 보안 관리 등 데이터 전략 전반을 관장하는 것이다.

하지만 신설되고 있는 조직들도 전문인력을 확보하지 못해 임무수행의 어려움을 겪고 있다. 이번에 신설된 국방 데이터분석센터도 임무를 수행할 수 있는 인력이 부족하여 사실상 주어진 임무를 수행하기 어렵다. 특히, 이러한 인력부족 현상은 조직의 업무범위를 축소하게 되는데 국방 데이터분석센터가 2023년에 신설되었음에도 불구하고 무기체계 데이터를 제외한 전력운용체계 데이터만 수집 및 관리할 수 있는 역할을 수행하고 있다. 따라서 조직 신설 시에는 업무범위를 조율하고 필요한 기능 및 인력을 통합할 필요가 있다.

또한, 예하 제대에는 데이터 전담부서가 대부분 신설되지 않아 원시 데이터를 통합할 수 없는 구조다. 이러한 현상으로 인해 수많은 국방정보시스템 데이터, 무기체계 데이터, 센서 데이터 등이 일부 보관되었다가 대부분 소멸되거나 보안 업무 훈령에 의거하여 삭제되는 실정이다. 따라서 예하부대에도 데이터를 관리할 수 있는 전담조직이 편성되어야 한다.

국방 데이터 전문인력도 매우 부족한 상황이다. 전문인력 운용 기준을 마련하기 위해서는 세계적으로 공공기관 및 기업들이 얼마나 많은 전문인력을 채용하고 있는지를 분석하여 실질적으로 필요한 인력소요와 인력확보 대책을 수립해야 한다. 2019년 기준으로 세계적으로 활동하고 있는 인공지능 전문인력은 22,400 명으로 절반에 해당하는 46%가 미국에서 일하고 있으며, 우리나라에서 일하고 있는 전문인력의 비중은 1.8%에 불과하다. 특히, 인공지능 핵심인재 중에서 우리나라 출신 비율은 1.4%로 미국(14.6%)과 중국(13.0%)의 1/10 수준에 불과한데, 이

〈표 6-3〉 국방 데이터 인력현황

국내외 주요기관	국방 현황
• 미 국방부: DISA(국방정보체계국) 약 7천 명 • 행정안전부: 공공데이터정책국 51명 • 국세청: 빅데이터센터 40명 • 한국지능정보사회진흥원(NIA): 217명 • 한국과학기술정보연구원(KISTI): 565명	• 국방부: 데이터 정책담당실 14명 • KIDA: 빅데이터분석센터 4명 • 합동상호운용성 기술센터: 12명 • 각 군 본부: 정보화 부서에서 겸직임무

출처: 조재규(2020), "국방 인공지능 인프라 분석 및 발전방안", 『국방정책연구』 통권 130호, pp. 2-18. 내용을 재구성.

는 국방에 전문인력을 활용하기에는 매우 어려운 구조다(국회입법조사서, 2019).

이러한 데이터 전문인력의 희소성으로 인해 임금수준은 국방부에서 지급할 수 있는 기준을 초과하여 관련 법령 및 제도를 개선하고 전문인력을 확대할 수 있는 창의적인 대책이 필요하다. 이러한 현실을 여실히 보여주는 것이 우리 군의 데이터 전문인력 규모다. 우리 군의 국방 데이터 전문인력은 〈표 6-3〉과 같이 미 국방부, 행정안전부, 국세청 등에 비해 대규모 데이터를 관리 및 운용하는 조직으로서는 매우 미약한 수준이다.

더욱이, 데이터 관련 직위에서 임무를 수행하는 인력들은 대부분 정보화 부서에서 겸직임무를 수행하고 있으며, 데이터 관련 학위나 전문교육을 받은 인원이 부족한 실정이다. 다만, 국방부 차원에서 인공지능 및 데이터의 중요성을 강조함에 따라 2018년에는 불과 25명이었던 인공지능, 빅데이터 전문인력 양성 대상은 2020년 47명, 2021년 47명으로 2018년 대비 약 88%나 증가한 사실은 국방 데이터의 중요성에 대한 정책적인 관심의 결과로 분석할 수 있다.

2) 국방 데이터 품질관리

데이터 품질관리는 구축과정, 특성, 생애주기, 품질관리 영역 등을 포함하고, 최종적으로 구축한 데이터를 학습모델에 적용하여 인공지능 학습용 데이터로서 유효성을 확보했는지 검증하는 것으로 국방 데이터 관리에도 중요한 과정이다.

특히, 품질관리에서 가장 중요한 것은 데이터의 생애주기를 이해하고 품질관리 지표16를 활용하여 데이터를 진단하고 관리하는 것이다.

국방 데이터 품질관련 사항은 '국방 데이터 관리 및 활용 활성화 훈령'에 국방 데이터 수명주기별 관리와 품질관리 및 표준화 지침이 있다. 하지만, '공공기관의 데이터베이스 표준화 지침'을 준용하라고 되어 있고, 국방 자체 품질관리 지침이 없어 국방에는 적용하지 않고 있다. 또한, 품질관리를 할 수 있는 체계와 조직, 시스템이 부재하여 국방 내에서 생산되고 있는 대부분의 원시 데이터가 품질관리를 시행하지 못하고 있다. 이로 인해 국방에서 생산되고 있는 데이터는 체계적인 품질관리 없이 부대 및 기관별로 산발적으로 구축 및 관리되고 있다.

3) 국방 데이터 신뢰성 수준

국방 내 데이터 품질관리 규정의 부재와 진단체계 및 데이터의 부족은 국방 인공지능 신뢰성에 부정적인 영향을 미치고 있다. 왜냐하면, 인공지능 개발 간 편향이 가장 많이 발생하는 구간은 데이터 수집과 전처리 과정으로 이 과정에서 인공지능의 편향 발생률이 약 80%를 차지하고 있기 때문이다. 이러한 편향은 데이터가 부족하거나 특정 부분에 편중된 데이터의 경우, 품질관리 기준이 부재한 상황에서 인간의 개입 수준에 따라 증가할 수 있다(과기정통부·NIA·TTA, 2022).

특히, 상용 인공지능은 경제성, 편리성이 우선적으로 중요시되는 반면에, 국방 인공지능은 군사작전의 임무달성과 전투력 발휘, 살상 등의 민감한 부분에서 활용되므로 데이터의 신뢰성, 안전성, 무결성 등이 우선시된다. 이로 인해 인공지능 학습 데이터 측면에서 상용 인공지능은 네이버, 블로그, 유튜브 등의 다양하고 방대한 데이터를 기반으로 충분한 인공지능 학습이 가능하지만, 국방 인공지능은

---

16 구축된 데이터를 수요자의 요구사항을 달성하는 데 필요한 요소가 잘 갖추어졌는지 확인하기 위해 데이터 품질을 관리하는 기준을 제시하는 것으로 계획, 구축, 운영·활용의 전 단계에 걸쳐 제시되고 체크되어야 한다.

국방정보시스템, 무기체계, 센서 등에서 생산되는 검증된 데이터로만 학습하고, 데이터를 통합 및 제공하는 능력의 부족으로 충분한 인공지능 학습이 제한되는 실정이다.

따라서 국방 내 산발적으로 존재하는 데이터를 통합하여 명확한 검수기준과 품질관리 등을 통해 편향이 제거된 학습데이터를 제공할 수 있어야 한다. 또한, 편향을 완화하기 위해 사후조치를 취하는 방법보다 원시 데이터를 다루는 단계에서 조정하는 것이 편향완화 효과를 높일 수 있다.

하지만 현재의 관련 국방 법령 및 제도, 사업구조로는 데이터 신뢰성을 높일 수 있는 방법이 부재한 실정이다. 인공지능 사업 시 민간 사업자에 의해 일반적으로 수집되는 학습 데이터가 국방 내 검증된 절차를 거치지 않고 인공지능 사업에 활용될 가능성도 존재한다. 이렇게 된다면, 무기체계 및 기타 인공지능이 적용된 완성품에 대해 신뢰성은 낮아질 수밖에 없으며, 문제 발생 시 원인 해명에도 어려움이 발생될 수 있을 것이다.

또한, 개발이 완료되거나 개발 중인 인공지능 모델은 적대적 의도를 가진 사용자에 의해 학습 데이터를 도용당하거나 편향 및 오류 데이터를 공급하여 신뢰성에 고의적으로 악영향을 미치는 결과를 초래할 수 있다.

이러한 맥락에서 인공지능 모델에 대한 방어대책도 수립되어야 한다. 아울러, 인공지능 신뢰도 구간을 정의하고, 이에 따른 의미를 정의하는 것이 필요하다. 만약 국방에 적용되는 인공지능의 경우에 데이터 신뢰도 수준을 검증하지 않는다면, 수요자인 지휘관 및 참모, 전투원은 인공지능을 신뢰하지 않게 될 것이다.

4) 데이터 관리를 위한 기반환경

우리 군의 데이터 관리를 위한 기반환경은 매우 취약하다. 이러한 기반환경을 개선하기 위해서는 국방 클라우드 환경으로 변화하고, 데이터 통합 플랫폼 및 보안시스템 구축 등 세 가지가 반드시 완비되어야 한다. 첫째, 우리 군은 국방 클라우드를 적용하여 서버 기반의 한정된 저장공간에서 방대한 양의 저장공간을 확보해야 한다. 다행히 2019년부터 자체 클라우드를 구축하기 시작하여 점진적으로 확대하고 있으며, 2024년부터 국방 통합 데이터센터(DIDC)를 '지능형 데이터센터'로 발전시키고, 전장체계 클라우드를 단계적으로 전환하는 것으로 준비하고 있다. 하지만, 현재는 클라우드 기반이 마련되지 않아 서버의 저장공간의 부족과 보안체계의 미약으로 작전 및 훈련 데이터는 저장되지 않고 일정 기간이 지나면 자동적으로 소멸되고 있다.

둘째, 국방부는 국가 차원의 지능정보화 전문기관인 한국지능정보사회진흥원(NIA: National Information society Agency)과 협력하여 〈그림 6-1〉과 같이 '국방 지능형 플랫폼' 사업을 추진하고 있다. 이는 DIDC에 클라우드 기반환경을 구축하고 MLOps[17] 기반 인공지능 모델 플랫폼을 장착하면서 빅데이터 분석, 데이터 처리 및 관리 솔루션을 제공하는 것이다.

하지만, '국방 지능형 플랫폼' 사업은 국방 클라우드와 보안시스템이 구축되어야 사실상 역할을 수행할 수 있고, 무기체계 데이터를 포함하지 않기 때문에 보

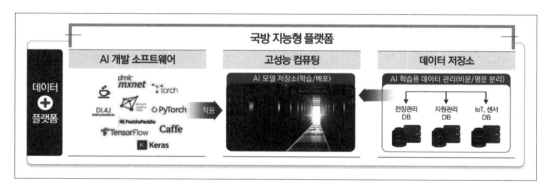

〈그림 6-1〉 국방 지능형 플랫폼 개념도

출처: 편도후 외(2022), "국방 지능형 플랫폼 기반체계 발전방향", 한국정보통신학회, 학술대회 논문집, pp. 58-61.

---

17 Machine Learning Operation의 약어로 기계학습(머신러닝) 모델로 개발·운영하는 데 필요한 일련의 관행과 프로세스를 가리키는 용어다. 즉, 머신러닝을 운영하는 데 기반이 되는 소프트웨어, 인프라, 배포, 개발방법론 등을 아우르는 플랫폼이다.

다 확장성을 가질 필요가 있다.

셋째, 국방 클라우드의 경우, 공격을 받게 되면 대량 정보의 유출이 우려되는 단점을 가지고 있다. 군사자료 유출과 개인정보 보호 문제는 클라우드 기반 시스템의 서비스를 위협하는 심각한 문제로 볼 수 있다. 따라서 외부로부터 해킹 및 사이버전에 대비할 수 있는 보안시스템을 구축할 필요성이 있다.

클라우드 기반의 지능형 플랫폼에서 요구되는 보안 프레임워크는 관리 보안, 컴플라이언스 보안, 플랫폼 보안, 접속 보안, 클라우드 서비스 보안, 인프라(컴퓨터, 네트워크 등) 보안, 물리적 보안 등 매우 다양하고 복잡한 수준으로 국정원, 관계부처, 민간 보안업체 등과 긴밀히 협력하여 추진해야 한다.

미 육군의 경우 클라우드에 존재하는 데이터를 탈취하거나 파괴하는 것에 대비하기 위해 2020년 9월 '미 육군 클라우드 기본계획(US Army Cloud Plan)'을 발표하면서 중앙집중적인 클라우드 형태에서 미 본토 이외의 지역으로 클라우드 서버를 추가 구축하는 것을 추진하고 있다(KIMA, 2022).

다만, 과도한 보안체계 유지로 인해 데이터를 제공하는 플랫폼에 안정적인 통신 서비스 품질(QOS: Quality of Service)이 유지되지 못하거나, 국방 지능화 플랫폼 구축사업이 지연되지 않도록 해야 한다.

5) 법령 및 제도

정부는 데이터의 활용도를 높이기 위해 '데이터 기반 행정 활성화에 관한 법률' 및 '공공데이터의 제공 및 이용 활성화에 관한 법률' 등을 제정하는 등 국가적 차원에서 법적 근거를 마련하고 있다.

우리 군도 2021년 '국방 데이터 관리 및 활용 활성화 훈령'을 작성했고, 이 훈령에는 데이터 총괄책임자, 데이터 전담기관, 전문인력 교육 및 양성계획, 데이터관리위원회 설치 및 운영, 품질관리 등에 대한 내용이 포함되어 있다. 하지만, 국방보안업무훈령 및 각 군 보안업무 규정과 내용이 일부 상충되고, 제시하고 있는 내용은 원론적인 내용으로 실효성을 발휘하기 위해 일부 재검토가 필요하다고 판단된다.

특히, 과학기술 발전에 비해 상대적으로 유연하지 못한 국방보안업무훈령과 보안시스템은 군 관련 데이터의 접근성이 떨어지고 활용성이 저조하여 국방 AI 적용 활성화의 최대 걸림돌이자 난관으로 여겨지고 있다. 가령, 국방보안업무훈령에는 훈련(연습)기간에 생산된 비밀사본은 별도 등재 없이 훈련 종료 직전 파기하게 되어 있다. "육군규정 200"에는 드론 영상자료 유출방지를 위해 영상자료는 작전 종료 후 즉시 소거하게 되어 있다. 전장관리체계의 ATICIS의 경우 매월 말일을 기준으로 서버의 하드디스크 용량을 점검하여 하드디스크 용량의 80%가 초과하지 않도록 자료를 백업하고 반기 1회 DB를 백업화하게 되어 있다.

또한, 엄격한 보안업무 훈령으로 인해 사업자에 데이터를 적시적으로 제공하지 못하는 실정이다. 이로 인해 산·학·연에서 국방에 적합한 인공지능 기술이 개발되어도 국방 관련 데이터가 부족하여 국방에 특화된 인공지능 기술을 고도화하기도 어려운 실정이다.

3. 소결론(SWOT 분석)

우리 군의 데이터 전략의 현주소를 기반으로 SWOT 분석을 해보면 〈표 6-4〉와 같이 강점과 약점, 기회요인 및 위험을 식별할 수 있다.

국방 데이터 전략의 강점은 『국방개혁 4.0』을 통해 국방 데이터 관리의 혁신을 추진하려는 국방부의 관심과 노력이다. 이러한 노력은 방대한 재원 투자로 이어지고 있으며, 기반체계인 국방 클라우드와 지능화 플랫폼 구축에 기여하고 있다. 또한, KIDA에 데이터 분석센터를 설치하고, 국방AI센터에 데이터관리팀 등이 검토되는 등 조직 확대 부분에서도 추동력을 발휘하고 있다.

하지만 약점도 존재한다. 앞에서 언급한 바와 같이 데이터와 관련한 전문인

〈표 6-4〉 SWOT 분석결과

강점(S)	약점(W)
• 『국방혁신 4.0』에 반영 • 정부 및 국방 데이터 전략 수립 및 재원투자 • 클라우드, 지능형 플랫폼 등 기반환경 구축 중 • 제대별 데이터 조직 신편(국방부, KIDA 등)	• 전문인력 부족, 관련 조직 미약 • 보안시스템 구축, 법령 및 제도 개선 미약 • 클라우드, 데이터 통합 플랫폼 미구축 • 무기체계, 국방정보시스템의 데이터 통합 제한
기회(O)	위험(T)
• 국방 인공지능을 무기체계, 국방정보시스템 등에 확산할 수 있는 중요한 기회 • 정부 및 국방의 모든 역량 집중 가능 • 국방의 업무 효율 증대	• 데이터의 조작, 왜곡 시 인공지능 신뢰성 저해 • 보안의식 약화로 국방 데이터 노출 가능 • 중요도, 우선순위를 고려하지 않은 무분별한 데이터 활용정책으로 재원 및 노력 낭비

력이 부족하고, 예하부대 조직은 매우 열악한 수준이다. 또한, 체계별 및 망별로 구분된 데이터를 통합하지 않고 별도로 관리하고 있어 효율적인 표준화 및 품질 관리 등이 제한된다. 더욱이 보안등급을 고려하여 데이터를 등급화하고 관리·제공해야 하는 문제는 법·제도 개선과 병행되어야 하나 지연되고 있다.

데이터 관리 및 활용의 증가는 국방 전반에 인공지능을 확산시키고, 국방 업무의 효율성을 획기적으로 증대시킬 수 있는 기회요인이지만, 데이터 오염, 왜곡 시 인공지능 신뢰성이 낮아질 수 있으며, 데이터 활용에만 초점을 두어 보안의식이 약화될 수 있는 점은 국방 데이터 전략의 위협요인이라 할 수 있다.

제4절
국방 데이터 전략 발전방향

1. 국방 데이터 전략 수립 방향

주요국의 데이터 전략을 벤치마킹하고 우리 군의 데이터 관리에 대한 다양한 문제점을 분석하여 개선방향을 도출하기 위해서는 첫째, 국방에 적용할 수 있는 표준화된 데이터의 흐름을 정립하는 것이 필요하다. 이러한 데이터 흐름을 정립하게 되면, 인공지능 적용의 속도를 증가시키거나 혹은 상대적으로 속도를 감속시키는 데 영향을 미치는 요인들을 보다 명확히 식별하고, 영향요인들에 대해 세부적으로 분석할 수 있다.

국방에 표준화시킬 수 있는 데이터 흐름을 제시해보면 〈그림 6-2〉와 같이 국방 데이터 식별 및 수집 관리, 데이터 표준화 관리, 데이터 보안 관리, 데이터 분석 및 활용 등 네 개의 체계로 구분이 가능하며, 각 체계 간에는 상호 연결되는 체계별 환류 시스템이 존재해야 한다.

이러한 데이터 흐름에 영향을 미치는 요소를 분석해보면 데이터 거버넌스, 데이터 통합 플랫폼, 조직 및 인력, 표준화, 품질관리, 보안시스템, 법령 및 제도 등을 들 수 있다. 조직 및 인력, 클라우드, 데이터 통합 플랫폼은 데이터 흐름을 증

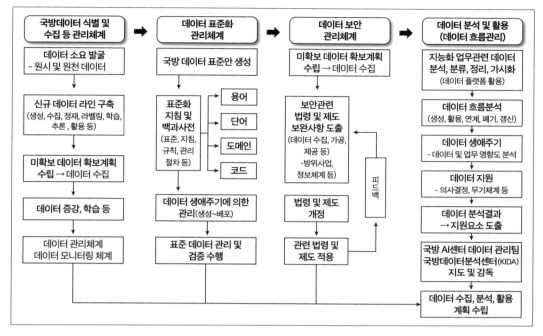

〈그림 6-2〉 인공지능 학습용 데이터 흐름

출처: 과기부 · NIA · TTA (2022), "인공지능 학습용 데이터 품질관리 가이드라인 v2.0" 내용을 국방에 적용할 수 있도록 재구성.

가시키는 대표적인 요인이며, 보안시스템과 법령 및 제도는 데이터 흐름을 감소시킬 수 있는 요인이다. 따라서 데이터 전략 추진 시에는 이러한 영향요소를 고려하여 관계기관들과 긴밀하게 협력해야 한다.

둘째, 국방의 특성을 이해한 가운데 국방 데이터 생태계를 구축하기 위해서는 전략·군사·운영적 측면에서 접근하여 데이터 흐름에 영향을 미치는 영향요인을 국방 데이터 전략에 적용해야 한다.

① 전략적 측면에서의 접근이다. 전 세계적으로 데이터 확보 및 관리에 관한 경쟁이 심화되고 있으며, 각 국가들은 데이터를 국가적 자산 혹은 주권으로 인식하고 데이터 생태계를 구축하고 있다. 우리 군도 전략적 자산인 데이터를 국가안보 차원으로 재해석하고 폭넓은 데이터 거버넌스 구축을 통해 데이터 생태계를 조성해야 한다. 이를 위해 〈그림 6-3〉과 같이 국방AI센터 데이터관리팀을 중심

으로 민·관·군·산·학·연의 교류를 확대하여 전문성이 겸비된 데이터 거버넌스를 구축할 필요가 있다. 즉, 국방의 데이터 전문성을 확대하고 급진적으로 발전하는 민간기술을 확보하기 위해 국방AI센터의 데이터관리팀을 중심으로 데이터 혁신의 리더십을 강화하는 것이다.

② 군사적 측면에서의 접근이다. 전장환경 고려 시 데이터를 신속하고 정확하게 제공함으로써 인공지능을 기반으로 한 무기체계, 국방정보시스템 등이 효과적으로 활용되도록 해야 한다. 특히, 지휘관, 참모, 전투원 등에게 정확하고 신속하게 정보를 제공해야만 전쟁에서 승리할 수 있다. 이를 위해 현재 다양한 데이터 수집체계를 한곳으로 통합하고 군사적으로 필요한 곳에 적시적으로 제공할 수 있도록 통합된 시스템 구축이 필요하다. 또한, 데이터를 장기적 관점에서 데이터의 생애주기를 고려한 품질관리를 진행해야 한다.

특히, 군의 특성을 고려하여 보안관리 대책 등이 동시적으로 진행되어야 하며, 무기체계와 전력운용체계로 이원화되어 있는 국방 데이터 관리구조를 고려하여 운용조직, 데이터 통합 플랫폼, 데이터 등급화 및 표준화 등 전방위적인 혁신이 요구된다.

③ 운용적 측면에서의 접근이다. 국방 데이터를 통해 인공지능을 학습시키고 효과적으로 활용하기 위해서는 데이터의 품질을 관리하고 등급화하는 등 데이터 활용방안을 수립해야 한다. 단순히 모든 데이터를 동급으로 취급하거나 왜곡·오류·조작된 데이터를 구분하지 않는다면 데이터의 신뢰도가 낮아질 뿐만 아니라, 궁극적으로 데이터를 통해 학습한 인공지능을 신뢰할 수 없게 될 것이다. 그뿐만 아니라 데이터를 인공지능에 활용하기 위해 민간에 제공 시에는 보안뿐만 아니라 인공지능이 목표한 성능을 발휘할 수 있도록 최적의 제공방법과 관리방안을 수립해야 한다.

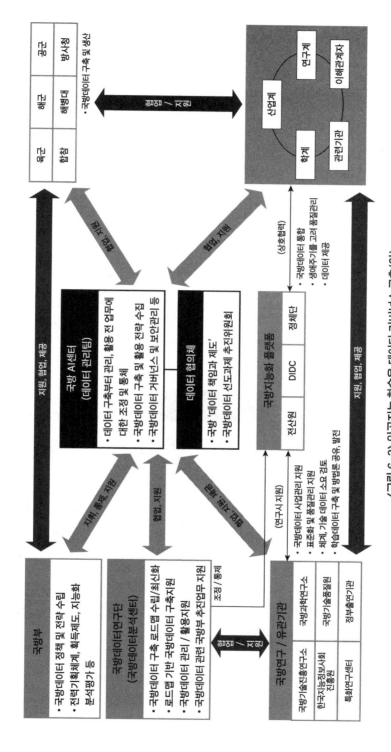

〈그림 6-3〉 인공지능 학습용 데이터 거버넌스 구축(안)

출처: 이제국·이일로(2022), 「국방 AI 플랫폼 개발을 위한 체인」, 『KRIT Issue Paper』 제3호, 국방과학기술진흥연구소, p. 12. 내용을 재구성.

2. 분야별 국방 데이터 전략 발전방향

1) 국방 데이터 조직 분야

우리 군은 단계별로 데이터 관련 조직을 신설 혹은 통합하고 있으며, 각각의 조직의 역할을 조정하고 있다. 이러한 중요한 시점에서 우리 군이 다시금 주목해야 할 사항은 단순히 데이터 통합 및 관리만을 고려하여 조직을 판단해서는 안 되며, 데이터의 흐름, 전문인력 가용성, 리더십 등을 종합적으로 고려하여 판단해야 한다는 것이다.

이를 위해 〈그림 6-4〉와 같이 창설될 국방AI센터 예하에 '데이터관리팀'을 신설하여, 국방 전반에 데이터를 통합 및 분석 · 제공해야 한다. 여기서 국방AI센

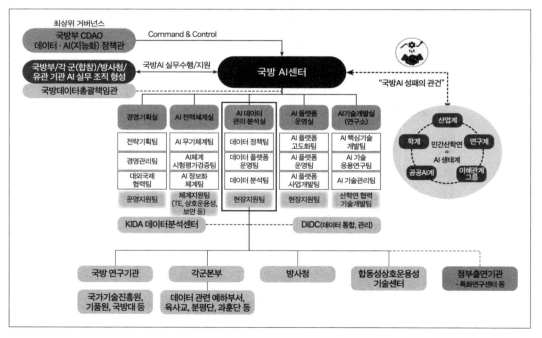

〈그림 6-4〉 국방AI센터 데이터관리팀와 연계된 데이터 관련조직

출처: 박용욱 외(2023), "국방 인공지능 센터 창설 및 운영방안 연구", 『한국국방기술학회 연구보고서』, pp. 9-125 내용을 재구성.

터 데이터관리팀의 주요 역할은 중장기적으로 국방 데이터 구축 및 관리 전략을 수립하고, 각 제대에서 생산 및 관리되고 있는 국방 데이터를 통합·관리하는 데 중추적인 역할을 수행해야 한다. 아울러 미래 국방 AI전력체계 및 기술 로드맵과 연계하여 미래에 필요한 데이터 소요를 발굴하고, 관련 데이터의 생산·수집 방안을 도출함으로써 국방 데이터 시스템을 확장하는 임무를 수행해야 한다.

또한, 예하제대에 데이터 관련 부서를 신설하고 전문인력을 채용하여 체계적인 데이터 업무체계를 구축하고, 데이터관리팀과 국방연구기관, 각 군 본부, 정부출연기관 등이 상호 업무지원 및 협조관계를 확대하게 된다면 유기적인 업무수행이 가능할 것이다. 특히, 데이터 관련 기술을 고도화하기 위해서 민간 기업, 연구소, 대학 등과의 다양한 협업 프로젝트를 추진하여 국방과 민간 간의 유기적인 연결과 지식 공유를 촉진해야 한다.

2) 국방 데이터 인력 운용분야

전 세계적으로 민간과 국방 등 모든 영역에서 인공지능 및 데이터와 관련한 전문인력 확보가 가장 시급한 문제로 대두되고 있다. 특히, 국방에 종사하는 데이

〈표 6-5〉 수명주기별 데이터 신뢰성 확보를 위한 활동

구분	직무 분석
데이터 사이언티스트	활용 목적에 따라 데이터를 수집·탐색 분석하고 AI 기술을 적용하여 유의미한 패턴을 찾아내는 직무
데어터 엔지니어 (데이터 가공·처리 담당자)	AI 학습을 위한 데이터 전처리 업무를 수행하는 직무
데이터 분석가	AI를 기반으로 다양한 데이터를 식별·관리·조작·분석하여 의사결정에 필요한 자료를 생성하는 직무
데이터베이스 관리자 (Data Base Administration)	다량의 정형 데이터를 효율적으로 관리·활용·처리하기 위해 DBMS (Data Base Management System)를 구축, 설계, 관리

출처: 백원영, 송창용 외(2022), "신산업 분야 인력수급 전망체제 구축을 위한 기초연구", 『한국직업능력연구원 기본연구』 2022-08.

터 전문인력은 민간에 비해 매우 부족한 상황이다. 이러한 상황에서 국방분야에 인공지능의 적용과 데이터 관리라는 목표를 달성하기 위해서는 창의적이고 도전적인 전문인력을 적극적으로 발굴해야 한다.

국방 데이터와 관련한 직무를 분석해보면 〈표 6-5〉와 같이 데이터 사이언티스트, 엔지니어, 분석가, 관리자 등 분야별 전문인력이 필요하다.

이러한 문제를 해결하고 국방 전문인력을 확보하기 위해 〈그림 6-5〉와 같은 방법을 제시해볼 수 있다.

먼저, 군 내부 전문가를 확대하기 위해서는 군 데이터 관련 직위에 보직될 전문인력이 어느 정도 규모로 필요한지를 분석하고 위탁 양성과정을 통해 전문학위를 취득한 인원을 신분별로 확대해야 한다. 또한, 전문인력을 지속적으로 관리 및 활용하기 위해서는 전문자격 부여기준을 마련하여 전문자격 및 부특기를 부여하고, 직무의 전문성 등을 고려하여 초급, 중급, 고급으로 구분하여 적재적소에 보직해야 한다.

외부 전문가를 확대하기 위해서는 현재 운용 중인 전문사관 제도를 확대하는 방안을 고려해볼 수 있다. 전문사관 제도는 과학기술을 보유한 대학과 협약 후

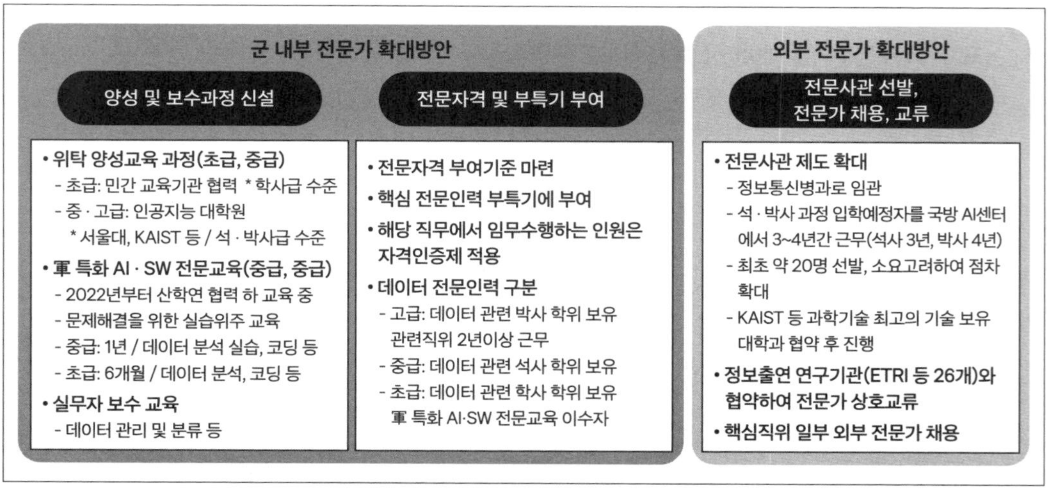

군 내부 전문가 확대방안		외부 전문가 확대방안
양성 및 보수과정 신설	**전문자격 및 부특기 부여**	**전문사관 선발, 전문가 채용, 교류**

• 위탁 양성교육 과정(초급, 중급)
  - 초급: 민간 교육기관 협력 *학사급 수준
  - 중·고급: 인공지능 대학원
    * 서울대, KAIST 등 / 석·박사급 수준
• 軍 특화 AI·SW 전문교육(중급, 중급)
  - 2022년부터 산학연 협력 하 교육 중
  - 문제해결을 위한 실습위주 교육
  - 중급: 1년 / 데이터 분석 실습, 코딩 등
  - 초급: 6개월 / 데이터 분석, 코딩 등
• 실무자 보수 교육
  - 데이터 관리 및 분류 등
	• 전문자격 부여기준 마련
	• 핵심 전문인력 부특기에 부여
	• 해당 직무에서 임무수행하는 인원은 자격인증제 적용
	• 데이터 전문인력 구분
	  - 고급: 데이터 관련 박사 학위 보유 관련직위 2년이상 근무
	  - 중급: 데이터 관련 석사 학위 보유
	  - 초급: 데이터 관련 학사 학위 보유 軍 특화 AI·SW 전문교육 이수자
		• 전문사관 제도 확대
		  - 정보통신병과로 임관
		  - 석·박사 과정 입학예정자를 국방 AI센터에서 3~4년간 근무(석사 3년, 박사 4년)
		  - 최초 약 20명 선발, 소요고려하여 점차 확대
		  - KAIST 등 과학기술 최고의 기술 보유 대학과 협약 후 진행
		• 정보출연 연구기관(ETRI 등 26개)와 협약하여 전문가 상호교류
		• 핵심직위 일부 외부 전문가 채용

〈그림 6-5〉 국방 AI 전문인력 확대 및 제도 발전

석·박사 과정 입학예정자를 중위로 임관시켜 국방AI센터에서 3~4년간 근무하고 학위를 취득할 수 있도록 하는 것이다. 이 외에도 정부출연 연구기관인 한국전자통신연구원(ETRI) 등 26개 기관과 협약하여 전문가를 상호 교류하는 방법도 고려할 필요가 있다.

현실적으로 전문인력은 데이터 관련 사업과 업무에 맞추어 신속하게 획득하기 어렵기 때문에 전문기술 수요에 따른 필요인력을 수시 채용하면서 동시에 국방부 내 내부 공모, 외부기관을 활용한 헤드헌팅[18] 등 다양한 방법을 통해 지속적으로 확보하는 것이 필요하다.

3) 국방 데이터 품질관리 분야

2022년 데이터 품질관리를 위해 과기정통부·한국지능정보사회진흥원(NIA)·한국정보통신기술학회(TTA)가 공동으로 작성한 "인공지능 학습용 데이터 품질관리 가이드라인 v2.0"을 살펴보면, 우리 군에서도 〈그림 6-6〉과 같이 데이터 생애주기와 연계하여 품질관리를 추진하는 것이 불가피하다.

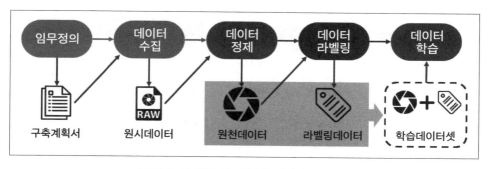

〈그림 6-6〉 인공지능 학습용 데이터 생애주기

출처: 과기부·NIA·TTA (2022), "인공지능 학습용 데이터 품질관리 가이드라인 v2.0".

---

18 기업의 최고 경영자, 임원, 기술자 등의 고급 전문인력을 필요로 하는 업체 및 기관에 소개시켜주는 것

데이터 생애주기를 국방에 적용하면 '임무정의' 단계에서는 국방 데이터 구축계획서를 통해 인공지능이 학습으로 해결하고자 하는 문제를 명확하게 정의하고, 문제해결에 필요한 데이터를 구체적으로 설계하는 활동을 추진해야 한다.

'데이터 수집' 단계에서는 필요한 데이터를 국방정보시스템, 무기체계, 센서 등에서 수집하거나, 이미 보유하고 있는 조직이나 시스템 등으로부터 필요한 '원시 데이터'를 확보해야 한다. '데이터 정제' 단계에서는 수집한 원시 데이터를 필요한 형식, 규격에 맞추는 등 처리 과정을 통해 '원천 데이터'를 확보하고, '데이터 라벨링' 단계에서는 원천 데이터에 기능이나 목적에 부합한 라벨링을 수행하며, 생성된 '라벨링 데이터'는 원천 데이터에 부여한 참값, 파일형식, 해상도 등의 데이터 속성과 설명, 주석 등이 포함되어야 한다.

이러한 데이터 생애주기를 고려한 데이터 품질관리는 〈그림 6-7〉과 같이 구축 데이터 품질관리, 구축 프로세스 품질관리, 활용 데이터 품질관리로 구분되어 추진된다. '구축 데이터 품질관리'는 구축사업을 통해 생성되는 원시 데이터, 원천

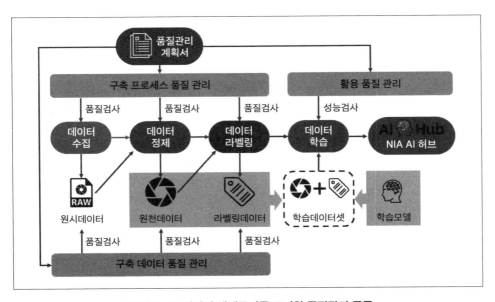

〈그림 6-7〉 데이터 생애주기를 고려한 품질관리 종류

출처: 조재규(2020), "국방 인공지능 인프라 분석 및 발전방안" 내용을 재구성.

데이터, 라벨링 데이터 등의 품질을 검사하고, 발견된 오류를 개선하는 활동이고, '구축 프로세스 품질관리'는 데이터 수집, 데이터 정제, 데이터 라벨링 등 구축과정에서 원하는 수준에 적합하도록 품질관리를 하는 것이다. '활용 데이터 품질관리'는 구축사업을 통해 인공지능에 활용된 데이터를 대상으로 품질 향상을 위해 지속적으로 수행하는 활동이다.

이러한 데이터의 품질관리를 위해서는 〈표 6-6〉과 같이 '국방 데이터 품질관리 지표'가 필요하다. 국방 품질관리 지표는 구축공정, 데이터 적합성, 데이터 정확성, 학습모델 등의 준비성, 완전성, 유용성, 기준 적합성, 기술 적합성 등 10가지 지표로 구성했다. 특히, 군의 특성 고려 시 데이터의 기준 적합성, 의미 정확성 등은 반드시 기준에 적합하도록 품질관리 지표가 작성되어야 한다.

더욱이, 지속적으로 품질관리를 추진하기 위해서는 '품질관리실무협의회'를

〈표 6-6〉 국방 데이터 품질관리 지표

구분	지표	품질관리 지표 설명
구축 공정	준비성	학습용 데이터 품질관리를 위해 국방전략, 규정, 조직, 절차 등이 마련되었는지를 검사하는 지표
	완전성	물리적인 구조를 갖추고, 정의한 데이터 형식 및 입력값 범위에 맞게 데이터가 저장되도록 설계·구축 되었는지를 검사하는 지표
	유용성	수요자의 요구사항이 충분히 반영되었는지, 임무 정의에 적합한 데이터 범위와 상세화 정도를 충족시키는지를 검사하는 지표
데이터 적합성	기준 적합성	학습 용도로서 적합한지 다양성, 신뢰성, 충분성, 사실성을 측정하는 지표
	기술 적합성	구축 데이터가 학습 용도로서 적합한지 기술적으로 판단하기 위해 파일포맷, 해상도, 선명도, 컬러 등을 측정하는 지표
	통제적 다양성	데이터의 편향성을 방지하기 위해 분포도, 어휘 개수 등을 측정하는 지표
데이터 정확성	의미 적확성	데이터의 참값을 확인하기 위해 정확도, 정밀도, 재현율을 측정
	구문 적합성	원래 정의한 데이터 형식 및 입력값 범위와의 일치성을 측정
학습 모델	알고리즘 적절성	수행기관이 제시하는 학습모델의 태스크(task)가 적정한지 판단하는 지표
	유효성	학습용 데이터로 적합한지 인공지능 알고리즘의 유효성을 측정하는 지표

출처: 조재규(2020), "국방 인공지능 인프라 분석 및 발전방안" 내용을 재구성.

편성하여 품질관리 계획의 적정성 등을 평가하여 보완하고, 구축과정에서 발견된 데이터 품질 이슈를 논의하여 해결방안을 제시하는 등 의사소통 및 품질관리 실무를 협의하는 역할을 부여해야 한다.

4) 국방 데이터 신뢰성 확보 분야

'인공지능 신뢰성'이란 의도하지 않거나, 원하지 않은, 유해한 편향을 최소화하고 적법하고 윤리적이며 책임감 있는 방식으로 인공지능 기술을 활용하는 것이다. 이처럼 신뢰성 있는 데이터를 확보하기 위해서는 소요단계에서부터 인공지능에 필요한 데이터를 식별하고, 데이터 식별 및 확보 계획을 수립해야 한다. 개발 단계에서는 책임자를 지정해야 하며, 운영 및 유지 단계에서는 데이터를 지속적으로 검증해야 한다. 이러한 개념을 국방 데이터 전략에 적용하면 〈표 6-7〉과 같이 데이터 수명주기별 데이터 신뢰성 확보를 위한 활동들을 식별하고 정립할 수 있다.

〈표 6-7〉 수명주기별 데이터 신뢰성 확보를 위한 활동

구분	품질관리 지표 설명
소요단계 (AI 요구사항 식별)	• 인공지능 학습 필요 데이터 식별: 구축, 목적, 용도, 활용 분야 등 • 데이터 요구사항: 실제 작전환경 반영, 범위, 제한사항 등 • 군내 활용 시 적법성 및 윤리적 문제 여부 검토
계획단계 (데이터 식별 및 확보)	• 데이터 관리 및 확보 관련 조직, 소유권, 출처 등 확인 • 데이터 현황정보: 데이터 종류, 보유 여부, 자료형태, 규모, 관리방법 등 • 데이터 확보계획서 수립 및 품질 확인 • 데이터 정제, 데이터 라벨링 등 학습 데이터 변환 계획 수립
개발단계	• 데이터 또는 모델의 의도·우발적 조작 방지 - 계획 수립 및 이를 실행할 책임자 지정(권한과 책임 할당) • 데이터 제공 후 모니터링 계획 수립 / 3자 검증, 법적 검토

운영 및
유지 단계
	• 지속적인 성능 및 데이터 검증
	  - 개발 중의 데이터 품질과 배치환경의 데이터 품질 비교
	  - 데이터 검증 정기적 수행

출처: 김영도(2022), "무기체계 AI 적용을 위한 데이터 확보 방안 연구", 『KIDA 연구보고서』 군사 2021-4689. 내용을 국방에 적용이 가능하도록 재구성.

한편, 최근에는 인공지능 기계학습을 위한 데이터가 증가함에 따라 데이터 사보타주(data sabotage)[19]와 같은 새로운 범죄 현상이 나타날 수도 있다. 이에 대한 현실적인 대안은 인공지능 시스템 분류 메커니즘에 이르기 전 단계에서 위험 데이터를 검토 및 거부하는 프로세스를 개발하는 것이다. 여기서 국방 데이터 검토 프로세스는 데이터의 수집, 내부품질보증 및 품질관리 제3자 검증, 법적 검토라는 4단계 검토 과정을 거치는 것이고, 데이터 거부 프로세스는 식별된 오류 데이터 등을 활용하지 못하도록 차단하는 것이다.

5) 국방 데이터 기반환경(플랫폼, 보안시스템) 구축 분야

국방 데이터 기반환경 구축은 국방 지능화 플랫폼 구축과 국방 보안 시스템 구축의 두 가지 분야가 선행되어야 한다. 우선, 국방 데이터를 통합 및 관리할 수 있는 '국방 지능형 플랫폼'은 향후 국방 데이터 발전에 큰 전환점이 될 중요한 플랫폼으로 2025년경 플랫폼 구축이 완료되면 국방 내 자원관리체계 데이터와 각 군의 DB가 하나의 플랫폼에 통합되어 대량의 데이터를 인공지능 학습에 효과적으로 활용할 수 있을 것이다.

하지만 앞서 제시되었던 확장성 및 보안과 관련한 문제요인을 해소하기 위해서는 다음 세 가지 사항이 추진되어야 한다. 첫째, 국방 지능화 플랫폼의 구축이 완료되는 2025년까지 약 3년 기간을 대신할 수 있는 데이터 통합 및 관리 방안을 수립해야 한다. 현재 체계별로 관리되는 데이터가 삭제되거나 왜곡되지 않도록 국방보안업무 훈령을 개정하여 데이터를 보존하는 방법이 있다.

둘째, 국방 지능화 플랫폼을 고도화하기 위해서 자원관리 데이터들을 한곳에 모아두는 물리적 통합을 넘어 다른 종류의 데이터들을 융합해서 활용하기 위한 데이터 표준화 방안에 대한 추가적인 대책이 필요하다.

---

19 대량의 오류 데이터 투입과 같은 침해행위

셋째, 현재 국방 데이터 전략에는 ADD의 무기체계 데이터는 별도로 관리하는 것으로 되어 있다. 이처럼 국방 데이터를 분리하여 관리하는 것은 별도의 시스템을 구축해야 하므로 관리 및 전문인력 소요가 증가하며, 보안시스템 구축에도 어려움이 발생하므로 신속한 통합 방안이 필요할 것으로 판단된다.

현재 국방 보안업무 법령 및 제도는 군의 보안시스템의 구축이 미약하고 해킹의 노출 위험도가 높기 때문에 새로운 플랫폼을 구축하거나 클라우드 환경으로 변화를 추진하기 위해서는 제도의 개선과 보안시스템 보강, 데이터 등급화 등이 병행되어야 한다.

먼저, 전통적인 정보 통신보안에서 벗어나 지능정보체계의 전(全) 수명주기에 걸친 위험관리 개념을 적용하고, 인공지능 및 데이터의 개발, 공유, 도입, 활용 등을 보장하기 위해 '국방 사이버보안 위험관리 제도(K-RMF: Korea-Risk Management Framework)'[20]의 체계를 정립하고 산재된 국방 사이버보안 규정을 통합하는 과정이 필요하다. 특히, 국방정보체계 보안수준 모니터링, 프레임 워크 자동화 관리, 수명주기를 연계한 보안활동 통합관리 등을 수행할 수 있는 서비스 지향 컴퓨터 응용 프로그램인 '국방사이버보안관리시스템(K-eMASS: Korean-enterprise Mission Assurance Support Service)'을 구축함으로써 클라우드 기반에서 데이터를 공유하고 관리하는 데 제한이 없어야 한다(박종철·최영훈, 2022).

보안시스템 보강 측면에서는 양자암호 기술[21]의 적용도 검토가 필요할 것으로 판단된다. 양자암호는 2022년 국방부-과학기술정보통신부는 R&D 공동과제로 선정하여 연구 중에 있으며, 드론 UTM 인프라 기반의 보안체계도 양자암호 기술로 검토 중이다. 아울러 방사청도 2022년도 '신속 시범획득사업'에 반영하여

---

20 2013년부터 미국이 무기체계 개발의 전(全) 단계에 보안 개념인 RMF(Risk Management Framework)를 도입해 데이터 관리를 수행하고 있으며, 우리 군도 국방부 방첩사령부 주도하에 K-RMF 적용을 2026년부터 전면적으로 시행할 계획이다.

21 양자의 중첩, 얽힘, 복사 불가능성과 같은 양자 역학의 특성을 이용해 암호를 생성하고 해독하는 작업을 수행하는 방법이다.

양자암호 기술 적용을 추진하고 있다.

하지만, 양자암호를 적용하기에는 몇 가지 개선소요가 있다. 첫째, 현 국방정보보안시스템 업무 훈령에 양자암호와 관련하여 명시된 바가 없어 정책적으로 신규 제도를 구축해야 하는 소요가 있다. 둘째, 군사작전 시 암호의 안정성 유지 및 네크워크에 방해를 주는 트래픽 발생 최소화, 암호장비 적용 시 경량성, 제3자의 위·변조 방지 등의 기능이 구현되어야 한다. 셋째, 현재의 암호개발 인력, 무결성 또는 예산 절감을 위한 프로세스, 암호화와 복호화 시에 문제점이 발생하지 않는 인공지능 기술을 융합하는 분석 기법이 요구된다. 넷째, 보안 취약성 평가로 각종 암호규격에 부합된 검증 체크리스트 및 우선순위를 분석하여 취약성을 해소하고 기밀성, 무결성, 가용성 등이 가능해야 한다.

국방 데이터를 등급화하여 관리하는 방안도 필요하다. 이는 데이터의 활용 목적 및 범위 등을 고려하여 사업자 등에 데이터를 제공함으로써 무분별한 접근을 통제할 수 있다. 예를 들면 등급은 비공개, 제한적 접근, 내부용, 공개용으로 선정할 수 있다.

6) 데이터 법령 및 제도 보완 분야

국방 데이터를 공유 및 통합하고 분석·관리·제공하는 시스템을 구축하고 신뢰성을 확보하기 위해서는 국방보안업무 훈령, 전력발전업무 훈령, 데이터 관리 훈령 등에서 데이터와 관련한 법령을 검토하고 개선해야 한다.

'국방보안업무 훈령'은 5G, 클라우드 등을 통해 데이터 축적이 필요한 경우 별도 보안대책을 수립한 가운데 영구저장이 가능하도록 개선되어야 하며, 국방 지능화 플랫폼을 통해 유통하고자 할 때에는 검증된 암호체계를 통해 가능하도록 해야 한다. 특히, 사업체가 인공지능 사업 진행 시에는 인공지능이 고도화될 수 있도록 국방 데이터 허용범위를 확대해야 한다.

'전력발전업무 훈령'에서는 무기체계의 데이터 축적에 대한 내용이 누락되어

사업 종료 후 데이터는 축적이 가능하도록 보안대책을 수립하고 통합시스템에 저장하는 내용이 포함되어야 한다. 또한, 무기체계에 적용하는 학습 데이터는 국방 관계자에 의해 검증이 가능하도록 하는 절차가 포함되어야 하며, 신뢰성 확보를 위한 별도의 검증체계도 반영되어야 한다.

'데이터 관리 훈령'에서는 데이터책임관을 국방부 기획조정실장, 합참은 사이버지휘통신부장, 각 군은 정보화기획참모부장으로 되어 있다. 무기체계 데이터를 통합하고 정책을 추진하기 위한 추동력을 확보하기 위해서 데이터책임관의 권한을 확대하고 대상의 적절성 등을 검토해야 한다.

또한, 데이터의 수집, 정제, 가공 등의 구축공정 절차를 구체화하고 민간 사업체 등에서 구축한 학습 데이터의 품질을 검사하는 프로세스를 필수적으로 반영해야 신뢰성을 확보할 수 있다. 이러한 학습 데이터에 대한 모든 과정을 통제하고 주도성을 확보하기 위해 국방AI센터 및 국방 통합 데이터 센터 등에 대한 임무 및 역할을 명확히 반영하고 권한을 확대해야 한다.

제5절 결론

본 연구의 목적은 디지털 시대로 전환되는 시점에 국방 인공지능의 신속한 도입을 위해 데이터 활용에 대한 세계적 추세와 우리 군의 현주소를 기반으로 우리 군의 국방 데이터 전략 발전 방향을 제시하는 것이다.

미국, 중국, EU 등 주요국은 데이터를 인공지능의 발전의 핵심동력으로 간주하고 데이터 통합 플랫폼 구축과 클라우드 환경을 조성하고 있다. 또한, 보안시스템을 강화하고 법령 및 제도를 제정하는 등 국가 차원에서의 역량을 집중하고 있으며, 민간과 국방의 협력을 확대하여 전문인력을 확충 및 데이터의 품질관리를 통해 고도의 인공지능 기술을 발전시키고 있다.

우리 군도 국방 클라우드와 지능화 플랫폼 구축을 추진하고 있지만, 무기체계의 수많은 데이터는 통합에 반영되어 있지 않으며 데이터와 관련한 전문인력 및 조직의 부족으로 국방 데이터 전략 추진 속도가 주요국에 비해 늦어지고 있다. 더욱이 클라우드 및 통합 플랫폼 운용 시 필요한 보안시스템 구축과 법·제도가 마련되지 못해 수많은 데이터가 소멸되고 있는 실정이다.

따라서 우리 군은 데이터를 인공지능 학습에 적시적으로 제공할 수 있도록 무기체계 데이터까지 통합한 '국방 지능화 플랫폼'을 구축해야 한다. 또한, 민간과의 협력을 통해 전문인력을 확대하고, 데이터를 체계적으로 축적 및 관리해야 한다. 특히, 클라우드 환경에서 데이터를 통합하고 제공하기 위해서는 플랫폼 보안, 접속 보안, 인프라 보안 등 전반적 보안시스템 보강이 병행되어야 한다.

최근 데이터를 확보하고 관리하는 능력이 인공지능의 기술 격차로 이어지고 있다. 따라서 우리 군의 데이터에 대한 전략·군사·운용적 접근과 실천이 매우 절실하며, 향후 3~5년은 절대로 놓칠 수 없는 골든타임이라고 할 수 있다. 따라서 국방 데이터가 곧 국방 경쟁력이라는 사실을 인식하고 국방부, 방사청, KIDA, 각 군 본부 등 다양한 기관 및 부대들과의 통합적 노력이 요구된다.

이 글은 인공지능을 국방 분야에 적용하는 데 있어서 가장 적합한 국방 데이터 전략의 발전 방향으로 평가하기에는 무리가 있다. 하지만, 이는 미래전에 대비하여 국방 인공지능을 적용하기 위한 데이터 분야의 발전방향을 포괄적으로 제시한 성과물이며, 우리 군의 인식 전환과 당면한 문제에 대한 지혜로운 해결책을 요구하는 목소리다. 국방 데이터 전략의 실현을 통해서 국방 분야에 인공지능의 신속한 적용이 이루어지길 기대한다.

참고문헌

국문 단행본

국방 기술품질원(DTaQ)(2020). 『2020 국방 ICT 조사서』.

과학기술정보통신부 · 한국지능정보사회진흥원(2022). 『인공지능 학습용 데이터 품질관리 가이드 라인 v2.0』. 한국지능정보사회진흥원(NIA).

과학기술정보통신부 · NIA · TTA (2022). 『인공지능 학습용 데이터 품질관리 가이드라인 v2.0』.

관계부처 합동(2019). 『데이터 · AI경제 활성화 계획(2019~2023년)』.

국방기술품질원(2021). 『2020 국방 ICT 조사 보고서』.

국회입법조사서(2019). 『인공지능 기술활용 · 인재활용과 시사점』.

정보통신기획평가원(IITP)(2021). 『2020 ICT 기술수준조사 및 기술경쟁력분석 보고서』.

학술논문

가오푸핑(2021). "중국의 데이터 거버넌스". 『한중일 데이터 거버넌스 국제 컨퍼런스』. 인하대 법학연구소.

김성태(2021). "국방 지능정보화를 위한 국방데이터 발전전략 수립 연구". 『KIDA 연구보고서』 군사 2021-4673.

김영도(2022). "무기체계 AI 적용을 위한 데이터 확보 방안 연구". 『KIDA 연구보고서』 군사 2021-4689.

김영준(2022). "디지털 혁명과 경제적 불평등". 『2035 대한민국 디지털 혁신전략 보고서』, 한국지능정보산업진흥원, pp. 16-68.

김종기 외(2022). "디지털 전환 가속화에 따른 ICT산업의 신성장 전략". 『산업연구원 연구보고서』 2011-11, pp. 66-261.

박용욱 외(2023). "국방 인공지능 센터 창설 및 운영방안 연구". 『한국국방기술학회 연구보고서』, pp. 9-125.

박원재 외(2020). "데이터 경제 시대 EU의 대응". 『한국정보화지능원 연구보고서』, pp. 15-28.

박주석(2010). "데이터품질 관리의 경제적 효과 분석". 『2010 데이터베이스 그랜드컨퍼런스』, 한국데이터베이스진흥원.

백원영 · 송창용 외(2022). "신산업 분야 인력수급 전망체제 구축을 위한 기초연구". 『한국직업능력연구원 기본연구』 2022-08.

유성준 · 구영현 외(2022). "데이터 생산 구축 현황 분석 및 정책 개선방안 연구". 『대통령직속 4차 산업혁명위원회 연구보고서』.

윤정현(2021). "국방분야 AI 기술도입의 주요 쟁점과 활용 제고 방안". 『STPEI Insight』 Vol. 279.

윤지영 외(2021). "산업별 인공지능 융합 촉진을 위한 법제 대응 방안". 『협동연구총서』 21-35-12, 경제·인문사회연구회.

이규엽·조문희 외(2018). "국경간 데이터 이동에 관한 국제적 논의 동향과 대응 방안". 『대외경제정책연구원 연구보고서』 18-18.

이세영(2023). "ChatGPT가 연 생성 AI의 기회". 『S&T DATA』 Vol. 2(Spring), 한국과학기술정보연구원.

이재국·이일로(2022). "국방 AI 플랫폼 개발을 위한 제언". 『KRIT Issue Paper』 제3호, 국방과학기술진흥연구소.

이행곤(2021). "국방 데이터 활용·활성화 전략 연구: III. 국방데이터 활용·활성화 연구". 『한국과학기술정보연구원 국방부 정책 연구보고서』, pp. 10-82.

정두산(2021). "국방 AI(AI) 생태계 구축 방향 연구". 『국방연구』 제64권 제3호.

정용찬·김성옥·고동환(2020). "미·중 데이터 패권 경쟁과 대응전략". 『KISDI Premium Report』 21-9호.

정준화(2023). "ChatGPT의 등장과 인공지능 분야의 과제". 『이슈와 논점』 제2067호.

조영전(2022). "육군 빅데이터 시스템 구축 방향 연구". 『군사혁신저널』 제3호, p. 83.

조재규(2020). "국방 인공지능 인프라 분석 및 발전방안". 『국방정책연구』 통권 130호, pp. 2-18.

차정미(2020). "4차 산업혁명시대 중국의 군사혁신: 군사 지능화와 군인융합(CMI) 강화를 중심으로". 『국가안보와 전략』 20(1).

편도후 외(2022). "국방 지능형 플랫폼 기반체계 발전방향". 『한국정보통신학회: 학술대회 논문집』, pp. 58-61

한국군사문제연구원(KIMA)(2022). "미 육군 분산 클라우드 컴퓨팅 체계 구축현황". 『뉴스레터』 제1303호.

한국군사문제연구원(KIMA)(2022). "미 육군의 데이터 중심적 전술 개발 현황". 『Korea Institute for Military Affairs New Letter』, 제1379호.

황선웅(2019). "4차 산업혁명 시대의 국방 데이터 전략과 구현방안". 『국방정책연구』 제35권 제2호.

中国信息通信研究院(2021). "中国数字经济发展白皮书".

인터넷 자료

Google Cloud (2023). "Google Cloud의 생성형 AI". Google Cloud 홈페이지, https://cloud.google.com/ai/generative-ai.

Advana 101 Briefing (2021). "What is Advana?", https://buildersummit.com/wp-counter/uploads. (검색일: 2023. 7. 23.)

제7장
합동우주부대

전승의 관건은 우주공간의 지배,
이를 위한 합동군의 조직을 운용하라

*   이 글은 『국방정책연구』 135권, 2022년에 발표한 논문을 수정 및 보완한 것이다.

제1절 서론

인류 역사의 오랫동안 우주는 미지의 공간이었다. 그러나 1957년 인류 첫 인공위성인 소련의 스푸트니크 1호가 대기권을 벗어나 200km 이상 고도에서 3개월 동안의 비행에 성공한 뒤 강대국을 중심으로 본격적인 우주 경쟁이 벌어졌고, 미국은 1969년 인류 최초로 달에 사람을 착륙시켰다(송준영, 2017). 하지만 여전히 우주는 우리의 일상과는 큰 관계가 없는 멀기만 한 곳이었고, 한 국가의 최고 수준의 기술과 노력, 자원이 집중되어야 간신히 닿을 수 있는 공간이었다.

하지만 시간이 흐를수록 멀기만 하던 우주공간이 조금씩 가까워졌다. 사람들이 우주에 떠 있는 인공위성을 의식하고 있지는 않지만, GPS 위성이 송신하고 있는 신호를 받아서 처음 찾아가는 여행지까지 길을 손쉽게 찾아갈 수 있고, 하늘에 떠 있는 비행기와 망망대해의 배 위에서도 통신위성을 통해서 인터넷에 접속할 수 있게 되었다(이상우, 2018). 마치 우리가 공기의 존재를 의식하지 않은 채 숨을 쉬면서 살아가는 것처럼 그저 멀기만 했던 우주가 인류의 생활 속 깊숙이 자리 잡은 것이다.

사람들이 새로운 영역을 활용하기 시작하면, 그 영역에 의존하게 되고, 이에 따라 그 영역의 가치가 높아지게 된다. 그러다 보면 자연스럽게 그 안에서의 자유로운 활동을 보장하는 것이 중요한 문제가 된다. 그저 바라만 보던 바다가 국가 경제의 기반이 되는 해상교통로가 되면서 안전한 항행을 보장하기 위해 해군이 중요해졌다. 그저 올려다만 보던 하늘도 두 차례의 세계대전을 거치면서 공중에서 폭탄이 떨어지고, 항공기들이 격추되기 시작하면서 공군이 필요해졌다. 우주공간도 지금 이런 과정을 거치고 있다. 전 세계 사람들이 스마트폰을 비롯한 다양한 전자기기에 의존하고, 이 기기들은 우주에서 보내주는 신호를 활용하고 있다. 개인뿐만 아니라 국가안보의 영역에서도 마찬가지다. 최신 무기체계일수록 우주를 통해 송수신되는 통신, 항법 신호에 대한 의존이 더 크기 때문이다. 세계 각국은 이러한 이유로 우주공간을 통제하기 위한 군사력 건설을 추진하고 있다. 미국은 2019년 별도의 군종으로 우주군을 창설했으며, 중국은 사이버 공간과 우주를 담당하는 인민해방 군 전략지원부대를 2015년부터 운영하고 있다(임종빈, 2021, pp. 10-15).

우리나라도 2022년부터 합동참모본부에 군사우주과를 신설하여 합동우주작전 수행 개념을 정립하고, 2030년 우주작전사령부 창설을 목표로 하고 있다(김용래, 2022). 하지만 지금까지의 국방 우주력 건설은 공군을 비롯한 각 군 차원에서 자군의 작전을 보장하고, 역할을 확대하기 위한 방향으로 우선 진행되었다. 중장기 우주력 발전 방향에 관한 연구도 가장 먼저 우주전력을 확보한 공군을 중심으로 추진한 후 점차 확대해나가거나(김희성, 2020), 미 육군의 교리를 바탕으로 한국 육군의 우주작전 개념을 발전시켜야 한다는 등 특정 군의 군사력 건설 위주로 진행되었다(송재익, 2021). 또한, 우주력 발전은 막대한 예산과 자원이 투입되어야 하므로 국가 차원의 우주력 건설과 함께 국제적 규범에 대한 논의가 같이 이루어져야 한다는 연구(윤준상, 2020)와 항공우주력이라는 틀 안에서 군사위성과 같은 무기체계 확보를 다룬 연구가 주로 이루어져 왔다(류형춘, 2019).

우주공간은 기존의 재래식 전장인 지상, 해상, 공중과 물리적으로는 분리되어 있으나, 다른 모든 전장영역에 논리적으로 상호 연결되어 있으므로 합동성이 고려되어야 한다. 미군이 발전시키고 있는 다영역작전 및 합동전영역작전 개념에서도 지상, 해상, 공중뿐만 아니라 사이버 공간, 전자기 스펙트럼과 함께 우주공간을 전장영역으로 분류하고 있으며, 임무를 달성하기 위해 모든 전장영역에서 합동전력을 통합적으로 운영해야 한다고 강조하고 있다(U.S. Air Force & Space Force, 2021, p. 4).

이 글은 기존 연구에서 주로 다루었던 자산 도입, 전력 증강 등 군사력 건설보다는 합동성 차원에서 효과적이고 효율적인 우주작전 수행을 위한 합동우주부대의 편성에 대한 논의를 촉발한다는 점에서 의의가 있다.

이 장은 다음과 같이 구성되어 있다. 먼저 2절에서는 현대전에서 우주영역의 역할과 당면한 위협에 대해 살펴보고, 3절에서는 이러한 상황에 대응하기 위해 우리보다 앞서 우주전력을 구축하고 있는 국가들의 사례를 분석한다. 이를 바탕으로 4절에서는 우리 군이 한반도 전구에서 수행해야 할 우주작전의 형태와 이를 위한 합동우주부대 편성방안을 도출하고, 마지막 5절에서는 결론과 함께 정책적 함의를 제시한다.

제2절
우주공간의 중요성과 위협

1. 우주공간의 중요성

우주는 지상, 해상, 공중, 사이버, 전자기 스펙트럼 등 다영역전장 중에서 물리적으로 가장 높은 영역이다. 미 합동교범에 따르면 우주공간을 활용할 경우, 지상이나 공중의 위협에서 자유롭게 활동할 수 있고, 법적인 문제 없이 특정 지역의 상공을 통과할 수도 있는 등의 이점을 누릴 수 있다(U.S. Joint Chiefs of Staff, 2020).

하지만 우주공간의 이점을 활용하는 것을 더 이상 강대국의 전유물로만 보아서는 안 된다. 장거리 미사일과 같은 첨단 무기체계의 발달로 인한 전장의 확대와 계속되는 세계화로 인해서 눈앞에서 보이지 않는 곳에서 벌어지고 있는 사건들이 이제는 우리와는 무관한 일이 아닌 세상이 되었다. 또한, 우리가 사용하고 있는 수많은 장비는 이미 우주에서 송신하는 신호에 의존하고 있다. 우주에서 자산을 운용하는 국가는 지상 자산과 통합을 통해 정보의 부가가치를 향상할 수 있고, 원거리에 떨어진 지역을 자유롭게 감시할 수 있으며, 이러한 장점을 바탕으로 우주를 활용할 수 없는 국가는 상상도 할 수 없는 혁신적인 해결책을 시도할 수도 있다(Fiumara, 2015, pp. 645-659; Worden & Show, 2002, pp. 59-61).

따라서 우주공간을 자유롭게 활용할 수 있는 국가와 그렇지 못한 국가 사이에는 점점 더 큰 격차가 발생할 것이다. 정찰위성 정보가 없다면 징후감시 수준이 낮아질 수밖에 없으며, 위성통신을 사용할 수 없다면 원거리에서 임무 중인 전력을 민첩하게 지휘통제할 수 없다. 설령 이러한 것이 가능하다 하더라도, 항법위성 없이 최첨단 무기체계의 정밀유도무기는 어떻게 운용할 수 있을까? 현대전뿐만 아니라 다가올 미래전에서도 우주공간에서의 우세를 확보하지 못한다면 전쟁수행 자체가 어려울 것이다(최영찬, 2021).

이렇듯 우주공간의 행동의 제약은 다른 전장영역에도 영향을 미친다. 미군은 지상, 해상, 공중의 재래식 전장영역에 사이버, 전자기 스펙트럼 및 우주공간을 포함하여 다영역작전 또는 합동전영역작전의 개념을 발전시켜나가고 있다. 첨단 무기체계일수록 사이버, 전자기 스펙트럼 및 우주에 대한 의존이 높기 때문이다. 그리고 이러한 개념은 미군에 한정된 개념이 아니며, 미군의 우주자산을 공유하고 연합작전을 수행하는 동맹국들에 확장되고 있다(강상철, 2020, pp. 26-40). 즉, 한·미 동맹을 한 축으로 한반도 안보를 지탱하고 있는 우리 군에게도 우주공간이 새로운 전장으로 눈앞에 다가온 것이다.

2. 우주 위협

2021년 일반인들을 태운 민간 우주선이 여덟 차례 우주여행에 성공했다(곽노필, 2021). 일부 선진국이 국가 차원에서 추진하던 우주개발 사업이 민간까지 확대되면서 우주공간을 둘러싼 경쟁이 더욱 심화되고 있다. 우주개발 선진국들은 인공위성 서비스 복원력 차원에서 향후 20년 내 대규모 군집 위성 운영을 추진하고 있으며, 이로 인한 궤도선점 문제가 우리 정부에서 추진하고 있는 80여 기 규모의 공공·군사위성 발사에도 영향을 줄 수 있다(박대광, 2021). 이러한 움직임 자체가 직접적인 우주 위협은 아니지만, 우주가 무한한 공간이 아니라는 것을 보여준다. 세계 각국이 우주 활용을 증대해나갈수록 우주의 가치는 계속 높아질 것이고, 국가 간 이익의 중첩에 따른 경쟁이 심화할 것이다. 이로 인해 각국의 궤도선점과 우주자산의 보호를 위한 군사력 증강도 불가피해지고, 우주공간을 둘러싼 위협은 점차 복잡해질 것이다(최영찬, 2021).

1) 위협의 종류

우주 위협은 크게 자연적으로 발생하는 위협과 인공적인 위협으로 구분된다. 자연적인 위협은 태양 활동, 방사선, 운석 잔해와 같이 자연적으로 발생하여 우주자산에 영향을 주는 것들이다. 인공적인 위협은 다시 의도적인 위협과 비의도적인 위협으로 구분된다. 비의도적인 위협은 폐위성 파편, 전자기 간섭 등 의도치 않게 발생한 위협이 해당하며, 의도적인 위협에는 상대방의 우주자산에 영향을 주기 위한 직접공격, 교란, 사이버 공격 등이 포함된다(US JCS, 2020).

인류 최초의 위성인 스푸트니크 발사 이후로 현재까지 5천여 개 이상의 우주선이 발사되었으며, 정상적으로 임무를 수행하고 있는 위성 이외에도 수명을 다한 위성, 발사체의 분리체 등의 우주 쓰레기가 계속 증가하고 있다. 위성을 직접 파괴할 수 있을 정도의 10cm 이상의 우주 물체는 약 1.5만여 개가 추적되고 있으며, 위성의 일부 기능에 손상을 줄 수도 있는 1cm 크기 이하의 소형 잔해물들은 수천만 개 이상으로 추산되고 있다(Alby, 2015). 안정적인 우주자산 운용을 위해서는 이러한 파편의 위협을 통제하고 대응할 수 있어야 한다(Moura & Blamont, 2015).

우주의 중요성과 활용성이 증가함에 따라 정찰, 감시, 통신 등을 위해 우주공간을 군사적으로 활용하는 우주 군사화가 진행되고 있다. 최근에는 실제 우주공간에 무기체계를 배치하는 우주 무기화 움직임도 나타나기 시작했으며(김상배, 2021, pp. 22-26), 이는 의도적인 우주 위협의 증가를 의미한다.

대표적인 우주자산인 인공위성은 어두운 공간에 떠 있는 반짝이는 매우 취약한 물체다. 민간기업에서도 우주를 여행할 만큼 과거보다 우주에 대한 접근이 쉬워짐에 따라 아무런 위협 없이 우주자산을 운영하던 시기는 끝났다(Johnson-Freese, 2017). 또한, 지속적인 우주 감시가 가능하지 않다면 적시적으로 방어적 대응을 하기도 어렵고, 위협의 주체를 식별하는 것도 제한된다(Harrison, 2015).

대표적인 의도적 우주 위협은 우주에서 임무를 수행하고 있는 우주자산에 대한 위협이다. 위성은 일정한 궤도를 따라 비행하기 때문에 해당 궤도를 직접 위협하는 운동에너지 무기(kinetic energy weapon), 고고도 핵무기를 통한 전자기펄스(EMP: Electromagnetic Pulse) 및 레이저와 같은 지향성 에너지 무기(direct energy weapon)에 취약하다(Pasco, 2015). 또한, 우주공간의 위성에 대한 위협뿐만 아니라 지상에 있는 관련 시설에 대한 위협과 사이버 및 전자기 공격도 의도적인 우주 위협에 포함된다(Sheehan, 2015). 위성은 우주공간에서 임무를 수행하지만, 실제 이를 통제하고 운용하는 것은 전파를 통해 사이버 공간으로 연결된 지상에서 이루어지기 때문이다(Weeden, 2021). 일부 연구에서는 이러한 각종 요소를 종합하여 우주 위협을 여덟 가지 범주[1]로 분류하고 있다(최성환·김예슬, 2019).

협의의 우주 위협은 앞서 살펴본 우주공간과 그 활동에 대한 위협이지만, 광의적으로는 우주공간을 통해 우리에게 영향을 주는 다른 위협을 포함할 수 있다. 위성을 공격하는 지상 기반 레이저(ground based laser)나 위성공격미사일(ASAT: Anti-Satellite Missile)이 전자에 해당한다면, 아직 실전에 적용되지는 않았으나 우주공간에서 지상이나 우주를 공격하는 초고속 질량폭격체계(hypervelocity rods)나 우주기뢰(space mine)[2] 등의 우주무기 또한 다가올 미래에는 대응이 필요할 것이다(Hostbeck, 2015).

---

1 ① 지상 우주자산에 대한 공격, ② 고고도 핵폭발, ③ 위성 궤도에 대한 위협, ④ 운동에너지 무기, ⑤ 지향성 에너지 무기, ⑥ 사이버 공격, ⑦ 거부 및 기만, ⑧ 전자전

2 이는 두 가지 형태가 가능하며, ① 주 임무 위성을 보호하기 위해 주변에서 함께 군집 비행하는 초소형 위성 형태이거나, ② 달 표면과 같은 우주 지형에 배치된 지뢰 형태도 가능하다. 우주 기뢰/지뢰는 그 자체로도 위협이지만, 폭발과 파편으로 인해 복합적인 피해를 유발할 수도 있다 (Sachedeva, 2010, pp. 192-194).

2) 한반도 우주 위협

북한은 평화적 우주개발을 명분으로 우주를 거쳐 원거리 표적을 위협할 수 있는 미사일 전력을 고도화하고 있다. 북한은 대포동, 은하, 광명성 시리즈의 장거리 발사체를 통해 2기의 위성을 궤도에 올려놓았으나, 실제 정상적인 기능은 수행하지 않고 있는 것으로 판단되며(송근호, 2021), 발사과정에서 축적된 기술을 바탕으로 신형 미사일을 개발하고 있다. 아직 북한이 우주공간에서 운용하고 있는 자산은 없지만 2021년 노동당 제8차 대회에서 김정은이 직접 군사정찰위성 확보 계획(노동신문, 2021)을 언급했던 만큼 향후 우주 경쟁에 뛰어들 것이 예상된다. 또한, 북한의 사이버 능력은 세계 최고 수준으로 평가되고 있으며, 미국에서는 북한의 이러한 능력이 우주 안보에 위협이 될 수 있다고 분석하고 있다(김보미·오일석, 2021, p. 1).

한반도를 둘러싼 동북아는 재래식 군사력뿐만 아니라 우주개발에서도 주요국의 경쟁이 심화되고 있는 지역이다. 2021년 전 세계에서 투입된 우주 사업 예산은 약 920억 달러이며, 한반도를 둘러싼 주변 4강이 모두 상위 5위권 내에서 전 세계 예산의 1/3 수준인 약 727억 달러를 투입[3]했다(Euroconsult, 2022). 물론 이 예산은 모두 우주 군사화에만 투입된 것이 아니라 공공 및 민간분야를 포함한 것이다. 하지만 우주기술은 민군 이중 목적으로 전용할 수 있으므로 세계 다른 지역에 비해 동북아에서 얼마나 첨예하게 우주 경쟁이 벌어지고 있는지 살펴볼 수 있다.

세계 2위의 예산 규모에서도 볼 수 있듯이 중국은 우주공간에서의 활동을 활발히 추진하고 있다. 중국과 러시아는 표면적으로는 우주 군사화를 받아들일 수 없다는 태도를 고수하고 있으나 실제 우주자산은 지속 증강하고 있다. 반면 미국

---

3   ① 미국: 546억 달러, ② 중국: 103억 달러, ③ 일본: 42억 달러, ④ 프랑스: 40억 달러, ⑤ 러시아: 36억 달러

은 구소련과의 우주 경쟁과 냉전에서 승리한 이후 그 어떤 위협도 없이 우주공간을 활용하고 있었는데, 우주기술의 발달과 확산으로 우주에 도달하는 것이 쉬워지자 비침략적 형태의 우주 군사화와 UN 헌장에 보장된 기본권에 따른 자위권 행사가 가능하다는 입장을 보이고 있다(유준구, 2021, p. 333). 이러한 양측의 견해차는 동북아 우주영역을 둘러싼 안보 딜레마를 심화할 수 있으며(정헌주, 2021, pp. 27-30), 이로 인해 역내 우주 위협이 복잡화될 것으로 전망된다. 일본도 전 세계 3위 규모의 우주 사업 예산을 투입하고 있으며, 북한의 미사일 위협, 우리의 한국형 발사체 발사, 중국의 우주활동 증가에 대한 대응으로 자국의 우주정책 추진을 가속화하고 있다(Moltz, 2019, pp. 326-329).

제3절
국가별 우주부대 편성

앞서 살펴본 바와 같이 국가안보와 관련하여 우주공간의 중요성이 증대되고 있으며, 기술의 발달로 우주에 대한 접근이 용이해짐에 따라 세계 각국은 우주공간에서의 활동을 보장하기 위해 이를 전담하는 군사조직을 편성하고 있다.

1. 미국

미국은 대표적인 우주 강국이며, 우주공간의 자유로운 활용을 위한 억제, 방어 및 격퇴의 의지를 분명히 하고 있다(Johnson-Freese, 2017, p. 81). 미군은 크게 두 축의 우주조직을 운영하고 있는데, 하나는 별도의 군종으로 창설된 우주군(USSF: U.S. Space Force)이며, 다른 하나는 통합전투사령부(Unified Combatant Command)[4]의 하

---

4 통합전투사령부는 미군이 전 세계 각 지역 및 전장에서 합동작전 수행을 위해 구성한 11개의 합동군 사령부다. ① 아프리카사령부, ② 중부사령부, ③ 사이버사령부, ④ 유럽사령부, ⑤ 인도 태평양사령부, ⑥ 북부사령부, ⑦ 남부사령부, ⑧ 우주사령부, ⑨ 특수작전사령부, ⑩ 전략사령부, ⑪ 수송사령부(U.S. Department of Defense, 2022).

나인 우주사령부(USSPACECOM: U.S. Space Command)다.

우주군은 2019년 트럼프 행정부 당시 미 공군의 우주전력과 조직을 기반으로 창설되었다(항공우주전투발전단, 2021). 공군 외에 육군과 해군에서도 위성통신부대 등 우주 관련 조직을 운영하고 있었지만 대부분 자군 작전을 지원하기 위해 우주공간을 활용하는 부대였으며 우주 감시, 수송 등 실제 우주공간에 대한 임무를 수행할 수 있는 전력의 다수를 보유하고 있던 공군 우주사령부를 모체로 추진되었다. 우주군은 현재 공군성 예하에서 공군과 함께 편성되어 있었으나 육군, 해군, 공군, 해병대, 해안경비대에 이어 독립된 별도의 군종으로 창설되어 정체성을 확립해나가고 있다(이강규, 2021, pp. 232-234).

미 우주군의 창설은 과거 공군의 독립과 유사한 점을 보인다. 기술의 발달로 육군, 해군이 모두 항공전력을 보유하기 시작했지만, 공중을 별도의 전장으로 인식하거나 전략적 중요성을 헤아리지 못했다. 항공력을 단순한 화력의 연장 수단으로만 활용하고, 기존의 지상·해상작전을 지원하기에만 급급했다. 하지만 항공전략사상가들과 선구자들로 인해 공중 우세의 중요성이 주목받으면서 전 세계 대부분 국가에서 공군은 영공을 수호하기 위한 별도의 군종으로 독립하게 되었다. 미국의 제15대 공군 참모총장 로널드 포글만 대장(Gen. Ronald R. Forgleman)은 항공우주력의 독립적 존재에 대해서 다음과 같이 강조했다(USAF, 2021, p. 7).

> "타 군도 항공전력을 보유하고 있다. 하지만 그 전력은 해당 군에 최적화되어야 한다. 각 군은 근본적으로 다른 관점을 가지고 있다. 항공력의 핵심적인 능력이 타 군에는 그저 선택사항일 뿐이라는 것을 이해하는 것이 중요하다. 타 군들은 (공중이라는) 경기장에서 싸울지 말지를 선택할 수 있다. 하지만 국가가 공중과 우주에서 힘을 유지하기 위해, 누군가는 그곳에 관심을 기울이고 있어야 한다. 그것이 미 공군이 존재하는 이유다."

우주공간을 단순히 활용하는 차원에서 한 걸음 더 나아가 우주공간을 지켜내기 위해서는 별도의 조직을 통해 전문인력을 양성하고 전략과 작전, 전술을 개발

해나가는 것이 필요하다. 미 합동교범에서도 이러한 개념 아래에서 우주군과 우주사령부, 그리고 각 군의 역할을 명시하고 있다. 우주사령부가 통합전투사령부로서 할당된 전력과 자산을 통제하여 합동우주작전을 수행하며, 우주군은 우주 우세 달성 및 합동군에 대한 우주 역량 지원을 위해 우주전력을 조직 및 훈련하는 임무를 수행한다.[5] 이 외에 각 군은 자군 작전을 지원하기 위한 우주역량을 통합하고, 타 전투사령부는 할당된 우주전력을 활용한다(US JCS, 2020). 즉, 국가 우주 안보를 위해 필요한 전력을 갖추는 것은 우주군의 역할이며, 각 군은 자군의 항공대와 같이 자군 작전을 지원하기 위한 수준의 우주전력을 편성한다. 그리고 우주 공간에서 작전을 수행하기 위해 우주사령부가 우주군을 비롯한 각 군의 우주자산을 통제하고 있다.

우주군은 예하에 우주작전사령부(SpOC: Space Operations Command), 우주체계사령부(SSC: Space System Command) 및 우주 교육사령부(STARCOM: Space Training And Readiness Command)를 두고 있으며, 체계사와 교육사가 장비와 인력을 담당한다(USSF, 2022). 작전사는 우주구성군으로서 합동우주작전을 수행하는 우주사령부를 지원하며, 이는 우리 각 군의 작전사가 합동군 구성군사로 합참의 작전 통제를 받는 것과 유사한 개념이다.

우주사령부는 각 군의 일곱 개 전투부대를 통제하고 있다. 육군 우주/미사일 방어사령부(Army Space & Missile Defense Command), 해병대 우주사령부(Marine Corps Forces Space Command), 해군 우주사령부(Navy Space Command), 제1공군(1st Air Force), 우주군 우주작전사령부(USSF SpOC), 우주 방어 합동임무부대(JTF-SD: Joint Task Force - Space Defense) 및 연합군 우주 구성군사령부(Combined Forces Space Component

---

5 미 우주군의 주요 기능: 우주공간의 평화적 이용 보장 및 우주에서의 국익 수호, 미국 및 동맹국 등에 대한 자유로운 우주공간 이용 보장, 우주에서 그리고 우주로부터 기인하는 적대행위로부터 국민과 동맹국의 국익 수호, 모든 미군 전투사령부에 대한 우주 기반 전투역량 지원, 우주공간 내 또는 우주공간을 경유하는 군사력 투사, 우주에서의 국가안보 보장에 필요한 전문가 양성(최정훈, 2021, pp. 67-68).

Command)가 이에 해당한다(USSPACECOM, 2022).

작전적인 수준에서 미 합참은 미군의 우주작전을 10가지로 분류하고 있다. 첫 번째, 우주 상황 인식은 우주를 감시하여 우주공간에서 벌어지고 있는 일을 파악하는 것이며, 두 번째, 우주 통제는 우주에서 활동의 자유를 보장하기 위한 공세·방어적 활동이다. 세 번째 위치항법시각(PNT: Positioning, Navigation, and Timing)은 무기체계 운용 및 군사작전의 필수요소이며, 네 번째, 정보감시정찰(ISR: Intelligence, Surveillance, and Reconnaissance)은 우주 기반의 첩보 수집체계에 근간이 된다. 이 밖에도 위성통신, 환경감시, 미사일 경보, 핵폭발 탐지, 우주수송, 위성 운용 등이 미군의 10대 우주작전에 해당한다(US JCS, 2020).

우주군 또한 합동성 차원에서 이러한 우주작전 수행을 보장하기 위해 다섯 가지 핵심역량을 강조하고 있다. 첫 번째는 미군뿐만 아니라 민간과 동맹 모두의 안전한 우주활동을 보장하기 위한 우주 안보(space security)를 확보하는 것이고, 두 번째는 적대행위를 억제하고 우리의 자유를 확보하기 위해 전투력을 투사(combat power projection)하는 것이다. 세 번째는 지구와 우주 간에 장비와 인원을 신속하게 이동시키는 우주 기동 및 수송(space mobility and logistics)이며, 네 번째는 신속하고 신뢰성 있는 의사결정 지원을 위한 정보기동(information mobility)이고, 다섯 번째는 작전에 영향을 줄 수 있는 우주 물체를 감시하는 우주영역인식(space domain awareness)이다(USSF, 2020, pp. 33-40).

2. 중국

중국은 2015년 『군사전략백서』를 통해 중국군의 기본 군사전략을 적극 방어전략으로 발표했으며, 이를 위해 정보화 국부전쟁에서의 승리와 정보 및 우주 지배권의 중요성을 강조했다. 이후 2018년에 사이버전 연구개발과 우주전 전략 수립을 담당하는 인민해방군 전략지원부대를 창설했다(김지이, 2021, pp. 103-105).

앞서 살펴본 미국과는 다르게 중국의 전략지원부대는 공군을 비롯한 기존의 재래식 군사력과 연계 없이 신기술을 기반으로 창설되었으며, 우주만을 전담하는 것이 아니라 사이버전을 비롯한 전자전, 심리전 등의 영역을 함께 책임지고 있다 (이강규, 2021, pp. 235-239). 전략지원부대의 세부 조직구성은 공개되지 않았으나, 일반참모부 외 우주시스템부와 네트워크시스템부의 두 작전부서로 구성되어 있으며, 우주시스템부에서 우주작전을, 네트워크시스템부에서 사이버전, 전자전, 심리전 등을 담당하고 있다(박남태 · 백승조, 2021, pp. 143-145).

중국은 우주공간을 전장영역으로 인식하고 있으며, 대위성 능력과 지향성 에너지 무기 개발 등 우주무기 개발사업을 진행하고 있다. 또한, 우주 상황 인식을 위해 광학망원경 배치 및 레이더 네트워크를 개발 중이고, 대우주 전자전 능력을 보유한 것으로 판단된다(Weeden, 2021).

중국의 우주작전 목표는 우주를 비대칭적으로 활용하는 것이다. 우주공간에서 미국의 접근을 거부하고 우주 우세를 달성하면, 원거리 작전을 수행하는 미국의 통신과 각종 원격센서를 무력화할 수 있기 때문이다. 즉, 미국과 마찬가지로 자국의 우주 활용을 보장하면서 상대의 사용을 제한하는 것이 목표이며, 여기에는 우주를 지배해야 전 지구적인 우세를 달성할 수 있다는 인식이 내재되어 있다 (Lianju & Liwen, 2013).

3. 러시아

러시아는 냉전 종식과 구소련 해체 이후 우주개발에 지속적인 투자를 하지는 못했으나, 과거 기술을 바탕으로 미국 다음으로 정교한 우주 상황 인식능력과 제한된 대위성 직접공격 능력을 보유한 것으로 판단된다. 2010년부터는 다시 우주 능력 확보를 추진하고 있으며, 우주 전자전 능력 현대화에도 투자하고 있다(Weeden, 2021).

러시아는 과거 우주군을 별도로 창설했으나, 2015년 군 구조를 재편하여 우주군을 공군과 함께 항공우주군으로 통합했으며, 항공우주군은 우주 발사, 위성 통신, 미사일 조기경보 및 미사일 방어 등의 우주작전을 담당하고 있다(Bodner, 2015). 단, 러시아 항공우주군은 창설과 통합을 반복한 일관성 없는 운영으로 인해 미 우주군이나 중국 전략지원부대에 비해 다소 정체성이 모호한 실정이다(이강규, 2021, pp. 235-239).

4. 일본

일본은 동북아 우주 강국으로 국가급 우주기술 연구기관인 일본우주항공연구개발기구(JAXA: Japan Aerospace eXploration Agency)를 중심으로 비군사적 우주개발을 지속했으며, 2008년 우주 기본법을 발포한 이후 국가안보와 관련한 우주활동도 증가하고 있다(Weeden, 2021). 2020년에는 항공자위대 예하에 우주작전대를 창설했으며, 일본 자위대의 우주작전 및 우주력 발전을 위해 미 우주사령부 및 JAXA와 협력하고 있다(Yamaguchi, 2020).

일본 방위성은 위성을 활용한 통신 보장, 위성 운영을 위한 우주 상황 인식, 우주를 통해 날아오는 북한의 미사일 위협에 대응하기 위한 조기경보 태세 확립 순으로 우주정책을 추진하고 있다(Suzuki, 2015, pp. 405-408). 일본 자위대는 이러한 국방우주정책을 뒷받침하기 위해 항공자위대를 향후 항공우주자위대로 개칭하고, 우주인력을 항공우주자위대의 약 30% 수준까지 증편할 예정이다. 우주작전대는 지속적인 충원을 통해 2023년 120명 규모로 정상 작전을 수행할 예정이며, 우선 우주물체 감시 임무를 수행하고, 향후 우주 위협에 대한 대응 및 방어, 종국에는 공격능력도 갖출 계획이다(오혜, 2020, p. 15).

일본은 항공자위대에 우주작전 임무를 추가로 부여하고, 기존 항공자위대 내 조직을 활용하는 형태로 우주부대를 편성했다. 단시간 내에 단일 군 수준의 우주전력과 인력을 확보할 수 없는 대부분 국가에서 우주부대를 편성하는 데 적용하기 쉬운 방법이다. 하지만 이러한 방식은 기존 공군이 가지고 있는 인식의 틀 안에서 우주공간을 새로운 전장영역으로 개척하는 것이기 때문에 우주에 특화된 임무가 제한될 수 있다. 또한, 항공력과 같은 재래식 군사력 건설 절차를 따르는 과정에서 빠르게 변화하는 우주기술 발전에 대응이 제한될 수도 있다(이강규, 2021, pp. 235-239).

5. 기타(프랑스, 영국, 인도, 북한)

프랑스는 2021년 전 세계에서 네 번째로 큰 규모의 우주 예산을 투입한 국가이며, 이는 유럽에서 가장 큰 규모다(Euroconsult, 2022). 유럽에서는 유럽연합과 NATO 차원의 우주활동이 함께 진행되고 있지만, 프랑스 마크롱 대통령은 우주에서 군사작전을 수행하기 위해서는 자율성이 필요하며, 이를 위해서는 자국에서 우주작전을 수행할 수 있는 능력이 필요하다고 강조했다(Louet et al., 2019). 이에 따라 프랑스는 2019년 공군을 항공우주군으로 개칭하고, 기존의 합동 우주사령부를 우주사령부로 승격하여 항공우주군 예하에 편성했다(Weeden, 2021). 프랑스 항공우주군 우주사령부는 기존 220명에서 2025년 500명까지 인력을 충원할 예정이며, 이러한 형태는 일본 항공자위대의 우주작전대와 유사한 형태다(이강규, 2021).

영국은 2010년대 초부터 우주에 대한 군사적 의존성 심화에 따라 우주 통제의 중요성을 주장했으며(UK MoD, 2012), 우주 영역에 대한 접근이 쉬워짐에 따라 미래 군사력 건설에 있어 우주력의 중요성을 강조했다(UK MoD, 2017a). 이에 따라 국방 우주력 건설을 위해 국방부에 우주국장을 임명하고 공군을 중심으로 우주사령부 창설을 준비했다(오혜, 2020, p. 16). 이렇게 탄생한 우주사령부는 2021년 해군, 육군, 공군 등 합동부대로 창설되었으며(UK MoD, 2021), 이는 우주를 단일 군의 작전영역이 아닌 다영역을 통합하는 합동작전의 영역으로 인식한 결과다(UK MoD, 2020). 영국 우주사령부 예하에는 우주작전, 우주 인력 훈련 및 양성, 우주 능력 개발 등의 세 가지 기능을 수행하기 위한 조직이 편성되어 있는데, 이는 미 우주군 예하에 작전사, 교육사, 체계사의 예하 사령부가 편성되어 있는 것과 유사한 형태다.

영국군은 우주력의 기능을 네 가지로 구분하고 있다. 첫 번째, 우주 상황 인식과 두 번째, 우주 통제는 미국 등 다른 나라와 유사한 개념이다. 세 번째, 작전 운용을 위한 우주지원(space support to operations)은 ISR, PNT, 미사일 경보 등과 같이 다른 영역에서 수행되는 군사작전을 직접 지원하는 기능이며, 마지막 우주 서비스 지원(space service support)은 우주발사체 발사 및 위성 운용 등 우주자산 운용을 지원하는 것이다(UK MoD, 2017).

인도는 인도양 일대에서 우주개발에 가장 큰 규모의 예산을 투자하고 있는 국가다(Euroconsult, 2022). 인도는 2010년 통합방위본부 예하에 육해공군이 모두 참여하는 통합 우주반을 편성했으며, 2019년부터 각 군의 우주자산을 협조하고 통합된 우주정책 수립을 위해 국방우주국을 운영하고 있다. 국방우주국은 예하에 위성 통제센터, 영상처리/분석센터 및 국방 우주연구기구를 두고 있으며, 이를 통해 각 군의 노력을 통합하여 우주자산 운용 및 정보 활용, 기술개발을 추진하고 있다(Weeden, 2021).

북한은 위성 발사로 주장한 수차례의 장거리 발사체 발사에도 불구하고 정상적으로 운영하고 있는 우주자산은 없다(송근호, 2021). 잇따른 장거리 발사체 발사는 국가기관인 국가 우주개발국 주관으로 이루어졌으며, 국가 우주개발국은 우주 기술개발 및 동해 무수단리와 서해 동창리에 있는 발사장 관리, 평양에 있는 위성 관제종합지휘소 운영 등을 담당하고 있다(통일부, 2016). 조선인민군 내 우주조직과 관련된 정보는 매우 제한되며, 공개된 자료에 따르면 전략군 사령부 예하 미사일 전력 외에 군에서 우주와 관련된 자산을 운용하는 조직은 없는 것으로 보인다. 북한의 미사일 발사 기술은 상당 수준에 도달한 것으로 판단되지만, 현재까지 궤도 위의 위성을 위협할 수 있는 대우주 능력을 시현한 적은 없다. 단, 우주자산에 영향을 주거나, 우주자산의 활용에 영향을 줄 수 있는 사이버 공격 및 GPS 전파 방해 능력은 보유한 것으로 판단된다(Weeden, 2021).

제4절
합동우주부대 편성 방안

앞서 살펴본 바와 같이 각국은 자국의 우주 역량 수준과 중점을 두고 있는 작전의 형태에 따라 관련 조직을 편성하고 있다. 지금까지 거의 아무런 제약 없이 우주공간을 자유롭게 활용하고 있는 우주 초강대국인 미국은 별도의 군종으로 우주군을 창설하여 다영역 전장으로서 우주공간의 자유로운 활용에 중점을 두고 있으며, 국가우주력이 이에 미치지 못하는 다수의 국가들은 공군을 중심으로 항공우주군을 창설하거나 별도의 합동부대를 편성하여 해당 국의 우주 역량과 요구되는 작전형태에 맞춰 조직을 발전시키고 있다. 우리는 전자인 미국보다는 후자에 해당하는 일본, 프랑스, 영국과 유사한 상황으로 볼 수 있다. 이 절에서는 2절에서 살펴본 우주위협에 대응하기 위해 3절에서 살펴본 세계 각국의 사례를 바탕으로 현재까지 진행된 우리 군의 우주 관련 전력 및 조직 추진현황 및 우리가 수행해야 하는 작전형태, 그리고 이를 위한 합동우주부대 편성방안을 강구한다.

1. 추진현황 및 한계

우리나라는 1992년 우리별 1호 인공위성을 시작으로 공공안전 및 안보를 위한 국가 우주개발을 추진하고 있다. 현재도 우주발사체 기술 자립을 위한 한국형 발사체 사업과 차세대 소형위성, 저궤도/정지궤도 지구관측위성 등 인공위성 개발 고도화 사업 및 한국형 위성항법 시스템 구축 사업 등의 사업을 추진하고 있다(과학기술정보통신부, 2019).

군 차원에서 최근 국방부는『국방비전 2050』에서 연합합동 차원의 미래 국방 우주발전 방향을 제시했다. 무기체계 및 감시정찰체계 발전에 따라 전장영역이 확대되었고 이로 인해 우주의 중요성이 증대되고 있기 때문이다. 국방부는 합동성에 기반하여 우주작전 개념을 발전시키고, 이를 구현할 수 있는 자산을 확보하여 우주 우세를 달성하는 것을 목표로 하고 있다(국방부, 2021, p. 36).

합참에서도 이를 뒷받침하기 위해 2022년부터 군사우주과를 신설하여 합동 우주작전 수행 개념을 정립하고, 2030년 우주작전사령부 창설을 목표로 하고 있다(김용래, 2022). 하지만 우주공간을 합동성 차원에서 바라보는 노력은 이제 첫발을 내디뎠을 뿐이다. 기존까지 국방부와 합참 수준의 우주정책은 별도의 우주전담부서 없이 대북정책관실 미사일우주정책과와 핵/WMD대응센터와 같은 미사일 또는 대량살상무기와 관련된 부서에서 담당해왔다(국방부, 2021). 이는 우주공간을 우리가 주도해야 할 하나의 전장영역으로 다루기보다는 미사일 방어작전을 수행해야 하는 공간 정도로 인식한 것으로 볼 수 있다.

각 군의 경우에도 우주공간을 합동작전이 필요한 별도의 전장영역으로 인식하기보다는 자군 작전을 지원하기 위해 우주공간을 활용하려는 노력을 먼저 기울였다. 육군본부의 미사일 우주정책과와 해군본부의 전투체계/우주정책발전과는 육군과 해군이 기존 무기체계/전투체계의 연장선에서 우주를 바라보고 있다는 것을 보여준다. 단, 공군은 공군본부 예하에 참모총장 직속의 우주센터를 두고 있으며(국방부, 2021), 작전부대인 공군작전사령부 예하에는 우주작전대를 편성하고 있다. 우주센터는 우주정책과, 우주전력발전과, 우주 정보상황실[6]로 편성되어 있으며, 공군 우주정책 수립 및 추진, 우주작전 개념발전, 유관기관 정보공유 등의 임무를 수행하고 있고, 우주작전대[7]는 우주 감시 임무를 수행하고 있다.

이 외에도 각 군 및 국직/합동부대 예하에 필요에 따라 우주 관련 조직이 편성되었다. 무기체계에 영향을 줄 수 있는 태양 활동 등 우주기상을 관측하는 공군기상단 우주기상팀, 위성통신을 담당하는 국군통신사령부 위성 관제대대 및 공군 제7항공통신전대 위성 중대, 위성에서 수집한 정보를 분석하는 정보사령부 3여단, 공군항공정보단 등이 이에 해당한다(항공우주전투발전단, 2021).

우리 군에서 가장 먼저 우주를 새로운 전장영역으로 인식하고 조직과 전력을 구축하기 시작한 것은 공군이다. 공군은 미래전에 대비하기 위한 공군 발전의 청사진을 담은 『공군비전 2050』과 『Air Force Quantum 5.0』을 통해서 공군 중심의 우주력 건설을 추진하고 있다. 『공군비전 2050』은 우주공간의 군사적 중요성이 증대됨에 따라 기존의 공중우세를 우주우세까지 확장해야 한다는 개념하에 공군을 우주작전을 주도하는 전 영역 합동작전의 핵심군으로 발전시켜야 한다는 방향을 제시하고 있다(공군본부, 2021, pp. 28-56). 공군의 대도약을 의미하는 『Air Force Quantum 5.0』에서는 공군이 추진해야 하는 미래 핵심 5대 프로젝트를 담고 있으며, 여기에는 공군의 우주발전계획인 '스페이스 오디세이 프로젝트'[8]가 포함되어 있다(공군본부, 2020, pp. 63-72). 이러한 공군의 우주발전계획은 우주를 항공작전을 지원하기 위한 도구로 바라보지 않고, 새로운 전장영역으로 인식하고 있다는 점에서 미국을 비롯한 우주 선진국의 시각과 일맥상통한다. 또한, 아직 우주작전

---

6   우주 정보상황실은 미 연합우주 작전본부(CSpOC: Combined Space Operations Center) 및 항우연, 천문연 등 국내외 유관기관과 우주 정보 관련 협조 관계를 유지하고 있다(최성환, 2019).

7   우주작전대는 전자광학우주감시체계를 통해 우주 감시 임무를 수행하고(이종윤, 2022), 미 7공군 우주전력통제관 및 연합우주 작전본부와 협조하여 연합작전을 위한 우주통합팀을 구성한다(공군본부, 2020).

8   스페이스 오디세이 프로젝트는 1단계 미사일 방어능력 강화 등 우주역량 확대, 2단계 공중/우주 통합작전능력 구비, 3단계 선별적 우주 우세 역량 확보의 3단계로 구성되어 있다.

과 관련된 합동교리가 확립되지 않은 상태임에도 불구하고, 우주작전과 관련된 교범을 통해 공군 우주조직의 임무와 기능, 우주작전 유형[9] 등에 대한 개념을 구체화하고 있다(공군본부, 2020).

공군은 2022년 우주공간을 감시할 수 있는 전자광학우주감시체계를 전력화하여 우주 상황 인식을 위한 첫 단추를 끼웠다(이종윤, 2022). 이 외에도 지상 발사장의 제약을 극복하고 공중에서 신속히 인공위성을 발사하여 적시적으로 활용이 가능한 초소형 전술 위성체계 등 우주전력 확보를 지속 추진하고 있다(공군본부, 2019, pp. 74-75; 최성환, 2019).

공군뿐만 아니라 육군과 해군도 우주공간에 영향력을 확대하려는 노력을 활발히 기울이고 있다(이철재, 2021). 우주공간을 통해 다영역으로 연결된 기존 재래식 전장에서의 자군의 작전을 보장하고, 역할 범위를 우주까지 확장할 수 있기 때문이다. 해군은 우주와 관련된 해군 차원의 전략 개념 및 업무추진 기반 마련 등 해군 우주력 발전을 위한 초석을 다지고 있으며(노성수, 2021), 육군은 미 육군에서 수행하고 있는 우주작전을 바탕으로 육군 우주작전 개념을 연구하고 있다(송재익, 2021).[10]

---

9 공군 우주작전 유형: 우주 상황 인식, 우주 정보지원, 대우주작전, 우주 전력투사

10 동 연구보고서는 우주작전과 관련하여 합참 및 각 군의 책임을 분담해야 한다고 주장했다. 합참이 합동우주작전 컨트롤타워 역할을 수행하고, 육군이 지휘통제, 정밀유도무기, 단거리/저고도 미사일방어를 담당하며, 해군은 해상 방공, 공군은 제공 작전을 위한 방공/미사일 방어를 책임지는 것이 적절하다는 것이다. 이는 우주공간을 다영역작전 수행을 위한 하나의 전장영역으로 보고 있는 것이 아니라, 지표면으로 낙하하는 미사일의 비행경로 정도로 인식하고 있다. 한반도 미사일 방어작전은 공군 작전사령관, 공군방공유도탄사령관, 미 7공군사령관, 미 94육군방공미사일방어사령관 소관으로 한국항공우주작전본부(KAOC: Korea Air and space Operations Center)와 협조기구인 연합방공/미사일방어협조본부(CAMDOCC: Combined Air and Missile Defense Operations Coordination Center)에서 전구 전체를 중앙집권적으로 통제하고 있으며, 위협의 사거리와 고도 등으로 나누어 분권적으로 수행할 수 없다. 미군의 경우 방공 및 미사일 방어작전을 육군에서 수행하고 있으나, 우리 군에서는 항공우주작전본부 중심의 중앙집권적 방공작전 수행을 위해 방공유도탄사령부가 육군에서 공군으로 전군한 이후 공군에서 전담하고 있다. 이 밖에도 공중, 해상 등 원격 플랫폼에서 정밀유도 무장을 운용하는 공군과 해군이 아닌 육군에서 지휘통제 및 정밀유도무기와 관련된 우주영역의 책임을 전담해야 한다는 것은 합동성 차원에서 타 군의 작전과 전장에 대한 고려가 충분히 이루어지지 않은 것으로 보인다.

하지만 이러한 각 군의 우주발전계획은 국가안보 수준의 우주전략하에 수립되었다기보다는 각 군의 관점에서 현재의 가용능력과 향후 확대하고자 하는 역할을 기반으로 작성되었다. 이로 인해 각 군의 우주발전계획이 자군의 역할을 확장하기 위해 우주공간을 선점하고자 하는 것으로 비칠 수 있다(박대로, 2021). 이러한 문제의 근본적인 원인은 재래식 전장을 제외한 새로운 전장영역에 대한 주무군이 정해지지 않았기 때문이다.[11] 국가안보를 위한 우주력을 건설하고 이를 운용하는 조직을 편성하는 것은 다른 전장영역의 군사력을 건설하는 그것보다 더 큰 노력과 자원이 투입되는 분야이기 때문에 각 군의 분산된 노력을 합동성 차원에서 집중시켜야 한다.

2. 우주작전 우선순위

각 군이 우주자산을 확보하고, 이를 운용·통제하는 조직을 편성하는 것보다 더 중요한 것은 어떤 형태의 작전이 우주작전의 범주에 포함되는지 정의하고, 어떤 작전을 먼저 수행해야 하는지 우선순위를 정하는 것이다. 자원과 노력이 제한된 현실에서 모든 위협에 대해 모든 대응능력을 갖추는 것은 모든 것에 대응하지 않는 것과 같다.

먼저 한반도 전구에서 우주와 관련된 어떤 형태의 작전을 우주작전으로 보아야 할 것인지 생각해볼 필요가 있다. 우리나라 군에서 우주작전에 대한 구체적인 개념을 교리화시킨 것은 현재까지 공군이 유일하다. 공군은 우주 상황 인식, 우주 정보지원, 대우주작전, 우주 전력투사의 네 가지 유형을 우주작전으로 분류하고

---

[11] 국군조직법에 따르면 육군은 지상작전을, 해군은 상륙작전을 포함한 해상작전을, 해병대는 상륙작전을, 공군은 항공작전을 주 임무로 한다고 명시되어 있으며, 사이버, 전자기 스펙트럼 및 우주공간 등 다영역 개념이 반영된 새로운 전장영역에 대한 부분은 명시되어 있지 않다(국방부, 2011).

있다. 우주 상황 인식은 우주에서 벌어지고 있는 상황을 파악하는 것이며, 우주 정보지원은 ISR, 통신[12], PNT, 기상, 조기경보 등 우주공간을 활용하여 지상에서 정보를 수집하거나 공유하는 활동을 모두 포괄하는 활동이다. 대우주작전은 우주 공간의 활용을 보장하기 위한 공세적인 방법과 방어적인 방법을 모두 포함하는 작전이며, 우주 전력투사는 발사 작전과 같이 우주 궤도에 전력을 보내는 것을 의미한다(공군본부, 2020).

　　이러한 분류는 미 공군 우주작전 분류와 동일하다. 미 공군은 우주작전을 우주 상황 인식, 대우주작전, 군사작전 지원, 우주 서비스 지원의 4대 기능으로 나누고 있다. 여기서 군사작전 지원이 ISR, 위성통신 등이 포함되는 우리 공군의 우주정보 지원과 유사한 유형이며, 우주 서비스 지원이 우주수송, 발사장 및 위성 운영 등이 포함되는 개념으로 우리 공군의 우주 전력투사와 대등한 개념이다(USAF, 2018).

　　미 공군에서 독립한 미 우주군의 분류도 이 연장선에 있다. 미 우주군의 다섯 가지 핵심능력은 우주 안보, 전투력 투사, 우주 기동/수송, 정보기동, 우주 영역 인식이며 우주 안보라는 전반적인 우주활동 상태를 보장하는 것을 추가한 것 외에는 우리 공군과 미 공군의 4대 분류와 유사하다(USSF, 2020).

　　미 합참은 우주작전을 조금 더 세분화하고 있다. 미 공군과 우주군이 군사작전 지원 또는 정보기동의 단일 카테고리로 분류하고 있는 PNT, ISR, 위성통신, 환경감시, 미사일 경보, 핵폭발 탐지 등을 개별적인 유형으로 분류하고 있기 때문이다(U.S. JCS, 2020). 이는 타 군이 가지고 있는 우주작전의 개념을 합동교리 차원에서 포괄한 것으로 보인다. 미 육군은 우주작전을 여덟 가지로 분류하고 있으며, 우주 상황 인식, PNT, 우주 통제, 위성통신, 위성 운용, 미사일 경보, 환경감시, 우주기반 감시정찰이 이에 해당한다(U.S. Army, 2019).

12　인공위성을 활용한 통신은 전통적 방식의 통신이 가지고 있는 가시선 등 제한사항을 극복할 수 있게 해준다. 위성통신은 네트워크 중심전의 기반이며, 모든 자산을 연결(netting all assets)하여 분산화를 가능케 하고, 데이터 전송률을 증대하여 기동 및 작전의 템포를 향상시킨다(Tillier, 2015, pp. 581-593).

우리 군이 미군과 연합방위체제를 유지하고 있지만, 우리의 능력과 우선순위를 고려하여 미군의 개념을 받아들여야 한다. 미국과 군사적으로 긴밀하게 협조하고 있는 영국은 우주작전을 우주 상황 인식, 우주 통제, 작전 운용을 위한 우주 지원, 우주 서비스의 네 가지 작전 분야로 구분하고 있으며, 이는 미 공군 및 우주군과 유사한 형태다(UK Mod, 2017b). 일본 자위대의 구체적인 우주 작전유형은 확인되지 않았으나, 방위성은 위성통신, 우주 상황 인식, 조기경보 순으로 우주정책 우선순위를 두고 있다(Suzuki, 2015).

이스라엘군 역내 고립된 안보환경에서 타국에 대한 의존을 줄이기 위해 우주 자립을 추진하고 있다. 이를 위해 국방개혁 우선순위에 우주 관련 내용을 담고 있으며, 우주 통제, 우세적 기동, 정보전, 정밀타격능력 발전을 추진하고 있다(Paikowsky et al., 2015, pp. 497-500). 지금까지 살펴본 우리 군과 외국 군의 우주작전 형태를 종합하면 〈표 7-1〉과 같다.

〈표 7-1〉 국가별 우주작전 구분

한국공군	미국				영국	일본	이스라엘
	공군	우주군	합참	육군			
우주 상황 인식	우주 상황 인식	우주 영역 인식	우주 상황 인식	우주 상황 인식	우주 상황 인식	우주 상황 인식	우주통제
대우주작전	대우주작전	전투력 투사	우주통제	우주통제	우주통제	–	
		우주안보					
우주정보지원	군사작전지원	정보기동	위성통신	위성통신	작전운용 위한 우주지원	위성통신	정보전
			ISR	감시정찰		–	
			환경감시	환경감시		–	
			미사일 경보	미사일 경보		조기경보	
			핵폭발 탐지	–			
			PNT	PNT		–	정밀타격능력
우주전력투사	우주서비스 지원	우주 기동/수송	우주수송	–	우주서비스 지원	–	우세적 기동
			위성운용	위성운용			

광의적으로 살펴보면 우주를 경유하거나 우주와 관련이 있는 활동을 모두 우주작전으로 여길 수 있다. 반면 협의적으로 접근하면 우주작전은 우주공간의 활용을 보장하기 위해 수행되는 작전이다. 미 공군과 우주군이 바라보고 있는 우주작전이 후자에 해당한다면, 미 합참과 육군이 생각하는 우주작전은 전자에 가깝다. 일부 연구에서는 한국 육군 우주작전에 미사일과 장사정포를 요격하는 방공/미사일 방어작전까지 포함하고 있으나, 우주작전을 폭넓게 구분하고 있는 미 합참과 육군에서도 미사일 요격이 아닌 조기경보까지만 우주작전에 포함하고 있다 (송재익, 2021).

우주공간을 다영역작전 수행을 위해 우리가 선점해야 하는 중요한 전장영역으로 인식한다면, 제한된 국방예산과 노력을 우주공간의 활용을 보장하기 위한 능력을 갖추는 데 먼저 집중해야 한다. 각 군이 정상적으로 수행 및 발전시키고 있는 우주와 관련된 임무에 대해서는 새로이 우주작전이라는 틀을 씌우는 것이 불필요하다. 미사일 방어작전을 예를 들어보자. 미국은 수천 km 떨어진 종심에서 본토를 위협하는 대륙간 탄도미사일을 방어하기 위해 공중지속적외선(OPIR: Overhead Persistent InfraRed) 위성체계를 비롯한 다양한 우주자산을 운용하고 있으며, 전 세계 상공에 떠 있는 이 위성들에 대한 운영통제를 비롯한 제반 조기경보 임무를 수행하고 있다. 미군의 시각에서는 이것이 우주작전의 하나일 수 있다. 하지만 이와 관련된 우주자산 없이 미 측과 정보를 공유하고 있는 우리가 미사일 조기경보를 우주작전으로 분류할 필요가 있는지는 고민이 필요하다.

따라서 현재까지 충분한 우주역량을 갖추고 있지 않은 우리 군의 차원에서 미국과 같은 우주 선진국을 기준으로 하는 것은 성급한 시도다. 이러한 차원에서 우주 궤도에 체공하고 있는 우주자산을 활용하여 지상에 서비스를 제공하는 분야를 하나의 작전유형으로 포괄하는 것이 적절해 보인다. 우리 공군의 우주작전 분류에 따르면 이는 '우주 정보지원' 분야에 해당한다. 현재 우리 군의 군사위성은 2020년 발사한 '아나시스 2호' 통신위성이 유일하다(윤동빈, 2020). 향후 정찰위성을 비롯한 우주자산이 추가로 확충될 예정이지만, 새로운 서비스를 제공하는 위성을 전력화할 때마다 우주작전 유형을 바꾸는 것은 혼선을 초래할 수 있다. 통신위성이라면 국군통신사령부나 각 군의 통신부대에서 위성에서 송수신하는 정보를 소통하면 되는 것이고, 정찰위성이라면 정보사령부나 각 군의 정보부대에서 수집된 정보를 분석하고 활용하면 되는 것이다. 인공위성에서 수신된 자료를 활용한다고 해서 이를 우주작전을 수행한다고 할 수는 없다. 우주작전의 범주에는 우주의 활용성을 보장하는 임무가 포함되어야 한다.

이러한 관점에서 우주 상황 인식은 최우선으로 능력을 확보해야 할 우주작전이다. 일단 우주공간에서 벌어지고 있는 일을 파악할 수 있어야 대응할 수 있기 때문이다. 상황인식이 없다면 우주통제권 확보를 위한 대우주작전은 불가능하다. 또한, 우주에 실제적인 영향력을 행사하고, 운영하고 있는 자산을 관리하기 위해서 우주 궤도에 접근할 수 있는 능력이 필요하다. 하지만 이는 국가 수준의 막대한 자원과 기술, 노력이 투입되어야 하는 부분이다. 국방 우주력 발전을 위해 우주에 전력을 투사하는 능력이 필요하지만, 이는 민·관 영역과 함께 국가적인 노력의 통합이 필요하다.[13] 2020년 창설한 일본 자위대의 우주작전대도 일본의 우주개발을 총괄하는 JAXA와 긴밀한 협조 관계를 유지하고 있다(Weeden, 2021).

이를 종합해보면 지금 우리 공군이 정립하고 있는 우주작전의 형태는 타당한 것으로 판단된다. 단, 국방부와 합참 차원에서는 제한된 현재의 능력과 한반도 우주상공에서 당면한 과제를 고려하여, 우주공간 내 합동전력의 효과를 극대화할 수 있도록 우선순위를 정해야 한다.

ISR, 통신, 조기경보 등의 우주 정보지원은 다른 전장영역에서 우주에 요구하는 부분이다. 우주 정보지원은 우주작전 일부이자 우주 우세를 달성하기 위해

---

13 군이 단독으로 나로우주센터와 같이 지상 기반의 대규모 발사장을 유지 및 관리하고, 발사 작전을 통제하는 것은 한정된 국가 재원을 고려할 때 제한될 것이다. 단, 공군이 추진하고 있는 공중 발사체 기반의 초소형 전술 위성체계는 활용성이 높을 것으로 판단된다. 초소형 전술 위성체계는 상대적으로 저렴하며, 짧은 재방문 주기를 바탕으로 신속한 의사결정을 지원하는 데 효과적이다. 이러한 초소형 위성의 군사적 활용은 세계적으로 확산 추세에 있다(강한태, 2019).

우주작전을 수행하는 목적에 해당한다. 이러한 우주 정보지원을 안정적으로 수행하기 위해서는 대우주작전을 통해 우주 통제력을 확보해야 한다. 그리고 대우주작전을 위해서는 우주 상황 인식이 선결되어야 한다. 우주 전력투사는 전술한 바와 같이 미래에 반드시 요구되는 작전이지만, 군 주도가 아닌 국가 차원의 우주 개발과 함께 추진되어야 한다. 이러한 관점에서 다영역작전을 위한 우리 군의 합동우주부대는 우주 상황 인식, 대우주작전, 우주 정보지원 및 우주 전력투사 순으로 임무 우선순위를 두어야 하고, 특히 지금 시점에는 우주 상황 인식에 집중해야 한다.[14]

공중과 해상에 대한 상황인식도 교통의 차원에서는 국가기관이 담당하고, 외부위협과 관련된 부분을 군에서 담당하고 있다. 우주공간에 있어서도 우주 교통, 궤도나 주파수 통제와 같은 부분과 위협에 대한 상황인식 분야로 나누어 살펴볼 수 있는데(Moltz, 2019, pp. 343-346), 군은 후자에 주안점을 두어야 한다. 우주 상황 인식을 위해서는 우주 물체를 추적하고 특성화하는 기술이 필요하며(Weeden, 2015, pp. 987-989), 공군이 최근 전력화한 전자광학위성 감시체계가 이러한 능력을 확보하기 위한 첫 단계에 해당한다. 미 우주군 등 외부에서 제공해주는 가공된 정보에 의존하지 않고 자체적인 감시체계를 운용하여 상황을 인식하기 위해서는 우주 물체 목록작성, 실시간 충돌위험 분석, 우주 위험이 미치는 영향 분석, 적 우주자산 식별 등의 능력도 갖춰야 한다(윤웅직·임재혁, 2020). 우주 상황 인식은 전담 우주작전부대에서 이루어져야 하며, 우주작전부대는 다른 전장영역과 같이 우주

---

14 각 군은 자군의 전장영역에서 작전을 수행하기 위해 우주공간을 활용하는 데 초점을 둘 수 있다. 군사위성을 활용한 정보수집 또는 통신위성을 활용한 지휘통제 등이 이에 포함하며, 우주작전 형태로는 우주 정보지원에 해당한다. 이러한 우주 정보지원은 우주공간에 다수의 자산을 배치하는 것이 필요한데, 점차 위협이 증대되고 있는 우주환경을 고려할 때 우주 상황인식 능력 신장 없이 고가치 자산인 인공위성의 운용을 확대하는 것은 취약요소를 증가시키는 결과를 초래할 수 있다. 우주공간에 대한 접근이 용이해지면서, 인공위성은 더 이상 다다를 수 없는 자유로운 곳에 떠있는 것이 아니라, 깜깜한 우주공간에서 반짝이고 있는 취약한 표적일 뿐이다(Johnson-Freese, 2017). 또한, 향후 우리 우주자산에 대한 적대활동에 대응하기 위한 대우주작전을 수행하기 위해서도 우주 상황 인식은 우선적으로 확립되어야 하는 작전형태다.

상황도를 관리해야 한다(Leveque, 2015, pp. 701-709). 그리고 이러한 정보가 합동전장관리에 이바지할 수 있도록 우리 군의 지휘통제체계에도 포함되어야 한다(임재혁, 2020).

이 외에도 국가 우주작전을 총괄하는 수준에서는 국제적인 협력을 강화하는 것을 염두에 두어야 한다. 우주자산 보호 및 우주 방어는 우주체계를 보호하는 것, 억제력을 유지하는 것, 그리고 국제협력을 강화하는 것, 이 세 가지를 축으로 하고 있다(The National Academies of Science, Engineering, and Medicine, 2016, p. 35). 단일 국가의 제한된 역량으로는 우주공간에서 안전을 담보할 수 없기 때문이다. 미국은 본토를 기준으로 동쪽 대서양으로는 NATO, 서쪽 태평양으로는 일본을 거점으로 전 세계적 우주 협력을 강화하고 있다(Robinson, 2015, p. 329). 우리도 합동우주부대를 편성한다면 이를 통해 주한미군사령부, 인도태평양사령부 등 지역적인 군사협력 수준에서 벗어나, 전 세계적인 우주작전 파트너로서 미국 우주군, 미 우주사령부와의 협력관계를 강화해야 할 수 있다.

3. 합동우주부대 편성방안

다영역작전을 위해 우주공간에서 합동작전을 수행하기 위한 조직을 편성한다고 해서 각 군에서 추진하고 있는 우주발전계획이 무산되는 것은 아니다. 하지만 지금은 법적이나 조직적인 차원에서 국가 우주 안보에 대한 책임이 불분명한 상태에서, 우주를 지키기 위한 능력이 아닌, 자군의 역할을 우주까지 확장하기 위한 방향으로 노력이 분산되고 있다. 따라서 미국과 같이 우주군을 별도 창설하거나, 일본 및 프랑스와 같이 공군을 항공우주군으로 개칭하고 국군조직법을 개정하여 공군에 우주 영역에 대한 책임을 명시한다면 국방 우주력 발전의 노력이 집중될 것이다.

하지만 국군조직법이 개정되는 것을 기다리고만 있을 수는 없다. 사이버 공간은 북한의 잇따른 사이버 공격으로 인해 우주공간보다 먼저 다영역전장으로 부각되었다. 이로 인해 국방부와 합참 예하에 사이버사령부를 편성하여 국방 사이버 영역의 사이버작전을 담당하고 있다(국방부, 2019).

우주공간에 대해서도 이러한 우주작전부대가 필요하다. 단, 편성 개념을 발전시키는 초기부터 합동우주작전을 수행하는 데 필요한 각 군의 우주역량을 통합할 수 있도록 추진해야 한다. 사이버작전사령부의 경우에는 긴급 시를 제외하고서는 각 군의 사이버부대를 통제할 수 있는 권한이 없다(국방부, 2019). 우주작전과 관련된 능력은 막대한 예산과 자원이 투입되는 분야다. 필요에 따라 각 부대별로 추가로 확보하는 것이 제한된다. 또한 군 외 다른 부처 및 기관과 협조가 필요할 수도 있다(고광춘, 2021, pp. 8-9). 따라서 국방부와 합참 예하에 편성되는 합동우주부대는 상시 각 군 및 기관에 흩어져 있는 우주자산에 대한 일정 수준의 통제 권한이 명시되어야 한다.

앞에서 논의한 바와 같이 가장 먼저 수행해야 할 우주작전은 우주 상황인식 분야다. 따라서 합동우주부대는 우주상황실을 편성하여 각 군의 우주 감시자산에서 수집되는 정보를 수신하여 위협을 감시하고, 각 부대 및 분야별 우주자산의 운용 현황을 종합하여 우주 작전상황도를 유지해야 한다.

대우주작전을 위해서는 현재 작전을 수행할 수 있는 공세적인 전력은 없지만, 작전 개념 및 계획을 발전시키는 기획부서와 예하부대의 대우주작전 능력을 통제하는 시행부서를 편성하여 향후 주도적인 대우주작전을 준비해야 한다. 단, 우주공간은 물리적으로는 이격되어 있지만, 사이버 공간 및 전자기 스펙트럼을 통해 논리적으로 지상과 긴밀하게 연결되어 있다(Segobbi et al., 2015, p. 157). 지금 당장 직접 적대세력의 위성을 미사일이나 레이저로 공격할 수는 없지만, 사이버 공격 및 전자전을 통해 상대에게 영향을 줄 수 있다. 반대로 GPS 교란 공격과 같은 전자전에 우리의 우주자산 활용이 제한될 수 있다(Martine & Bastide, 2015, pp. 621-625). 따라서 대우주작전 부서는 각 군의 우주자산을 통제하는 것뿐만 아니라 우주공간에 영향을 줄 수 있는 다른 능력에 대해서도 협력관계를 유지해야 한다.

위성을 활용해 각종 서비스를 지원하는 우주 정보지원을 위해 합동우주부대에 별도의 부대 또는 부서를 갖추는 것은 신중한 접근이 필요하다. 예를 들어 ISR과 위성통신은 우주공간에 체공하고 있는 위성을 활용하는 서비스라는 것을 제외하고 임무의 분야와 성격이 상이하다. 앞으로 기술이 발전하면서 지금까지 본 적 없는 또 다른 서비스가 등장할 수도 있다. 이를 새로 개별 부대 또는 부서로 편성하여 통제한다는 것은 조직을 비효율적으로 만들 수 있다. 따라서 합동우주부대는 우주정보지원을 위해 해당 위성을 활용하는 각 군 또는 예하부대에 위임하고, 위성통제에 관한 각 군의 의견이 상충할 경우 이를 조정 통제하는 임무를 수행해야 한다. 조직 면에서는 이를 위해 각 서비스별 주무 부대의 연락장교를 운영하는 부서를 편성하여 조직을 유연하고 탄력적으로 운영하는 것이 효율적이다.

마지막 우주작전 유형인 우주 전력투사는 앞으로 국가 수준에서 가야 할 길이 많이 남은 영역이다. 하지만 군이 요구하는 수준까지 국가 인프라가 구축될 때까지 그저 기다리고만 있으면 안 된다. 군 우주발사체 발사 작전을 언제든지 수행할 수 있도록 우주발사장 방호, 미사일 전력과 연계한 우주발사체 개발, 체공 중인 인공위성 관리, 지상체계 유지보수 등의 우주체계 관리부서를 편성하여 업무 개념을 발전시켜야 한다.

이 외에 합동우주부대 차원의 대외 협조부서를 편성해야 한다. 내부적으로는 각 군의 우주개발을 조율하고, 국가적으로는 우주개발기구, 연구기관과 협력하며, 대외적으로는 미 우주군, 특히 우주사령부와 업무체계를 강화해야 하기 때문이다. 특히, 합동우주부대가 편성되어 한반도 전구 내 우주작전을 총괄한다면 외국과의 군사적 우주 협력에서 혼선이 발생하지 않도록 창구를 일원화해야 하며, 이 역할을 합동우주부대가 담당해야 한다.

제5절 결론

15세기부터 시작된 대항해 시대에 먼바다를 향해 탐험을 나가지 않은 문명들은 이전에 얼마나 큰 부와 찬란한 문화를 누렸다 하더라도 대부분 역사의 뒤안길로 사라졌다. 20세기 중반 개발된 인터넷은 또 한차례 인류의 역사를 뒤엎어놓았다. 지금 세계에서 가장 영향력이 있는 국가, 기업, 개인들은 모두 이 인터넷이라는 새로운 공간에 먼저 뛰어들었던 사람들이다. 콜럼버스가 대서양 서쪽으로 항해를 시작한 이후, 지구 표면의 70%를 차지하고 있는 바다는 더는 두려움의 대상이 아니라 기회가 되었으며, UCLA에서 스탠퍼드대학교로 인류 최초의 인터넷 메시지 'lo'가 전송된 이후, 인터넷이 없는 인류는 상상할 수도 없게 변해버렸다.

21세기의 인류에게는 우주공간이 새로운 도전의 영역이 되고 있다. 과거 냉전 시기에는 일부 초강대국만 접근할 수 있는 미지의 영역이었지만, 지금은 민간기업도 도달할 수 있을 만큼 문턱이 낮아졌다. 과거에는 경쟁을 시도해볼 수도 없었던 영역이었다면, 지금은 늦어지면 늦어질수록 경쟁이 더욱 치열해질 것으로 예상하는 영역이다.

우리가 모르는 사이에 우주공간을 통해 제공되는 서비스들이 일상이 되어버렸다. 휴대전화의 GPS 내비게이션을 비롯하여 위성통신과 같은 국가 기반서비스, 그리고 첨단 무기체계와 같은 국가안보의 영역까지 우주가 깊숙이 관여하고 있다. 사이버, 전자기 스펙트럼 기술의 발달로 우주는 이미 지상과 긴밀하게 연결되어 있으며, 더는 우주가 그저 멀기만 한 공간, 막연한 공간이 아니다.

우주에 대한 의존과 경쟁이 심화되면서 우주공간에 대한 위협도 증가하고 있다. 특히 한반도가 위치한 동북아는 전 세계에서 우주개발에 가장 투자를 많이 하는 국가들이 밀집되어 있다. 미국은 우주군을 창설하여 그동안 독점하고 있다시피 했던 우주공간에서의 패권을 유지하려고 하고 있고, 중국과 러시아는 이에 강력히 도전하고 있다.

세계 각국은 자국의 우주활동을 보장하는 데 필요한 우주작전 분야를 정하고, 이를 수행하기 위해 우주 군사조직을 편성하고 있다. 미국은 우주군을 별도의 군종으로 창설했으며, 중국은 인민해방군 전략지원부대를 편성했다. 러시아, 일본, 프랑스는 공군에 임무를 추가로 부여하여 항공우주군을 창설하고 있다.

우리 군의 국방 우주력 건설은 주변국보다 조금 늦은 실정이다. 각 군 차원의 노력은 계속 이루어지고 있었으나, 각 군의 시각에서 각기 다른 발전계획이 추진되고 있었다. 하지만 2022년 합참은 군사우주과를 신설했으며, 이를 통해 합동성에 기반한 우주작전 개념을 개발하고, 각 군에 대한 컨트롤타워 임무를 수행하고 있다.

아직 우리 군에는 합동작전 차원의 우주작전에 대한 명확한 정의와 개념이 발전되어 있지 않다. 각 군이 서로 다른 방향으로 우주를 바라보고 있는 것도 이러한 까닭이다. 우주작전은 우주공간을 활용하는 작전이 아니라, 우주공간의 활용을 보장하기 위해 우주 우세를 달성하기 위한 작전이 되어야 한다. 우주 우세를 달성할 수 없다면, 결국 우주공간을 활용할 수도 없기 때문이다.

따라서 우리 군은 우주 상황인식을 먼저 추진하고, 이어서 대우주작전, 우주 정보지원, 우주 전력투사 순으로 작전역량을 확대해야 한다. 그리고 이러한 우주작전은 국방부와 합참 예하의 합동우주부대를 창설하여 각 군의 노력을 통합해야 한다.

합동우주부대를 편성한다고 하여 각 군의 우주개발이 좌초되는 것이 아니다.

각 군이 도입하고자 하는 전력은 각 군의 작전에 투입되면서 우주작전에도 이바지할 수 있다. 또한, 이를 통해 합동우주작전을 성공적으로 수행한다면, 우주 우세를 달성할 수 있고, 이를 통해 각 군이 우주공간을 활용할 수 있도록 보장해줄 것이다. 즉, 합동우주부대와 각 군의 우주전력은 상승효과를 낼 수 있다(조태환 외, 2021, pp. 116-120).

합동우주부대는 우주작전의 유형과 우선순위에 따라 별도의 부대 및 부서를 편성해야 한다. 우주상황실을 통해 우주 위협을 감시하고, 우리 자산의 현황을 파악하며, 우주상황도를 관리하여 우주 상황 인식을 달성해야 한다. 대우주작전 부서는 작전계획, 개념을 발전시키고, 예하부대 통제 및 유관기관 협조체제를 유지해야 한다. 우주 정보지원은 앞으로도 서비스의 종류가 다양해질 수 있기 때문에, 기본적으로 각 군 및 부대에 해당 임무 관련 사항을 위임하되, 상충되는 부분을 조정 통제할 수 있는 권한을 가지고 있는 조직이 필요하다. 우주 전력투사와 관련해서는 단순히 발사 작전을 수행하는 조직이 아니라 발사체, 발사장, 위성 및 지상체계 전반을 관리하는 방향으로 조직을 편성해야 한다. 이 외에도 국가안보를 위한 우주작전을 총괄하는 부대로서 대내외 협조를 전담하는 부서가 필요하다.

참고문헌

국문 단행본 및 법령

공군본부(2019). 『우주의 이해: 핵심주제 70선』. 계룡: 공군본부.

_____(2020). 『공군교범 3-8 우주작전』. 계룡: 공군본부.

_____(2021). 『공군비전 2050』. 계룡: 공군본부.

국방부(2011). 「국군조직법」(법률 제10821호). 국방부.

_____(2019). 「사이버작전사령부령」(대통령령 제29561호). 국방부.

_____(2021). 『국방비전 2050』. 서울: 국방부.

김상배(2021). "우주공간의 복합지정학". 김상배 엮음. 『우주경쟁의 세계정치』. 서울: 서울대학교 미래전연구센터, pp. 23-26.

김지이(2021). "중국의 우주전략과 주요 현안에 대한 입장". 김상배 엮음. 『우주경쟁의 세계정치』, 서울: 서울대학교 미래전연구센터, pp. 103-105.

송재익(2021). "한 육군우주작전 교리 발전방안 연구". 21세기군사연구소.

오혜(2020). "주변국 우주정책이 국방우주력 발전에 주는 함의". 대외학술활동시리즈 2020-67, 한국국방연구원.

유준구(2021). "우주 국제규범의 세계정치". 김상배 엮음. 『우주경쟁의 세계정치』, 서울: 서울대학교 미래전연구센터, p. 333.

이강규(2021). "글로벌 우주 군사력 경쟁과 우주군 창설". 김상배 엮음. 『우주경쟁의 세계정치』, 서울: 서울대학교 미래전연구센터, pp. 232-239.

최영찬(2021). "미래의 전쟁 기초지식 핸드북". 합동군사대학교.

최정훈(2021). "트럼프 행정부 이후 미국 우주정책". 김상배 엮음. 『우주경쟁의 세계정치』, 서울: 서울대학교 미래전연구센터, pp. 67-68.

국문 학술논문

강상철(2020). "다영역작전의 한국군 적용 위한 항공우주력 발전방향". 합동군사대학교.

강한태(2019). "우주, 주도적 방위역량의 핵심전장". 국방이슈브리핑시리즈 2019-11, 한국국방연구원.

고광춘(2021). "국내외 군 정찰위성 운용 현황 및 발전방향". 『국방논단』 제1860호, 한국국방연구원.

김보미·오일석(2021). "김정은 시대 북한의 사이버 위협과 주요국 대응". 『INSS 전략보고』 No. 147, 국가안보전략연구원.

김희성(2020). "중장기 우주력 발전방향 연구". 합동군사대학교.

과학기술정보통신부(2019. 6. 4.). "제3차 우주개발 진흥 기본계획". 제1회 민·군 우주발전 세미나: 민과 군이 함께 만들어 나가는 국가우주력, 대전: KW컨벤션센터. 류형춘(2019). "한국 항공우주력 건설 방향 연구: 주변국의 항공우주력 비교분석을 중심으로". 국방대학교 석사학위 논문.

박남태·백승조(2021). "중국군 전략지원부대의 사이버전 능력이 한국에 주는 안보적 함의". 『국방정책연구』 통권 131호, 서울: 한국국방연구원, pp. 143-145.

박대광(2021). "우주선진국 간 지구저궤도 초대형 군집위성 구축경쟁의 정책적 함의". 『KIDA Brief』 2021-안보-8, 서울: 한국국방연구원.

송근호(2021). "북한의 우주개발 위협 현황 부석과 한국군의 대응 방안에 대한 제언 연구". 『국방정책연구』 통권 131호, 서울: 한국국방연구원, pp. 114-122.

윤웅직·임재혁(2020). "주변국의 우주개발 동향과 우리가 준비해야 할 것들". 『국방논단』 제1758호, 한국국방연구원.

윤준상(2020). "우주무기화에 대비한 우주력 발전방향". 합동군사대학교.

임재혁(2020). "우주작전 지휘통제체계로서 한국군 C4I 발전방향 연구". 『KIDA Brief』 2020-군사-13, 서울: 한국국방연구원.

임종빈(2021). "우주안보 개념의 확장과 국방우주 중요성 증대 시대의 우리의 대응 자세". 『SPRC Insight』 Vol. 2, 세종: 국가우주정책연구센터.

정헌주(2021). "미국과 중국의 우주 경쟁과 우주안보 딜레마". 『국방정책연구』 통권 131호, 서울: 한국국방연구원, pp. 114-122.

조태환 외(2021). "주요국 우주작전 개념분석 및 한국해군의 우주작전 발전방향". 『Journal of KNST』 Vol. 4, No. 2, 서울: 한국해군과학기술학회, pp. 116-120.

최성환(2019. 6. 4.). "공군 우주 감시·정찰체계 구축 방향". 제1회 민·군 우주발전 세미나: 민과 군이 함께 만들어 나가는 국가 우주력, 대전: KW컨벤션센터.

최성환·김예슬(2019). "주변국 우주위협 평가 및 한국공군 우주력 발전방향". 『항공우주력 연구』 제7집, 서울: 대한민국공군발전협회.

항공우주전투발전단(2021). "미중 우주패권 경쟁과 국방우주력 발전: 공군우주력 발전을중심으로". MARS World Forum 2021, 대전: 대전컨벤션센터.

기사

곽노필(2021. 12. 12.). "올해 민간 우주여행 8차례 … 28명이 우주 다녀왔다". 『한겨레』, https://www.hani.co.kr/arti/science/future/1022950.html. (검색일: 2022. 2. 3.)

국방부(2021. 9. 30.). "공군, '우주군'으로 도약한다 … 총장 직속 우주센터 신설". 『대한민국 정책브리핑』, https://www.korea.kr/news/policyNewsView.do?newsId=148893749. (검색일: 2022. 2. 7.)

김용래(2022. 1. 3.). "합참, 군사우주과 신설 … 합동우주작전 수행체계 적립 등 임무". 『연합뉴스』, https://www.yna.co.kr/view/AKR20220103071000504 (검색일: 2022. 2. 2.).

노동신문(2021. 1. 9.). "우리 식 사회주의건설을 새 승리에로 인도하는 위대한 투쟁강령: 조선로 동당 제8차대회에서 하신 경애하는 김정은동지의 보고에 대하여".

노성수(2021. 9. 29.). "해군 우주전략 발전·선진 병력 구조 개선 등 논의".『국방일보』, https:// kookbang.dema.mil.kr/newsWeb/20210930/2/BBSMSTR_000000010024/view.do. (검색일: 2022. 2. 5.)

박대로(2021. 10. 14.). "국방부·합참 허술한 우주정책에 육해공군 '집안 싸움'".『뉴시스』, https://newsis.com/view/?id=NISX20211013_0001612717&cID=10301&pID= 10300. (검색일: 2022. 2. 5.)

송준영(2017. 10. 22.). "[과학 핫이슈] 환갑 맞은 '인공위성'".『전자신문』, https://m.etnews. com/20171020000220. (검색일: 2022. 2. 2.)

윤동빈(2020. 7. 21.). "軍, 첫 통신위성 '아나시스 2호' 발사 성공 … 세계 10번째".『TV조선』, http://news.tvchosun.com/site/data/html_dir/2020/07/21/2020072190148.html. (검색일: 2022. 2. 6.)

이상우(2018. 7. 24.). "비행기에서는 어떻게 와이파이를 쓸 수 있을까?".『IT dongA』, https:// it.donga.com/29298/. (검색일: 2022. 2. 2.)

이종윤(2022. 1. 15.). "공군 '전자광학위성감시체계' 구축, 전력화".『파이낸셜 뉴스』, https:// www.fnnews.com/news/202201051832567657. (검색일: 2022. 2. 5.)

이철재(2021. 3. 2.). "공군도 아닌 육군·해군은 왜? 치열한 우주 쟁탈전 시작됐다".『중앙일보』, https://www.joongang.co.kr/article/24001672#home. (검색일: 2022. 2. 5.)

통일부(2016).『북한지식사전: 국가우주개발국』. 국립통일교육원, https://www.uniedu.go.kr/ uniedu/home/brd/bbsatcl/nknow/view.do?id=31941&mid=SM00000536&limit=10. (검색일: 2022. 2. 4.)

Bodner, M. (2015. 8. 3.) "Russian Military Merge Air Force and Space Command". *The Moscow Times*, https://www.themoscowtimes.com/2015/08/03/russian-military-merges-air-force-and-space-command-a48710. (검색일: 2022. 2. 4.)

Euroconsult (2022. 1. 6.). "Government space budgets driven by space exploration and militariza-tion hit record $92 billion investment in 2021 despite covid, with $1 trillion forecast over the decade", https://www.euroconsult-ec.com/press-release/government-space-budgets-driven-byspace-exploration-and-militarization-hit-record-92-billion-investment-in-2021-despite-covid-with-1-trillion-forecast-over-the-decade/. (검색일: 2022. 2. 3.)

Louet, S., Rivet, M. & Felix, B. (2019. 7. 13.). "France to creat space command within airforce: Macron". *Reuters*, https://www.reuters.com/article/us-%20france-nationaldaydefence/ france-to-%20create-space-command-within-air-force-%20macron-idUSKCN1 U80LE. (검색일: 2022. 2. 4.)

U.S. Department of Defense. No date. Combatant Commands [Online], https://www.defense. gov/About/combatant-commands/. [2022, February 4]

U.S. Space Command. No date. Warfighting Units [Online], https://www.spacecom.mil/About/

Warfighting-Units/. [2022, February 4]

U.S. Space Force (2020). "Space Capstone Publication Spacepower". VA: U.S. Space Fore, U.S. Space Force, No date, Leaderships [Online], https://www.spaceforce.mil/About-Us/Leadership/. [2022, February 4]

Yamaguchi, M. (2020. 1. 20.). "Abe says new unit will defend Japan from space tech threats". Associated Press, https://www.euroconsult-ec.com/press-release/government-space-budgets-driven-byspace-exploration-and-militarization-hit-record-92-billion-investment-in-2021-despite-covid-with-1-trillion-forecast-over-the-decade/. (검색일: 2022. 2. 3.)

영어 단행본

Alby, F. (2015). "The Issue of Space Debris". In Schrogl, K. (Ed.). *Handbook of Space Security*. Vol. 2. Berlin: Springer Link, pp. 680-685.

Fiumara, A. (2015). "Integrated Space Related Applications for Security and Defense". In Schrogl, K. (Ed.). *Handbook of Space Security*. Vol. 2, Berlin: Springer Link, pp. 645-659.

Harrison, Roger (2015). "The Role of Space in Deterrence". In Schrogl, K. (Ed.). *Handbook of Space Security*. Vol. 1, Berlin: Springer Link, p. 113.

Hostbeck, L. (2015). "Space Weapons' Concepts and their International Security Implication". In Schrogl, K. (Ed.). *Handbook of Space Security*. Vol. 2, Berlin: Springer Link, pp. 964-974.

Johnson-Freese, J. (2017). *Space Warfare in the 21st Century: Arming the Heavens*. Oxfordshire: Routledge.

Leveque, L. (2015). "Space Situational Awareness and Recognized Picture," In Schrogl, K. (Ed.). *Handbook of Space Security*. Vol. 2, Berlin: Springer Link, pp. 701-709.

Lianju, J. & Liwen, W. (Eds.) (2013). *Textbook for the Study of Space Operations*. Beijing: Military Science Publishing House.

Martin, J. & Bastide, F. (2015). "Positioning, Navigation, and Timing for Security and Defense". In Schrogl, K. (Ed.). *Handbook of Space Security*. Vol. 2, Berlin: Springer Link, pp. 621-625.

Moltz, J. C. (2019). *The Politics of Space Security: Strategic Restraint and the Pursuit of National Interests*. 3rd ed. CA: Stanford University Press.

Moura, D. J. P. & Blamont, J. (2015). "Space Applications and Supporting Services for Security an Defense: An Introduction". In Schrogl, K. (Ed.). *Handbook of Space Security*. Vol. 2. Berlin: Springer Link, pp. 523-526.

Paikowsky, D. et al. (2015). "Israeli Perspective on Space Security". In Schrogl, K. (Ed.). *Handbook of Space Security*. Vol. 1. Berlin: Springer Link, pp. 497-500.

Pasco, X. (2015). "Various Threats of Space Systems". In Schrogl, K. (Ed.). *Handbook of Space Security*. Vol. 2. Berlin: Springer Link, pp. 668-676.

Pasco, X. (2015). "Various Threats of Space Systems". In Schrogl, K. (Ed.). *Handbook of Space Security*. Vol. 2. Berlin: Springer Link, pp. 668-676.

Robinson, Jana (2015). "U.S. Space Security and Allied Outreach". In Schrogl, K. (Ed.). *Handbook of Space Security*. Vol. 1. Berlin: Springer Link, pp. 325-336.

Segobbi, D., et al. (2015). "Space and Cyber Security". In Schrogl, K. (Ed.). *Handbook of Space Security*. Vol. 2. Berlin: Springer Link, p. 157.

Sheehan, M. (2015). "Defining Space Security". In Schrogl, K. (Ed.). *Handbook of Space Security*. Vol. 2. Berlin: Springer Link, p. 11.

Suzuki, K. (2015). "Space Security in Japan," In Schrogl, K. (Ed.). *Handbook of Space Security*. Vol. 1. Berlin: Springer Link, pp. 405-408.

The National Academies of Science, Engineering, and Medicine (2016). *The National Security Space Defense and Protection*. DC: National Academy Press.

Tillier, L. (2015). "Telecommunication for Defense". In Schrogl, K. (Ed.). *Handbook of Space Security*. Vol. 2. Berlin: Springer Link, pp. 581-593.

UK Ministry of Defense (2012). "Future Air and Space Operating Concept". *Joint Concept Note* 3/12. UK Ministry of Defense.

_____ (2017a). "Future Force Concept". *Joint Concept Note* 1/17. UK Ministry of Defense.

_____ (2017b). "UK Air and Space Power". *Joint Doctrine Publication* 0-30. UK Ministry of Defense.

_____ (2020). "Multi-Domain Integration". *Joint Concept Note* 1/20. UK Ministry of Defense.

_____ (2021). "Guidance: UK Space Command". UK Ministry of Defense.

U.S. Air Force (2018). *Doctrine Annex 3-14 Counterspace Operation*. NE: Curtis. E. LeMay Center.

_____ (2021). *Air Force Doctrine Publication 1 The Air Force*. VA: U.S. Air Force.

U.S. Air Force & Space Force (2021). *The Department of the Air Force Role in Joint All-Domain Operations*. VA: The Department of the Air Force.

U.S. Army (2019). *Field Manual 3-14 Army Space Operations*. DC: Headquarters Department of the Army.

U.S. Joint Chiefs of Staff (2020). *Joint Publication 3-14 Space Operations*. VA: Joint Chiefs of Staff.

Weeden, B. (2015). "SSA Concepts Worldwide". In Schrogl, K. (Ed.). *Handbook of Space Security*. Vol. 2. Berlin: Springer Link, pp. 987-989.

_____ (2021). *Global Counterspace Capabilities: An Open Source Assessment*. CO: Secure World Foundation.

Wordon, S. P. & Show, J. E. (2002). *Whither Space Power? Forging a Strategy for the New Century*. AL: Air University Press.

집필진 소개

최영찬

해군사관학교를 졸업하고, 국방대학교에서 군사전략 석사, 한남대학교 대학원에서 국제정치학 박사 학위를 취득했다. 해군 지휘관 및 참모, 국방부 국방정책관리담당, 국가안보실 국가위기관리기획 행정관을 역임했으며, 현재는 합동군사대학교 전략학과 교관으로 재직 중이다.

주요 저서로는 『해상교통로: 봉쇄의 유용성과 그 경제적 효과』, 『세 번째 전쟁, 우크라이나 전쟁의 군사를 말하다』(공저), 『미래전과 동북아 군사전략』(공저), 『새로운 영역에서 전쟁수행, 인지전 2022/2024』(공역), 『미래의 전쟁 기초지식 핸드북 2021』, 『미래의 전쟁 핸드북 2022』, 『핸디한 미래전 포켓 북 2024』 등이 있고, 다수의 국방 및 군사전략과 관련된 논문을 집필했다.

허광환

육군사관학교를 졸업하고, 국방대학교에서 군사전략 석사, 충남대학교 대학원에서 군사학 박사 학위를 취득했다. 육군 지휘관 및 참모, 국방부 육군전투부대개편 담당, 합참 군구조기획 담당을 역임하고, 현재는 합동군사대학교 전략학과 교수로 재직 중이다.

주요 저서로는 『세 번째 전쟁, 우크라이나 전쟁의 군사를 말하다』(공저), 『러시아-우크라이나 전쟁 분석: 군사적(합동성) 관점에서의 전훈 분석 및 함의』(공저), 『미래전과 동북아 군사전략』(공저) 등이 있고, 다수의 국방 및 군사전략과 관련된 논문을 집필했다.

배진석

해군사관학교를 졸업하고, 국방대학교에서 군사전략 석사, 동아대학교 국제대학원에서 국제학 박사 학위를 취득했다. 해군 지휘관 및 참모, 합참 전력계획 담당을 역임하고, 현재는 합동군사대학교 전력학과 교관으로 재직 중이다.

"모자이크전의 발전과 우리 군에 주는 함의", "우크라이나의 비대칭전 분석", "전술적계획수립절차에 인공지능을 적용하는 방안에 대한 개념적 연구" 등 다수의 국방과 관련된 논문을 집필했다.

김진호

육군 3사관학교를 졸업하고, 건양대학교에서 군사학 석사학위를 취득했으며, 합동군사대학교에서 국가안보, 국방정책, 군사전략, 전력 및 작전술 등을 수학했다. 육군 25사단 72연대 1대대 작전과장, 육군대학 적전술학처 교관을 역임하고, 현재는 육군 3보병사단에서 지휘관으로 재직 중이다.

"북한군 지휘통신체계에 대한 소개", "북한군 교리의 변화: 김정은 집권 이후 중심으로", "북한 집단군 견제사단의 새로운 공격양상 연구"(공역), "언택트 시대의 군 평생교육체계 시스템 구축: Edu-Tech 기반의 통합 플랫폼 구축을 중심으로", "군사적 기만에 대한 한국군의 대응방향 고찰" 등 다수의 국방 및 군사전략과 관련된 논문을 집필했다.

김중희

육군사관학교를 졸업하고, KAIST에서 전기 및 전자공학 석사 학위를 취득했으며, 합동군사대학교에서 국가안보, 국방정책, 군사전략, 전력 및 작전술 등을 수학했다. 육군 정보통신학교 네트워크 교관, 육군 제1보병사단 정보통신대대장을 역임하고, 현재는 국군지휘통신사령부에서 지휘관으로 재직 중이다.

주요 저서로는 『C4I체계의 이해』, 『미래정보전』, 『ICT 신기술 용어집』 등이 있다. 주요 논문으로는 "군 전술 네트워크 환경하 효율적인 영상정보 유통을 위한 H.264 SVC 기반 비디오 스트리밍 기법", "전술정보통신체계(TICN)에서의 효율적인 영상정보 공유를 위한 H.264 Scalable Video Coding 기반 비디오 스트리밍 기법" 등 다수의 국방 및 군사전략과 관련된 논문을 집필했다.

박지민

공군사관학교를 졸업하고, 국방대학교에서 컴퓨터공학 석사, 미 해군대학원에서 컴퓨터 과학 석사 학위를 취득했으며, 합동군사대학교에서 국가안보, 국방정책, 군사전략, 전력 및 작전술 등을 수학했다. 미사일방어사령부 정보과장, 공군작전사령부 정보상황 담당을 역임하고, 현재는 공군본부에서 참모로 재직 중이다.

"우주작전 수행을 위한 우주 정보 지원방안", "효율적 우주작전을 위한 합동우주부대 편성방안", "South Korea's Options In Responding To North Korean Cyberattaks", "Responding to North Korean Cyberattacks", "Finding Effective Responses Against Cyber Attacks For Divided Nations", "소셜 네트워크 분석에 기초한 특정조직 내부 권력구조 추정" 등 다수의 국방 및 군사전략과 관련된 논문을 집필했다.

이종영

육군학생군사학교를 졸업하고, 국민대학교에서 안보전략 석사과정을 수료했으며, 합동군사대학교에서 국가안보, 국방정책, 군사전략, 전력 및 작전술 등을 수학했다. 육군 학생군사학교 전술담임교관, 육군 제5보병사단 작전과장을 역임하고, 현재는 육군 51보병사단에서 지휘관으로 재직 중이다.

"한반도 미래전 양상과 한국형 모자이크전 수행방안" 등 다수의 국방 및 군사전략과 관련된 논문을 집필했다.